生态文明建设思想文库（第三辑）　主编　杨茂林

生态环境保护问题的
国际进程与决策选择

杨　阳　著

山西出版传媒集团　山西经济出版社

图书在版编目（CIP）数据

生态环境保护问题的国际进程与决策选择 / 杨阳著
. -- 太原：山西经济出版社，2024.1
（生态文明建设思想文库 / 杨茂林主编. 第三辑）
ISBN 978-7-5577-1100-9

Ⅰ. ①生… Ⅱ. ①杨… Ⅲ. ①生态环境保护—研究—
世界 Ⅳ. ①X321.1

中国版本图书馆 CIP 数据核字（2022）第 258622 号

生态环境保护问题的国际进程与决策选择

著　　者：	杨　阳
出 版 人：	张宝东
责任编辑：	赵　娜
封面设计：	阎宏睿

出 版 者：山西出版传媒集团·山西经济出版社
社　　址：太原市建设南路 21 号
邮　　编：030012
电　　话：0351-4922133（市场部）
　　　　　0351-4922085（总编室）
E-mail：scb@sxjjcb.com（市场部）
　　　　　zbs@sxjjcb.com（总编室）

经 销 者：山西出版传媒集团·山西经济出版社
承 印 者：山西出版传媒集团·山西人民印刷有限责任公司

开　　本：787mm×1092mm　　1 /16
印　　张：16
字　　数：240 千字
版　　次：2024 年 1 月　第 1 版
印　　次：2024 年 1 月　第 1 次印刷
书　　号：ISBN 978-7-5577-1100-9
定　　价：68.00 元

编委会

总　序

　　"生态文明建设"是我国最重要的发展战略之一，是为促进人类可持续发展战略目标，促进联合国《变革我们的世界——2030 年可持续发展议程》的落实，我国政府从发展模式、循环经济、生态环境质量及生态文明建设观念的建构诸方面所做的框架性、原则性规定。国家领导对我国生态文明建设十分重视。2020 年 9 月 22 日习近平主席在第七十五届联合国大会上的讲话中指出："人类需要一场自我革命，加快形成绿色发展方式和生活方式，建设生态文明和美丽地球。"本届联大会议上，习近平还对传统发展方式，抑或受新自由主义强烈影响的经济发展模式进行了批评。他说："不能再忽视大自然一次又一次的警告，沿着只讲索取不讲投入、只讲发展不讲保护、只讲利用不讲修复的老路走下去。"接着，他阐明了我国在生态文明建设方面的政策目标，并向世界宣告："中国将提高国家自主贡献力度，采取更加有力的政策和措施，二氧化碳排放力争于 2030 年前达到峰值，努力争取 2060 年前实现碳中和。"这不仅表明了我国政府对实现生态文明建设近期目标的巨大决心，而且对实现与生态文明建设紧密相关的国家中长期目标做了规划。

　　为了促进我国生态文明建设战略目标的实现，学术研究同样必须为之付出相应的努力，以对我国生态文明建设做出积极贡献。正因为此，我们在业已出版的《生态文明建设思想文库》第一辑、第二辑基础上，进一步拓展了与生态文明建设相关的课题研究范围，并组织撰写和出版了《生态文明建设思想文库》第三辑（以下简称"《文库》第三辑"）。《文库》第三辑是在前两辑基础上对生态文明建设所做的具有创新意义的进一步探讨，故此，选题内容既同可持续发展的国际前沿理论紧密关联，又与我国生态文明建设实践要求相结合，旨在从学理上深入研究生态文明建设的内在法则，及与之密切相关的多学科间的逻辑联系。基于这一前提，《文库》第三辑的著作具体包括《从生态正义向度看"资本主义精神"外部性短板——马克斯·韦伯的理论不足》《环境破坏的"集体无意识"——从荣格心理学角度对环境灾变的认知》《区域经济生态化建设的协同学探析与运作》《大数据时代下的决策创新与调控》《生态环境保护问题的国际进程与决策选择》《生态文明建设中的电子政务》《共生理念下的生态工业园区建设》《生态社会学》《生态旅游论》九本书。

其中，《从生态正义向度看"资本主义精神"外部性短板——马克斯·韦伯的理论不足》一书，由山西省社会科学院助理研究员马君博士撰写。马君女士是山西大学哲学社会学学院博士。现已发表的学术论文有《论新教伦理中的职业精神》等。在她攻读博士学位及于山西省社会科学院工作期间，对韦伯的著述多有关注，并认真研究了《新教伦理与资本主义精神》一书，指出了其理论上存在的问题与不足。

《新教伦理与资本主义精神》被西方学界奉为经典，是较早研究欧美"理性经济人"及其"资本主义精神"得以形成的伦理学依据方面的著述。在书中，韦伯力图说明经基督教新教改革，尤其是经加尔文清教思想改革后的伦理学对欧美资本主义发展的促进及影响。即如韦伯在书中所说："在清教所影响的范围内，在任何情况下清教的世界观，都有利于一种理性的资产阶级经济生活的发展……它在这种生活的发展中是最重要的，而且首先是唯一始终一致的影响，它哺育了近代经济人。"①韦伯还进一步揭示出这种经济秩序与技术进步紧密相关的"效率主义"逻辑，指出："这

① 马克斯·韦伯：《新教伦理与资本主义精神》，生活·读书·新知三联书店，1987，第135 页。

种经济秩序现在却深受机器生产技术和经济条件的制约。今天这些条件正以不可抗拒的力量决定着降生于这一机制之中的每一个人的生活……也许这种决定性作用会一直持续到人类烧光最后一吨煤的时刻。"②不难看出，《新教伦理与资本主义精神》一书所阐述的经新教改革后的"理性经济人"及其"资本主义精神"，确实成了近代欧美资本主义世界的主流趋势。它不仅对追求自身利益最大化理性经济人的"效率主义"逻辑发挥着巨大作用，而且在韦伯这一经典著述中也占据着绝对分量。相反地，"理性经济人"及其在资本主义发展中形成的"负外部性"，亦即马克思理论意义上的"异化自然"，或庇古所说的"外部不经济"，该书则根本未予体现。然而，正是由于后者，却凸显出韦伯著述的不完备性，因为它严重忽略了"理性经济人"及其"资本主义精神"追求对自然生态系统形成的巨大戕害。故此，仅仅强调"理性经济人"及其"资本主义精神"对社会进步的意涵而忽略其行为酿成"负外部性"结果，无疑也显露出韦伯著述对"理性经济人"行为认知的不完备性，抑或其认知的非完形特质。因而，更不可能适应可持续发展战略时代对"理性经济人"整体行为认知与了解的现实要求。

马君女士的《从生态正义向度看"资本主义精神"外部性短板——马克斯·韦伯的理论不足》一书，正是从新的理论视角对韦伯学术思想进行了全方位剖析。她不仅对韦伯著述的概念体系进行了梳理，而且对这种"资本主义精神"酿成的不良后果——加勒特·哈丁所说的"公地悲剧"予以了批判性分析。为了加大对韦伯著述外部性短板的证伪力度，在书中，她还以国外著名思想家的大量经典著述为依据，进一步强化了对韦伯学术思想的否证。具体说，她不仅参考了马克思主义经典中对资本主义"异化自然"的理论批判，而且依据"法兰克福学派"赫伯特·马尔库塞《单向

---

① 马克斯·韦伯：《新教伦理与资本主义精神》，生活·读书·新知三联书店，1987，第142页。

度的人——发达工业社会意识形态研究》一书，对"资本主义精神"进行评击；不仅依据法国学者安德瑞·高兹"经济理性批判"对"理性经济人行为"展开详细剖析，而且依据生态马克思主义者詹姆斯·奥康纳的《自然的理由——生态学马克思主义研究》和约翰·贝拉米·福斯特的《生态危机与资本主义》，对"理性经济人"行为进行的理论证伪。总之，马君女士这一著作，为我们重新认知《新教伦理与资本主义精神》提供了新的理论视角。尤其是在我国政府力推生态文明建设发展战略期间，该书对批判性地了解韦伯理论意义上"理性经济人"及其"资本主义精神"的"负外部性"来说，有着一定的参考价值。

《环境破坏的"集体无意识"——从荣格心理学角度对环境灾变的认知》一书，由山西省社会科学院副研究员王文亮撰写。王文亮毕业于浙江大学心理学专业，现在山西省社会科学院能源研究所从事研究工作。该书是涉及生态文明建设方面的一本社会心理学专著，旨在探讨造成环境破坏的社会心理学原因。在书中，作者详细剖析了环境破坏与"集体无意识"的联系。

"集体无意识"概念由瑞士精神分析学派心理学家荣格较早提出，在社会心理学上有着非常重要的价值和意义。但是，荣格心理学中的"集体无意识"概念，似乎更偏重于发生学意义上理论建构与界定，带有十分明显的"历时性"含义。从另外的角度说，荣格式"集体无意识"概念，也与我国李泽厚先生所说的"积淀"具有相似性。对于"集体无意识"概念的深入研究，后经弗洛姆的工作，使之对"共时态"社会群体"集体无意识"现象的认知成为可能，其界说可被认为：一种文化现象（比如前述"新自由主义"的经济文化现象），对群体行为浸染而成的一种无意识模式，亦即人类群体不假思索便习以为常的一种生活方式。《环境破坏的"集体无意识"——从荣格心理学角度对环境灾变的认知》一书，正是结合精神分析学派这些思想家的理论和方法，剖析了由新自由主义经济政策导向形成的、与生态文明建设极不合拍的环境灾变原因——一种引发环境破坏的"集体无意识"现象。该书对处于生态文明建设实践中的社会群体反躬自省来说，将大有裨益。尤其是，在生态文明建设实践中，它便于人们借助精神分析学派的"集体无意识"概念和理论，反思发展过程中人类与自然生态系统平衡不合拍的"集体无意识"行为。

《区域经济生态化建设的协同学探析与运作》一书，由山西省社会科学院研究员黄桦女士撰写。该书是她在之前业已出版的《区域经济的生态化定向——突破粗放型区域经济发展观》基础上，以哈肯"协同学方法"，超越传统"单纯经济"目标，而对区域性"经济—社会—生态"多元目标的协同运作所做的进一步创新性探索。在书中，作者对区域经济生态化建设协同认知的基本特征、理论内涵、运作机制、结构与功能等方面做了全方位分析，并建设性地提出这种区域协同运作方式的具体途径。其理论方法的可操作性，便于我国区域性生态化建设实践过程参考借鉴。

《大数据时代下的决策创新与调控》一书，由王晓东女士撰写。王晓东女士是吉林大学经济学硕士。现任太原师范学院经济系讲师。

该书系统探讨了大数据快速发展所掀起的新一轮技术革命，指出数据信息的海量涌现和高速传输正以一种全新的方式变革着社会生产与生活，也重新构建着人类社会的各种关系。这些前所未有的全新变革，使得传统政府决策与调控方式面临严峻挑战，也倒逼政府治理模式的创新与变革。事实上，大数据的出现，也是对市场"看不见的手"的学说思想的理论证伪。因为，在大数据时代，更有利于将市场机制与国家宏观调控有效结合，并科学构建政府与市场二者的关系，进而使之在本质上协调一致。大数据的出现，已经成为重新考量西方经济学理论亟待解决的关键性问题。书中指出，大数据的出现，同时给政府决策与调控开拓了新的空间，也创立了新的协同决策与运作的机制。因此，顺应当今时代的经济—社会—生态协同运作的数字化转型，以政府决策、调控的数字化推动生态文明建设的数字化，就成为政府创新与变革需要解决的新问题。

《生态环境保护问题的国际进程与决策选择》一书，由重庆移通学院副教授杨阳撰写。杨阳曾就读于英国斯旺西大学，获得国际政治学专业硕士学位。国外留学的经历，使其对国际环保问题有更多的关注。《生态环境保护问题的国际进程与决策选择》一书，正是他基于对国际前沿的观察与研究，同《文库》第三辑主题相结合进行探讨的一本著作。该书从环境保护的国际进程角度出发，指出了人类所面临环境危机的严重性。进而，强调了可持续发展战略追求的现实紧迫性，并借此方式实现生态文明建设和美丽地球的现实目标。此外，他还在人类与环境互动中确立生态正义观念、环保政策的制定与实施方面，做了深入探讨，并指出：若要确保解决环境危机的有效性，必须摒弃新自由主义的"效率主义"逻辑，克服理性经济人"自身经济利益最大化"的片面追求，将自然界与人类社会视作统一的有机整体是至关重要的。唯此，才能使人类社会步入与自然界和谐共生的新路径。

《生态文明建设中的电子政务》一书，由山西省社会科学院助理研究员刘碧田女士撰写。刘碧田女士是山西大学公共管理学院硕士，进入山西省社会科学院工作后，研究方向主要为"电子政务"。《生态文明建设中的电子政务》主要阐述了在物联网、大数据、区块链、人工智能等新技术高速发展的时代政府职能发生的改变，及其对生态文明建设所产生的多维度重构。在书中，她较完整地阐明数字化技术进步对政府职能转变的理论意义和价值——将促进政府转变传统低效能的"人工调控方式"，相应地，取而代之的则是"数字化高效运行"管理手段。这种新技术变革影响的电子政务，无论是生态数据共享，还是环保政策的制定；无论是生态系统监控，还是公众服务水平反馈等，都将高效能地服务于我国生态文明建设。无疑，这种与数字化新技术紧密关联的"电子政务"，既可促使政府工作效率的革命性转变，也将促成我国生态文明建设工作的迅猛发展。

《共生理念下的生态工业园区建设》一书，由山西省社会科学院副研究员何静女士撰写。何静女士是山西财经大学 2006 年的硕士研究生。同年，她进入山西省社会科学院经济研究所工作，主要从事"企业经济"方面的相关研究。其代表作品主要有《共生理念视角下城市产业生态园》《山西省科技型中小企业培育和发展的路径》《供给侧视域中企业成本降低问题分析》。《共生理念下的生态工业园区建设》一书，主要阐述了在共生理念前提下，依据瑞士苏伦·埃尔克曼《工业生态学》的基本原理，通过"生态工业园区建设"的相关研究，进而推进我国企业资源利用效率的提高，及对生态环境保护综合治理的相关内容。尤其是在实现"碳达峰""碳中和"方面，"生态工业园区建设"将是必经之路，将发挥不可或缺的重要作用。十分明显，本书为企业积极顺应我国生态文明建设，对实现习近平同志提出的"碳达峰""碳中和"刚性目标，都有着建设性的作用。此外，它对我国企业未来发展走向，在理论和实践两个方面给出的建议，也有一定参考价值。

　　《生态社会学》一书由重庆财经学院讲师贺双艳和颜萌萌二位女士撰写。贺双艳女士是西南大学教育心理学博士，现在重庆财经学院从事"大学生思想政治理论"和"大学生心理健康"等课程教学工作；颜萌萌女士，同属该学院专职教师。二人所学专业，均便于投入本课题——"生态社会学"研究之中。其中，贺双艳女士还主持出版了《大学生心理健康教育》《文化与社会通识教育读本》等著作。此外，她撰写并发表了一些与"社会心理学"专业相关的学术论文。除此，贺双艳女士对"社会学""文化人类学"等学科的交叉研究也较为关注。对"文化人类学"中"文化生态学派"的理论尤为重视。所谓"文化生态学"，是从人与自然、社会、文化各种变量的交互作用中研究文化产生与发展之规律的学说。显然，其关注的内容，正适合于《文库》第三辑中《生态社会学》的理论探索工作。《生态社会学》一书，对应对我们面对的生态危机，对助力人类社会可持续发展而建构合理的社会秩序等，提供了建设性的方案。因此，它也是《文库》第三辑较有亮点的一部学术著作。

　　《生态旅游论》一书由罗琳女士撰写。罗琳女士是重庆师范大学硕士，重庆外语外事学院讲师。主要从事生态旅游方面的教学工作。在教学之余，对生态旅游做了大量研究，并发表了《关于我国发展生态旅游的思考》《我国生态旅游资源保护与开发的模式探究》等不少前期学术论文。《生态旅游论》一书，阐述了生态旅游的理论基础，探讨了生态旅游的理论与实践，指出了生态旅游的构成要素及其形成条件，揭示了生态旅游资源开发与管理的内涵，也研究了生态旅游的环境保护及环境教育的关系等。《生态旅游论》一书，不仅从旅游角度为《文库》第三辑增添了新的内容，同时也为我国生态文明建设提供了新的视角。

不难看出，《文库》第三辑涉及的内容，既有对被西方奉为经典的《新教伦理与资本主义精神》的批判性分析，又有对新自由主义酿成环境灾变之"集体无意识"行为的心理学解读；既有以"协同学"方法在区域经济生态化建设方面的理论尝试，又有借"大数据"使决策主体在生态文明建设创新与协调方面的整体思考；既有对国际永续发展前沿理论的历史性解读及借鉴，又有对"电子政务"与生态文明建设工作相关联的系统认知；既有对企业未来发展方向——"生态工业园区建设"的积极思考，又有对生态社会学及生态旅游论的创新性理论建构。

总之，文库从不同专业角度奉献出对"生态文明建设"的较新的理论认知和解读。即如《文库》前两辑一样，《文库》第三辑，同样旨在从不同专业领域，为推动我国生态文明建设事业做出贡献。

至此，由三辑内容构成的《生态文明建设思想文库》，经参与其撰写工作的全体作者，及山西经济出版社领导和相关编辑人员的共同努力已经全部完成，它们具体有：

第一辑：

《自然的伦理——马克思的生态学思想及其当代价值》

《新自由主义经济学思想批判——基于生态正义和社会正义的理论剖析》

《自然资本与自然价值——从霍肯和罗尔斯顿的学说说起》

《新自由主义的风行与国际贸易失衡——经济全球化导致发展中国家

的灾变》

《区域经济的生态化定向——突破粗放型区域经济发展观》

《城乡生态化建设——当代社会发展的必然趋势》

《环境法的建立与健全——我国环境法的现状与不足》

第一辑于 2017 年业已出版发行。

第二辑：

《国家治理体系下的生态文明建设》

《生态环境保护下的公益诉讼制度研究》

《大数据与生态文明》

《人工智能的冲击与社会生态共生》

《"资本有机构成"学说视域中的社会就业失衡》

《经济协同论》

《能源变革论》

《资源效率论》

《环境危机下的社会心理》

《生态女性主义与中国妇女问题研究》

目前，第二辑全部著作现已经进入出版流程，想必很快也会面世。

第三辑：

《从生态正义向度看"资本主义精神"外部性短板——马克斯·韦伯的理论不足》

《环境破坏的"集体无意识"——从荣格心理学角度对环境灾变的认知》

《区域经济生态化建设的协同学探析及运作》

《大数据时代下的决策创新与调控》

《生态环境保护问题的国际进程与决策选择》

《生态文明建设中的电子政务》

《共生理念下的生态工业园区建设》

《生态社会学》

《生态旅游论》

目前，第三辑也已经全部脱稿，并进入出版流程。

《生态文明建设思想文库》三辑著作的全部内容业已完成，这也是《文库》编委会全体作者及山西经济出版社为我国生态文明建设所做的贡献。但是，囿于知识结构和底蕴，及对生态文明建设认知与把握的不足，难免会有不尽完善之处，故此，还望学界方家及广大读者惠于指正。

2021 年 8 月

前　言

　　"一切历史都是当代史",这是意大利著名学者克罗齐在其所著的《历史学的理论和实际》一书中提到的一句令人警醒且耐人寻味的一个历史论断。克罗齐的论断虽然简单,但却向世人传递出了一个深邃而富含哲理的隐性定律:我们曾经的遭遇,今天可能会再度碰到;现在的各种经历,也可能在未来重现。简言之,历史的发展是会重复的。历史对人类的最大意义,即在于将过去的经验或教训如影像般映射到当今人类的现实经历中,以及通过这种映射对那些潜在的、尚未发生的可能做出某种预示。克罗齐的论断既不是让我们将当代经历的一切看作是过往历史的简单机械重复,也并非让我们从历史溯洄中去寻找解决当代问题的答案。他只是告诉我们,如果人类在自我发展中不能对过去的种种不幸遭遇进行反思和总结,那么人类是很有可能在现阶段及未来继续遭遇这些不幸。尽管导致这些不幸的原因各不相同,但在某些关键因素上,它们也许有着相似之处,例如人类因为无知、傲慢和贪婪等所带来的疏忽与漠视。而这一点,在人类理解其自身发展与外部生态环境的对等关系上,体现得尤为明显。

　　迄今为止,人类文明进化的历史从已经考证到的最早的器物形态算起已有上百万年之久,而最早发现的有关人类行为的文字记录也有着至少六千年的历程。纵观人类文明的发展史,其实就是一部社会结构由简单走向复杂、社会关系由孤立走向融合、社会生活由单一走向多元、社会组织由无序走向有序的演化史。从这一演进的历史脉络看,我们或许会得出这么一个简单而绝对化的结论:相较于大自然界的其他生物体,人类是演化最成功的一个特殊种类。在过去的几百万年中,唯有人类完成了从低级物种到高级物种的升华;唯有人类创造了自己的文明;唯有人类具备改变外部生存环境的能力而不是被动地去适应和接纳。这一结论也可能被从某个视角上的观察强化，尤其当我们站在21世纪科技与财富增长的巅峰上回溯过去，很难不被人类自身的冒险精神、创造能力和实践动力感动和折服。在被感动和被折服的背后，我们也从精神和心理上逐渐卸下了那份对大自然应有的敬畏之心。

克罗齐对人类警示，历史会再度重演。正是告诉我们，如果我们不能对曾经涌现的问题做出重新审视和反省，并及时停止那些错误的行为，过去出现的问题在诱发其产生的条件具备时，可能在新的时空中以不同的方式、规模、程度再度呈现，例如耕地减少引发的饥荒、植被破坏导致的荒漠化和洪涝等。从人类的发展史看，人类的进步正是在于我们有能力和手段来阻止那些让我们生活变得更糟糕的历史悲剧的重演，例如人类在经历了两次异常血腥的世界大战之后，终于意识到了和平的弥足珍贵，进而通过成立联合国这样的制度安排来防止新的世界大战的爆发，虽然过去几十年来地区性的战争与冲突从未消停过，但是世界范畴的和平大致实现并得到长久维持。同样地，那些千百年来不断给人类的命运存续造成空前威胁的致命疾病，诸如爆发于14世纪的"黑死病"鼠疫、18世纪盛行于欧洲的"天花"、19世纪令人闻之丧胆的"霍乱"，直至20世纪早期发端于西班牙的大流感，均随着人类科技的进步、医学研究在特定领域的关键性突破和公共卫生条件的改善而逐渐成为历史。对今天在寿命和健康方面都取得长足进步的人类来说，很难想象那些动辄就夺去千百万人生命的疾病会再进入我们的生活，这种自信的产生亦正是源自于我们认为我们有能力来影响和改善我们的生存环境，使之朝着我们所期待的方向发展。

上述两个关于人类进步和改变的案例或许正以无可争辩的事实在驳斥克罗齐的那个"一切历史都是当代史"的论断，凸显出的是人类没有让历史重演，即便没有完全做到，至少人类也在尽可能地努力避免让不好的历史重演。究竟人类有没有让历史重演，或者历史是否正以更为剧烈的方式重演，两个案例也许不能完全说明问题，但可以肯定地说人类的所有"理性"行为目的只有一个，就是让生活过得更幸福、更美好。我们追求幸福而美好的生活，故而我们不断地将我们想象和理解的那种生活方式以我们的意志去强力地作用于外部世界，其结果是我们确实部分地实现了那种所谓"幸福"和"美好"的生活，但为此付出的代价则可能是更严重的"不幸福"和"不美好"。这样不对等的收益与成本，如果从绝对GDP增长的视角观察是很难发现它的不均衡的，然而一旦跳出GDP绝对主义的既定视域，不再将人类活动产生的影响限定在人际社群之间，而是同外部环境的动态变化联系起来，即将生态自然环境的损耗作为关联方纳入，我们或许会看到另一番与众不同的景象。透过自然界的演变，尤其是过去一百年的剧烈变动，我们注意到，虽然我们的生活水平改善了、提升了，但是伴随着的是大自然给予我们的生存环境前所未有的恶劣了，以至于我们开始频繁地使用"危机"一词来对那些依然罔顾环境恶化的人员、机构、组织等发出急迫的警告。

人类期望生活更美好，但是人类的努力却不经意地让这种期待走向了它的反面。当今但凡涉及与环境生态相关的话题，几乎都离不开诸如"水土流失""荒漠化""干旱""洪涝""大气污染""水资源匮乏""臭氧层破坏""温室效应""生物多样性灭绝"等一系列令人充满焦虑感的词句。上述的种种灾变，历史上有的，人类在今天予以继承；历史上未曾有过的，人类凭借着一轮轮科技创新、行为选择的"经济理性"将其制造出来并通过自由市场这只"看不见的手"不断加深和拓展。从这一点看，正如克罗齐提到的，历史的确重演了。因为我们没有从观念上、思想上和精神上去思考为什么我们具有"理性"的行动会让结果变得那么"非理性"，因为好些被开发领域的情况已然失控，这让我们不仅没有完全告别那些历史上的环境危机，而且在新的条件下，我们遭遇的危机更多、更新、更严重。

我们今天遭遇的种种环境危机并非一蹴而就，危机从最初的形成、发展、蔓延直到波及整个人类的生存都需要经历一个时空过程，而且大部分时空过程都不算短暂，从这一点讲，危机的爆发给人类留足了预警的时间。即便如此，人类对此依旧时常感到急迫、茫然和不知所措。为什么人类总是对于危机的发展呈现出滞后的态度，弄明白这一点或许比直接探讨解决危机的具体技术手段更有意义，或许更有助于我们从更长远的视域来审视人类在飞速发展的现代化进程中对环境的种种激进行为，更有利于从当下和未来应如何协调与环境的共生关系方面做更有价值的思考。

本书虽不是从技术专业化的角度来探讨人类环境的问题与困境，但是本书期望从人类环境史发展的轨迹描述中来勾勒出在这个过程中人类与环境的互动关系,以及探析因这种互动关系而对双方产生的现实和潜在影响,最终目的在于让我们静下心来做深刻的反思,思考我们错在什么地方,面对由我们的错误导致的危机,我们已经做出了怎样的改变,还应该做出怎样的改变。

出于研究问题的考虑,本书将从历史的纵向和现状横向对环境与人类的关系和相互影响开展探索,力图在同一时空中将那些对人类命运和环境危机产生作用的因素予以呈现,尤其对那些貌似美好却对环境有着摧毁性作用的"隐秘"因素,更值得我们警惕和深思。

本书将大致分为五章开展探讨,第一章分析了人类在历史发展中如何看待、理解和认知生态环境。生态环境对于人类不是虚无的存在,环境给予人类生存发展所需的一切物质能量,人类对环境的回应则未必是给予足够的尊重和善待。人类若要改善并保护环境,首要一点就是对曾经的一切破坏环境的行为进行梳理,以防止"历史的重演"。

第二章分析了人类当前已经面临的种种生态环境问题。当今人类面临的生态环境问题最主要的特点之一,就是很多问题已非仅限一国或一域范围的地区性问题,相反,几乎所有的问题都成为世界性的危机。除此之外,环境问题的产生又大多是多种不同类型问题的叠加,这就更加剧了防范和改善难度。从宏观上认知问题现状,是解决问题的前提和必要步骤。

第三章分析了人类自身的行为是如何影响生态环境的发展。人类社会与生态环境本应作为一个和谐统一的整体而共存,但是人类却把环境当作一个无足轻重的事物并把它置于人类发展的对立面。关于人类对环境的影响和破坏,用类似于"过度开发""过度消费""过度损耗"这样简单的陈述是不能充分诠释的。结合全球化发展的大背景,我们需要更深层地从人口增长、城市化、技术化和市场化这些成因展开探究。

第四章分析了导致生态环境危机产生的人类思想和观念,以及在这种思想和观念引导下的种种政治决策。生态环境危机的根源在于人类对有限自然资源的无限索取,这一不可调和的矛盾使两者间长期以来保持的平衡状态趋于倾覆。人类的一切行为不是无意识的,一百年前的西方经济学者就已对人类的行为选择冠以"经济理性"的"崇高"评价。我们要解决环境危机,就必须对人类的思想、观念和政策进行反思,厘清人类是怎样本着"经济理性"的预期换取了"经济不理性"的未知。

第五章分析了人类在全球性的生态环境危机面前的应对策略。当今的科学技术手段、交通设施和经济贸易网络已经从空间上将地球微缩成了"地球村",生活在这个村里的人类各族群间的关系也早已从过去的孤立、隔绝状态转变成了同呼吸共命运的"共同体"。在此情形下,面对日趋严重的环境危机,没有哪一个国家、哪一个民族和哪一个人可以独善其身。人类命运共同体的形成让我们所有人都成为环境向好的受益者,同时也沦为环境恶化的受害者。正如习近平主席在 2020 年 11 月召开的二十国领导人利雅得峰会上发言:"地球是我们的共同家园。我们要秉持人类命运共同体理念,携手应对气候环境领域挑战,守护好这颗蓝色星球。"对人类而言,在未来能不能携手共同应对解决环境危机,既是人类对生存命运的自我救赎,同时也是对几近毁灭的生态文明的重塑,更是人类文明的凤凰涅槃。

当然,本书从上述五个方面对环境问题和生态文明建设所进行的探析,远远不能对历史上和现今的生态环境困境做出全面的阐释。本书研究的内容仅仅是作者就自身略感了解的领域做了一些浅显的思考与分析,希望能够起到抛砖引玉的效果,引起学界同仁们对该领域给予更多的关注和研究。

杨阳

目　录

第一章 人类对所面临的环境问题的历史认知进程

人类的发展过程并不单是一个社会进步的过程,从本质上讲,这个过程还是一个环境变迁的过程,因为人类数百万年来几乎所有的活动行为,从最基本的以维持生存为目的的狩猎、放牧、种植,到对技术性要求更高的筑屋、修路、造桥,再到难度更大的各种科技创新等,都涵盖了对外部环境的认识、利用和改造。可以说,人类的进步,正是建立在与环境的无数次互动的基础之上的。数百万年的进化,让人类从其他生物物种中脱颖而出,成为唯一能对外部环境产生作用的高级生物。近代以来的工业革命更让人类拥有了对抗自然和征服自然的本领,而最近数十年的科技创新更是将人类推上了发展史上的顶点。站在历史顶点的人类,虽然取得了比以前任何一个阶段都大得多的成绩,但是陷入了比任何一个时代都大得多的困惑之中。这个困惑或许可以用一个相互矛盾且具有讽刺意味的语句进行表述:我们一方面在憧憬未来的无限美好,另一方面却又对未来充满无限担忧。引发担忧的正是人类取得辉煌成就所依赖的环境还能否为人类提供源源不断的能量输入以及承受人类的破坏性输出,这条不对等的路是否还能延续下去? 在不太久远的未来,"增长的极限"是否将成为人类文明的终结? 对于未来发展的不确定性,我们虽然很难做出一个完全准确的预判,但如果我们回过头去梳理曾经走过的历程,或许能为我们未来前进的方向提供新的启示并引发一些新的思考。

第一节 20世纪之前人类对环境问题的认知与回应

自人类诞生以来,环境的发展变化就对人类社会产生着直接或间接的影响,而且这种影响几乎从未间断过。但对于进步中的人类来说,不同时期的人类对于环境带来的影响有着并不完全相同的感知,这种不一样的感知对于人类采用什么样的态度来看待环境对自身的影响,采用什么样的自身行为来回应环境的变化,都有着至关重要的决定性作用。我们今天来讨论环境变化对人类的影响,无一例外地将聚焦于那些坏的、不利的乃至于构成现实或潜在威胁的影响,即各种环境问题上。

环境问题对人类的影响并不限于当下,历史上的人类也饱受环境问题的困扰,唯一不同的是当下的人类对环境问题的危害性有了相当程度的认识和警觉,所以"保护环境"的声音在国际舞台上频繁而响亮地响起,与此相呼应的是各类政府或非政府的"绿色"组织和"绿色"机构纷纷采取行动,在某种程度上,甚至超越了国家间主权疆域的界限,形成一种新的捍卫生态环境的国际性力量。当前人类对于环境问题的认知和关注,其过程并非一帆风顺,若非经历过切实而深重的环境灾难,很难有这样的观念行为。更何况,直至今日,某些人、集团、国家基于某些特定短期利益的考量,对环境问题依旧采取着不负责任的放纵态度。历史上的人类对于环境问题是怎样的态度与认知,后世的人类是否在观念和行为上有所袭承,当我们回溯历史,即便一百年的光景,也会得到很多与我们今天似曾相识的图景。

人类在历史上遭受到的环境影响分为两种:一种是被动遭受环境灾变的冲击,例如千百年来在世界各地往复不断的洪水、干旱、地震、雪灾、台风等;另一种则是因人类主动行为而招致的灾变,例如大气污染、水污染、酸雨、粮食短缺、气候中"厄尔尼诺现象"频繁等。本书所研究和探讨的焦点主要汇聚在第二种情形上,即人类对于因自身行为造成的环境问题持何种态度。因此,本书将重点从人类何时有能力影响环境为切入点展开分析,对于那些主要因自然环境变化而受影响的人类时代,将不做详细阐释。基于这一研究目的,笔者选择英国、美国两个国家为样本,探讨从工业革命兴起后,在技术与资本的双重合力下,两个国家内部环境承载的压力以及当时人们对此的回应。

一、19 世纪的英国在环境问题上的认知与回应

英国是世界上第一个进行工业革命的资本主义国家,工业革命的兴起使

英国的社会生产力实现了质的飞跃，短期内创造的财富超过了之前的任何世代。凭借雄厚的工业实力，英国也由此构建起横跨亚非欧大陆的"日不落帝国"，开启了那个让无数英国人感到无比自豪和荣光的辉煌时代——"维多利亚"时代。工业革命带给英国的不仅是辉煌和荣耀，还伴随着令人钦羡的成就。自此，英国人的生存环境前所未有地被恶化了，正如财富的创造超越了历史上的任何一个时期，环境恶化的程度也超越了历史上的任何一个时期。

（一）工业化与空气污染

18世纪中后期以来的工业化为英国带来了世界政治上的强势地位和巨额的资本财富，而工业化在现实中是以城市居民聚集区附近密集的工厂来体现，作为工厂的标志性建筑——烟囱则成为代表工业化规模与水平的物理标志和精神象征。而这种通过工厂数量或者烟囱密集度来反映工业水平的城市，在19世纪的英国，不仅有伦敦，还有其他的大城市如利物浦、曼彻斯特、伯明翰、格拉斯哥等。在部分人看来，这种突兀的城市面貌，不仅不难看，而且代表着繁荣与进步，工厂和烟囱在一定程度上让征服自然不再是虚无缥缈的幻想。"一些乐观的维多利亚时代的人表示相信，产业革命不仅第一次使'征服自然'成为可能，而且也使'改善物种'成为可能"，是"一场财富和繁荣的收获"[①]。相对于这种乐观的态度，另外一些人则发出了反对的声音。反对原因之一正是"由于人们感到工业化不仅扰乱了人的关系，而且势必导致物质环境的恶化[②]。"事实上，工业化的确导致了英国物质环境的全方位恶化，无论是天空、陆地还是水体，均遭受污染并引发了严重后果。

19世纪英国的空气污染程度给这个国家蒙上了黑色。1780年之后，煤逐渐成为工业革命的主要动力燃料，随之而来的是被污染的黑色乌云遍布英国上空，并最终越出英国飘向欧洲其他国家。在这个最辉煌的世纪里，英国大大小小的工厂究竟烧掉了多少煤，以及通过那些高低不齐的烟囱排放出去多少烟尘，我们现在很难做出精确的计算，但是从那个时代保留下来的各种关于被煤烟污染的城市描述，我们大致可以推测其严重程度，对今天的人来说是难以

---

① 阿萨·勃里格斯：《英国社会史》，陈叔平译，中国人民大学出版社，1991，第231页。

② 同上书，第233页。

想象的。

约翰·罗斯金(1819—1900)是 19 世纪英国著名的美学家、建筑学家和艺术评论家，同时也是一位对工业时代环境问题的关注者。罗斯金在 1871—1884 年的 13 年间，通过持续记录对天气变化的观察日记来对英国工业化后的空气环境展开追踪和考察。在罗斯金的日记中，就有九次提到了 19 世纪以来时常笼罩在城市上空的黑色的"暴风云"，例如在 1876 年 6 月 22 日的日记中，罗斯金对于"暴风云"有着这样的描述："雷雨，一片漆黑，但又不是真正的黑——而是又深又高的污秽，这是由可怕的，但并非因为可怕而显得崇高的烟云形成的；是工厂里排放出的浓雾、颤抖的风形成的可怕的风暴……"[1]这种烟云会导致"在这半个世界上，你每次呼吸的空气都是被这种灾难性的风污染过的"[2]。为了呼吁公众对环境污染引起重视，罗斯金还专门于 1884 年 2 月 4 日在伦敦学院做了一场名为"19 世纪上空的暴风云"的公开演讲。在这场演讲中，罗斯金将暴风云的特征做了归纳和总结，并指出其产生的根源正是过度密集的工厂无限度地向天空排放煤烟所致。"在我周围约 3.22 平方千米的土地上，至少就有两百座高炉的烟囱"[3]。不仅如此，罗斯金对于暴风云本身也极为痛恨，演讲中时常出现"肮脏""龌龊""丑恶"等词汇，足见其对环境污染的厌恶。尽管世人对环境问题的严重性尚未产生足够重视，但罗斯金对于暴风云的演讲说明了他对环境问题的超前性认识。

罗斯金不是唯一对工业化造成的空气污染产生反感的"前瞻性"人士，除他之外有多位有着历史影响的人士对环境的恶劣发出共鸣。历史学家汤因比在 19 世纪 80 年代断言：产业革命的烟雾所带来的破坏要多于创造；[4]著名工艺美术设计师威廉·莫里斯更是愤怒地质问：是否一切都要弄到"在一大堆煤渣的顶上建立起一座帐篷，把赏心悦目的东西从世界上一扫而光"才肯罢休。[5]

---

① 罗斯金：《罗斯金散文选》，沙铭瑶译，百花文艺出版社，2005，第 243—258 页。

② 同上。

③ 同上。

④ 阿萨·勃里格斯：《英国社会史》，陈叔平译，中国人民大学出版社，1991，第 235 页。

⑤ 同上书，第 233 页。

这种对环境破坏的不满，即便是在文学作品中我们也能轻易找到较多的叙述痕迹。从大文豪查尔斯·狄更斯的诸多文学作品中，我们会看到不少对那个时代浓烟熏罩下的生活实景描绘："它不仅使天空变得暗淡，弄脏了衣服，毁了窗帘，导致花卉、树木纷纷死亡，还侵蚀了建筑物。"① "街道和短巷从他身陷其中的那个不整齐的方形广场朝四面八方延伸出来，终于消失在屋顶上空的不卫生的烟雾之中……"② "河上夜雾弥漫……河滨暗沉沉的建筑物也显得更暗、更加朦胧。两岸货栈给煤烟熏黑的……愠怒地俯视着黑得连它们这样的庞然大物也映照不出来的水面。"③

同罗斯金一样，狄更斯的作品中能够把英国的颜色形容为像煤炭一样为黑色，黑色的英国未免太难看，但是比肮脏、丑陋的面貌更糟糕的是令人窒息的污浊气体带给英国人的健康损害。19 世纪后期的英国，呼吸系统的疾病，尤其是肺炎、哮喘、支气管炎和肺结核等，已成为影响公共健康非常严重的问题。在 1873 年、1880 年和 1892 年，伦敦地区相继发生三次由燃煤引起的毒雾事件，先后夺去了 1800 人的生命。④ 根据环境史学家 B.W.Clapp 的估算："维多利亚时期英国 1/4 的人口死亡原因是空气污染而引起或加剧的肺病，绝大多数是支气管炎和肺结核，空气污染物主要是粉尘。维多利亚时代空气污染杀死的人的数量，粗略估算是 20 世纪 90 年代全世界死亡人数的 4—7 倍。"⑤ 如此看来，英国为其引以为傲的"黑色"付出的代价未免太过高昂。

（二）霍乱与水体污染

19 世纪英国工业化进程中遭受到的另一主要的困扰就是水体的污染及其引发的严重的霍乱。1831—1866 年 30 多年的时间里，英国先后发生了四次大

---

① 汤艳梅：《工业革命时期的英国城市环境观念及其影响》，上海师范大学，2012，第 43 页。

② 狄更斯：《博兹特写集》，陈漪、西海译，上海译文出版社，2013，第 81 页。

③ 狄更斯：《奥立弗·退斯特》，荣如德译，上海译文出版社，1984，第 417 页。

④ 傅立勋、刘双进、毛文水编著《环境科学技术发展与预测》，中国科学技术出版社，1987，第 2 页。

⑤ B. W. Clapp, *An Environmental History of Britain* (London：Addison-wesley Longman Ltd, 1994), PP：64—68。

规模的霍乱，时间分别为 1831—1832 年、1848—1849 年、1853—1854 年和
1866 年。四次霍乱期间，最为严重的一次为 1848—1849 年,有超过 14000 人
死亡;同样可怖的 1853—1854 年霍乱,仅伦敦的索霍区就有超过 500 人在 10
天内被夺去生命。①对于霍乱的发生,英国在初期并未探明其产生的原因和传
播方式,甚至有人将其理解为是由呼吸道疾病引发的传染。1849 年一份议会
文件曾这样推断:"每一种传染病尤其是霍乱最主要的传染原因是潮湿、污秽
及食物腐烂。总之,这些使得空气污浊。"②这一误解直至麻醉医生约翰·斯诺
通过医学研究和实地调查,并在第三次霍乱期间说服伦敦市政官员关闭了一
处长期以来向居民提供饮用水的水泵,才证实了霍乱的传播与水源的不洁净
有着密切关系。

　　霍乱在英国的屡屡发生并不是偶然现象。如果我们考察工业化带来的影
响,就会发现英国人饮用的水源几乎都是不洁净的,这使得他们患病的概率显
著增加。一个真实的景象是 19 世纪随着工业化的推广,作为工业化的孪生兄
弟——城市化也得到空前发展, 直接结果就是大量的农村人为寻找工作机会
涌入城市,城市人口开始急剧增长。面对社会经济结构发生的历史性巨变,英
国政府和社会并未做好必要的应对措施, 市政管理和城市基础设施改造方面
明显落后于这一变化, 使得人口密集的城市区直接成为病毒滋生繁衍的最佳
温床。工业化和城市化催生了两个污染源:随意排放的工业污水和生活污水。
以穿越伦敦的泰晤士河为例,18 世纪中期以前的泰晤士河河水清澈,一度成为
鲑鱼的栖息地,而工业化兴起之后,泰晤士河开始变得污黑浑浊且恶臭不堪。
在一段 40 多千米的河段中,居然一年中有 9 个月时间水中不含氧。臭气熏天
的河水在 1858 年 6 月恶劣到骇人听闻的顶点,连在河边开会的议会也必须在
窗上挂上浸过消毒药水的被单。类似被污染的河流在英国还有多条,譬如流经

---

　　① 梅雪芹:《19 世纪英国城市的环境问题初探》,《辽宁师范大学学报（社会科学版）》
2000 年第 3 期,第 105—108 页。

　　② Midwinter, E.C.Parliamentary Papers 1849XX IV, Victorian Social Reform（London,
1986）. p.83. 转引自梅雪芹《19 世纪英国城市的环境问题初探》,《辽宁师范大学学报(社会
科学版)》2000 年第 3 期。

利兹的艾尔河,恩格斯在《英国工人阶级的状况》一文中有过详细的叙述:"像一切流经工业城市的河流一样,流入城市的时候是清澈见底的,而在城市的另一端流出的时候却又黑又臭,被各种各样的脏东西弄得污浊不堪。"①

相比较于工业化和城市化对于水体污染的速度,英国由此产生的环保意识和反应举措是渐进而缓慢的,而且措施也不彻底。从泰晤士河的清污举措来看,若非霍乱和大恶臭让英国政府感受到了水体污染带来的危害,这样的水质环境可能还得延续下去。从 1858 年伊始到 1878 年,可以视为泰晤士河治理的第一阶段,伦敦政府通过修建下水排污系统避免污水直接排入河水中。排污管道的修建的确在一定程度上缓解了河道污染状况,但是这种治理的目的和方式呈现出很强的投机性和功利性。排污系统将污水直接输送到河口和海岸,而没有对污水做任何净化处理,从本质上讲是一种"以邻为壑"的做法。更重要的一点是当时的英国政府并没有意识到水污染源头是工业废水和生活废水的肆意排放,若不对排放量做出限定而仅仅是对污水的流经渠道另辟蹊径,效果只能是治标不治本。从往后的泰晤士河的治理历程上也很好地证实了这一点。步入 20 世纪之后,伦敦周围的工业区进一步扩大,城市人口数量再度攀升,泰晤士河的水质再次恶化起来。英国要彻底改变伦敦及其他工业城市留给世人的"黑色"印象,告别狄更斯笔下赋予这些城市的"Coketown"(煤焦镇)别名,则是 20 世纪 60 年代之后的事情。尽管现在的英国在环境保护层面上与其他国家相比已经达到了很高的程度,无论是从立法、公共政策、制度规范等保护环境的刚性约束还是社会环保意识、公民环保教育等软性支持都领先于世界上大多数国家,但总的来说英国在环境问题上是沿着"污染—治理—再污染—再治理—实现整体性环保"的循环路径前行的。历史给了英国大约 150 年的时间来完成这样的转型,问题在于当前世界上许多国家都遭遇的环境问题,我们是否可以有足够的时间来重复这样的道路以及能否承受起为此付出的代价。

二、19 世纪的美国在环境问题上的认知与回应

美国人在环境问题上所形成的各种态度和看法是与他们对远涉重洋而来

---

① 《马克思恩格斯全集(第二卷)》,人民出版社,1957,第 320—321 页。

的新大陆的认识和了解程度相伴随的。与英国的环境破坏主要发生在工业城镇及交通枢纽地区的情形不同，19世纪美国的环境破坏并不局限于某些重要的工业城镇和港口码头。美国广阔的疆域对环境破坏引起的后果似乎提供了无限的承载能力。在早期，美国人眼中的环境问题或许不是问题，因此他们默许或者忽视了这些问题造成的危害，并让其随着美国人口迁徙、增加和领土开拓等在这片新大陆上蔓延，直至某一天他们猛然意识到美国的空间是有限的，若不对环境恶化的状况加以改变，这片充满希望的新大陆将会被他们自己毁灭。

（一）无限荒野激励下的浪费式开拓

19世纪一位美国的画家曾经这样说过："美国人情感中最突出的，大概也是给人印象最深和最有特点的部分，就是对荒野的态度。"①这句话用来评述19世纪末以前的美国人是绝对不过分的。探讨美国人对环境的看法与态度，离不开从视角感官层面解析广袤无垠的北美新大陆给那些满怀"自由"与"富裕"梦想的欧洲移民们所带来的震撼感，这种震撼感恰是激发移民们奋力创造新生活的原始动力，也是改造生存环境及征服自然的力量源泉。人与环境的互动，在某种程度上也被视为文明与野蛮的较量。

当来自欧洲的移民踏上北美大陆的时候，首先映入他们眼帘的便是一片广袤无垠、由森林所覆盖的荒野以及那些头插羽毛、身披兽皮的印第安土著。对欧洲移民来说，这种景象是欧洲大陆未曾遇到过的，是一个与欧洲的工业化社会形态迥异的自然环境。这样的未被开发过的"处女地"，对新移民来说并非可以带着愉悦心情欣赏的美景，如何在这样一大片充满原始自然特性的荒野环境中构建出不仅适合生存而且充满美好的社会生活，便成了往后数百年间移民及其后裔们的目标追求和挑战。

北美荒野带给欧洲移民的不只是宽广无垠的空间距离，还有就是它天然地拥有适合人类生存的一切必要资源，无论是农业所需的耕地、牧场，还是工业发展离不开的各种矿产储备，北美大陆就像一个亟待开启的巨大宝库。从这个角度讲，无限的土地呈现在有限的移民人口面前，似乎在传递着这么一个强

---

① 罗德里克·弗雷泽·纳什：《荒野和美国思想》，耶鲁大学出版社，1973，第67页。

烈且极具诱惑力的信息：作为这片大陆的新的主人们,他们可以无止境地享受大自然的丰富馈赠而无须为此付出相应的代价。事实上,来自欧洲的移民们在开发新大陆的历史进程中,也将这种信息当作一种指示有效地强化到实践中。

在一切关乎人类生存的物质资料中,土地一直是人类生存所依赖的最基本的物质资料。在对待土地的使用态度上,美国人因为拥有过多的土地资源而在使用方面表现得格外慷慨大方。因为无须对土地的稀缺感到担忧,美国人在土地上的慷慨大方往往以浪费的方式呈现出来,直到某一天他们发觉到土地面积并非无限的,那种美式文明的生活模式观念正把他们推向危险的境地。

早在18世纪末的独立战争期间,托马斯·杰斐逊就在其《弗吉尼亚纪事》中用大量的事实论证北美的资源足以养育起整个美利坚民族。他说:"在欧洲,问题是要善于利用他们的土地,因为劳力是丰富的;而这里,是要善于利用我们的劳力,因为土地是丰富的。"①美国这一全新国家的建立,又从道德理想上强化了上述观点。按照杰斐逊和其他的美国建国元勋们的理想追求,新建立的美国如果要凸显出其存在于这个世界的价值,要与大西洋彼岸的欧洲国家的专制、压迫和贫困形成鲜明的对比,就必须让每一位经历千辛万苦来新大陆寻求新生活的美利坚子民获得"生活、自由和拥有财富的权利"。美国丰富的资源又恰好为这一国家理想的实现提供了物质基础。民众拥有财富的方式莫过于对广袤土地实现私人占有,基于此,美国政府的重要的经济政策也多围绕着这一财富拥有形态而制定。从18世纪末期到19世纪中期,美国政府几经变迁的土地政策——从《西北法令》到《宅地法》,都是根据把土地分给个人的原则而制定的。这些政策的实施,的确让相当多的美国人获得了"生活、自由和财富的权利"。不仅如此,人们在获得的土地上建起了农场和工厂,使得美国的经济繁荣起来,所有这样借助于土地而表现出的兴旺现象,给整个社会带来的影响甚至超越了土地的物质意义,在部分文学家和艺术家看来,它是美国文化和道德来源以及民族自我评价的基础。②

对荒野空间的"无限"的判断使得美国政府将大量土地转移到了民众手

① 侯文蕙:《美国环境史观的演变》,《美国研究》1987年第3期,第136—154页。

② 罗德里克·弗雷泽·纳什:《荒野和美国思想》,耶鲁大学出版社,1973,第67页。

中,当然这也体现着美国人的关于"拥有财富权利"的价值准则。同样,民众脑海中对荒野空间的"无限"意识也推动着他们在对土地的开发利用上,完全不需要顾忌土地上原有生物数量和形态的减少及破坏情况。

　　19世纪美国土地遭受严重破坏的首先是多片森林覆盖区彻底消失。出于发展农业而大量兴建农场的需要, 森林作为一种阻碍需要被清除。据统计,从1850—1860年间,有大约3000万英亩(约1214.06万公顷)森林被开辟成农场。如果美国人口按照19世纪50年代的增长率增长,19世纪60年代就会有4000万英亩(约1618.74万公顷)森林被砍伐,并且接下来每一个十年仅为农业需要砍伐的森林面积就差不多与加利福尼亚州面积相当。[1]19世纪中期之后,随着工业的兴起,对木材需求的激增更加大了对森林的砍伐力度。早在1840年前后,纽约州和新英格兰州的森林大部分被砍伐,接着五大湖地区的森林也基本消失,但砍伐的过程并未结束,新的砍伐接连转移到更西部的州。这样激烈的全国性毁林运动使得美国10亿英亩(约4.05亿公顷)左右的森林面积,到19世纪末期仅存约5.5亿英亩(约2.23亿公顷),占到了美国国土面积的1/4。[2]

　　对土地资源的另一种破坏则是因地力的损耗而使得原本肥沃的土地变得贫瘠甚至荒芜。美国人一向认为辽阔的土地可以无限地供应,所以他们在开发土地上很少考虑水土保持,为了短期的物种产出他们总是不计后果地损害地力,当原本肥沃的土地变得贫瘠时,就去西部寻找新的土地。这种滥用土地的现象在东部和南部的烟草和棉花种植园里更为突出,尤其是在南北战争前,种植园奴隶主在榨取奴隶的劳动时,几乎从不关注对地力的破坏。比如烟草,是一种特别耗地力的作物,一块种植烟草的土地往往在两三年后就贫瘠不堪了。一般情况下,同一块土地只能连续种植烟草四年。[3]对种植烟草的土

　　① Donald J. Pisani, " Forests and Conservation, 1865—1890," *The Journal of American history*, Vol. 72, no. 2(sep. 1985):343.

　　② Charles Richard, Van Hise, *The Conservation of Natural Resources in the United States.* (New York: Macmillan Company, 1918), p.210.

　　③ 约瑟夫·M. 贝图拉:《美国环境史,自然资源的开发和保护》,旧金山博伊德—弗雷泽公司,1977,第47页。

地所有者来说他们无须对土壤做出任何修复，土地被破坏是可以通过获得新的未开垦的土地予以补偿，他们唯一要做的事情就是不断地迁徙以完成这种更替。

除了对森林和土地资源的极大破坏外，矿产资源的破坏和浪费程度同样令人触目惊心。19 世纪前期，美国对矿产资源的需求和开采在数量和规模上并不是很大，但中期以后在工业化的推动下需求量和开采量均屡创新高。以煤炭为例，截至 1845 年，开采总数只有 2770 万吨，1846 年开采 500 万吨，1875 年增长到 5200 万吨，1900 年达到 2.70 亿吨，1907 年已超过 4.80 亿吨，年均增长率是 7.36%。① 伴随着矿产资源大规模开采的是因使用效率的低下而带来的巨大浪费。截至 1908 年，煤的开采总量是 72.40 亿吨，而采掘一吨矿产资源要浪费 1—1.50 吨无烟煤，要浪费 0.50 吨烟煤，所以在开采过程中浪费的矿产资源总数为 109.35 亿吨。②

19 世纪的美国人是以一种极为乐观的态度来实现他们的关于"生活、自由和拥有财富的权利"的理想追求。尽管北美荒野给了美国人在空间和资源上得天独厚的优越条件，但是随着美国工业化的持续扩张，凸显出环境问题开始对美国经济发展的"吞噬"效应时，美国人也逐渐意识到他们曾经以为的"无限"是个错觉，他们需要以一种新的眼光来看待环境与他们的关系，并重新思考他们关于环境的政策。

(二)保留主义与保护主义——19 世纪美国的环保意识

原始荒野在美国人的物化劳动下迅速地消失，对大多数美国人来说，他们并不感到悲哀，而是更欢呼工业文明将自然的痕迹抹去。"他们为在荒野上竖起了冒着浓烟的烟囱而兴奋，为鸣叫着的黑色长龙——火车闯过大平原而欢呼。"③ 尽管如此，也并非所有的人都怀着乐观的态度去憧憬未来生活会更加美好。1836 年，美国画家托马斯·科尔就在《悼森林》一文中写道："我们的命运

① 约瑟夫·M. 贝图拉:《美国环境史，自然资源的开发和保护》，旧金山博伊德—弗雷泽公司，1977，第 23 页。
② 同上书，第 25 页。
③ 同上书，第 208 页。

已在眼前了:眼看着从东到西的天空由不断升起的浓烟而弄得昏暗不清,每个山丘和峡谷都变成了财神的祭坛。只要短短几年,荒野就要消失了。"①除了科尔对于森林被毁灭表达出忧伤外,美国外交家、学者、环境主义的先驱乔治·帕金斯·马什根据多年对环境的观察,也指出森林被毁坏的危害:"当森林消失后,原本储存在植被体内的水分就蒸发掉了,结果导致暴雨冲掉了原本可以被植被转化为肥沃土壤的干枯表土……除非人类可以将这一恶劣趋势加以扭转,否则整个地球会变成一片荒山秃岭和沼泽遍地的贫瘠荒原。"②环境破坏所引起的变化让一些有识之士看到了环境保护的迫切性,一些科学专业人士、环境主义者、市政官员以及部分市民率先行动起来,发起一场环保运动,力图从思想和实践上唤起美国人的环保意识。在这个运动中,对于环境保护的目的与宗旨有两种截然不同的主张——保留主义和保护主义——随之产生,这对美国人19世纪中后期的新环境观的形成产生了影响。

保留主义,也称为"自然保护主义",其代表人物是亨利·梭罗和约翰·缪尔。梭罗作为美国"自然中心主义"的鼻祖,认为相对于自然体系的全面与必然性,人类经济体系始终是片面和偶然的,人类的一切活动都是对自然的干扰。按照梭罗的观点,若不想对自然造成干扰,人类对待自然的最佳方式就是保留自然的原始形态,对于自然,人类是被动接受而非主动改变。但工业化兴起后的美国显然已不能回到那个未曾开发过的"荒野"形态,作为一种折中性方案,梭罗呼吁美国应采取"半荒野半文明"的方式,通过保留部分荒野来保存其自然和原始状态,从而使美国人有机会领略荒野所呈现的自然美感。梭罗的呼吁并非没有得到美国政府的回应,作为对其呼吁的回应之一便是,美国政府于1872年设立了首个国家级自然保护公园——黄石国家公园,并且在其后数十年间还相继开辟了十几个像黄石国家公园一样的国家级自然保护区,例如1890年设立的红杉和约塞米蒂国家公园。梭罗的"半荒野半文明"主张和国家级自然保护公园的建立虽然有利于环境问题的缓解,但仍然不能从根本上消

---

① 罗德里克·纳什:《荒野和美国思想》,耶鲁大学出版社,1973,第97页。

② George Perkins, Marsh, *Man and Nature*, (Cambridge:Harvard University Press, 1965), p. 42.

除人类活动对环境的威胁,作为梭罗思想的继承者,约翰·缪尔以一种更为极端的态度来看待环境与人的关系。

缪尔认为凡是野生的都比人工的好,人一旦到了荒野,就可以在精神上获得重生。①对自然的热爱让他痛恨一切功利性的商业行为,在缪尔眼里,对自然的改造就意味着对天然生态系统的破坏,意味着对自然的内在价值的毁灭。因此,保留荒野,保存自然的原始状态是人类最好的选择。

保护主义,亦称为"资源保护主义",其支持者主要是对环境变化有着警觉意识的政府官员和受过一定环境知识培训的专业人士。保护主义的代表人物为西奥多·罗斯福政府时期的森林部部长吉福德·平肖(1865—1946)。平肖在对环境的保护上与保留主义者基本一致,但是在保护的目的上却有着显著的分歧和矛盾。如果说保留主义倡导的是通过牺牲人的权利来保护自然,那么保护主义则强调自然资源不能肆意浪费,必须采用更高效的方式使其为人类带来更大利益。平肖认为,人是可以控制自然的,人的责任是向自然索取。保护主义对环境保护的目的并不是企图恢复自然的原始面貌,而是通过重新整合资源的开采主体和方式来实现在单位时间里更大规模地获取资源,以及对取得的资源的充分利用。"保护政策的全部原则都在于利用,即要使每一部分土地和资源都要得到利用,使其造福于人民。"②若要做到充分的利用,平肖及其他保护主义者的观点就是将资源集中在公众手中,而不是分配给个人所有,而且资源要受到政府的控制,以防止个人因为专业知识的缺乏而造成对资源的滥用和浪费。

保护主义对美国政府的政策影响是巨大的,从19世纪后期开始,美国政府逐步放弃了对环境问题的放任态度,开始对因工业化导致的环境破坏进行干预。联邦政府和州政府颁布了一系列回收和利用资源的法令,同时也收回了众多土地和森林,并建立起多个自然保护区。仅在西奥多·罗斯福任总统期间,就收回1亿英亩(约0.41亿公顷)和118个森林保护区,使全国的保护区总数

---

① 约瑟夫·M. 贝图拉:《美国环境史,自然资源的开发和保护》,旧金山博伊德—弗雷泽公司,1977,第231页。

② 罗德里克·弗雷泽·纳什:《荒野和美国思想》,耶鲁大学出版社,1973,第171页。

达到 159 个,面积超过 1.5 亿英亩(约 0.61 亿公顷)。[①]

保留主义和保护主义对于唤醒美国的环保意识均发挥了重要的作用,但是都不能完全解决问题,因为他们对环境保护追求的宗旨不一样,且陷入了对立的极端。保留主义把自然的价值和意义看得过于绝对,忽视了人与自然的平等关系,把人看作自然的附庸,否定人的存在价值和意义,本质上讲,自然是主体,人是客体。保护主义把人作为判断一切价值的主体,把人的需求和利益作为一种价值尺度,作为价值的原点和道德评价的依据,在人与自然的关系中,有意识的人是主体,自然是客体。尤其是后者,以人为中心,割裂了人与自然的有机联系,将自然视为控制和征服的对象。虽然在一定时期内政府管控能减少环境破坏,但因未改变人与自然关系的根本性对立,必然导致自然生态系统的失衡,出现新的生态危机。而美国进入 20 世纪之后遭遇的环境问题也的确印证了这种环境治理的思维弊端。

第二节　20 世纪以来人类对环境问题的认知与回应

进入 20 世纪以来,人类面临的环境问题变得更加突出了,如果说 19 世纪及其以前环境破坏主要对率先开启工业化的国家和地区构成危害,那么从 20 世纪开始环境破坏则跨越了国界,成为全球性威胁。如果说 19 世纪以来的环境破坏改变了人类数千年来那种与大自然密切接触的乡村田园式生活,让人类告别农业社会进入工业社会,那么 20 世纪以来的环境破坏则使人类首次面临着一场新的、涵盖人类生活各领域的生存危机,具有讽刺意味的是,这场全面的生存危机还是人类自己制造出来的。20 世纪环境破坏的深度和广度及其在全球蔓延的持续性让世界上所有国家和地区都不能独善其身,同时,也没有任何一个国家和地区能凭借一己之力来应对这场危机。环境破坏所产生的共

---

① 约瑟夫·M. 贝图拉:《美国环境史,自然资源的开发和保护》,旧金山博伊德—弗雷泽公司,1977,第 272 页。

同威胁让越来越多的国家、国际组织、民间团体、个人等开始意识到人类的发展不能完全不考虑环境因素，人类在经济发展中所取得的一切成就不能以破坏环境为代价，更不应当为了短期的经济利益而忽视长久的社会利益。人类不能再继续沿着资本主义工业化以来的传统道路和模式前行，要找到一条健康的、能与环境和谐共生的、更加适合于人类生命繁衍延续下去的"可持续性发展道路"。

探索一条"可持续性发展道路"来替代已走过近200年的"污染式""浪费式"或"寅吃卯粮式"发展道路并非易事。尤其是在全球范畴内来探索发展道路模式和前进步调的一致性和协调性，将面临更巨大的挑战。因为这样的变革已远远超出了技术水平的限定，更多地涉及不同国家间、地区间因社会历史发展先进程度不一而存在的经济利益分歧、政治制度对立、意识形态冲突和文化观念差异等诸多难以在短期内调和的深层次矛盾。所幸的是，人类已逐步在日益恶劣的环境压迫中开始觉醒，最先关注环境的人为保护环境而发出的急切呼吁已经被越来越多的人听到、接纳并引起强烈的共鸣。与之相呼应的是，各类当地的、区域性的和全球性的政府或非政府环保组织开始出现并发起一系列的环保运动，在世界各地风起云涌的环保运动的推动下，民众对环境问题的认知和保护环境的意识有了极大的提高。伴随着各国民众的环保积极性的高涨，各国政府也把对环境问题所导致的一系列危机和潜在影响提升到了新的高度，并力图携起手来共同应对挑战。但是，这种积极改善环境的历史趋势并不意味着发展进程是条坦途大道，从历史的发展看，但凡要改变某种习惯性的事物，例如观念、思维、习俗、规则和制度模式等都不是轻而易举的事，改变过程中往往伴随着巨大的阻力和挑战，变革力量稍有动力不足或方向偏失都会导致失败。而20世纪人类在环境保护道路上所遭遇的经历直至今日亦证实这种阻力和挑战的强大：一方面是联合国的可持续发展目标；另一方面是20世纪70年代兴起的新自由主义经济学说。新自由主义经济学说于20世纪80年代成为英美两国的主流意识，后又经1990年"华盛顿共识"，进一步发展为整个资本主义国家的意识形态。新自由主义宣扬自由化、私有化、市场化，并极力推行资本主义的国际垄断，推行了一种与联合国倡导的可持续性发展战略截然不同的并对生态环境构成极大危害的发展模式。这使人类实现环保目标和对整个失衡的生态系统进行再平衡成为新的挑战,从本质上看,这是人类在观念、行为和道路选择上就彼此对立的选项展开的竞争,直到今天为止,这场竞争的胜负依然没有完全决出。正因为如此,也使得 20 世纪中人类在环境保护方面的思想和行为不仅具有震撼性且充满着悬念。

一、20 世纪以来发生在世界各地的部分重大环境事件

与 19 世纪相比,20 世纪的环境问题没有减少,除了一部分环境污染和破坏延续了 19 世纪的痕迹外,出现了新的环境污染和破坏,而新出现的环境问题主要是由于新技术的不断发明创新并广泛地应用于生产与生活之中。然而,这种进步导致的污染和破坏却让人更加难以应对。

(一)20 世纪以来两起突出的空气污染事件

空气污染的问题在 19 世纪已经呈现,到了 20 世纪,这一问题并没有得到彻底解决,相反,污染情况甚至变得愈加严重。因为伴随着高昂经济代价的,还有众多无辜生命的付出。

20 世纪上半叶的空气污染记录中,有两座城市长期以来一直独占鳌头。因为经济发展中对煤的依赖,故而都被冠以与煤烟相关的绰号:"烟城"匹兹堡和"雾都"伦敦。

匹兹堡与多诺拉烟雾事件。像美国多数城市一样,从 19 世纪下半叶至 20 世纪上半叶,匹兹堡的主要能源是燃煤。虽然匹兹堡早在 1868 年就实施了降低烟尘以洁净空气的法律,但长期以来并未产生实际效果。从 19 世纪 90 年代到 20 世纪 40 年代,匹兹堡上空几乎常年为黑色浓烟所笼罩。新闻记者沃尔多·弗兰克曾这样描述 1919 年的芝加哥:"这里永远低悬着烟雾蒙蒙的天空……天空污浊不堪:空气被飞来飞去的烟尘撕成条状。空中落下的污物覆盖了原野,就像是黑雪——永远不会停止的风雪……"[1] 弗兰克笔下芝加哥被污染的面貌已足够可怕,但与匹兹堡相比,后者在污染程度上更胜一筹。匹兹堡空气的污染程度虽长期超过其周边城市,但是在对污染的认识和行动上却总是慢

---

[1] William. Cronon, *Nature's Metropolis: Chicago and the Great West* (New York: W. W. Norton & Company, 1991) p.12.

一拍。美国城市圣路易斯也因煤而饱受空气污染之困,但在当地工程师、市民和政府人员的共同努力下于 1940 年实施了有效防止烟尘的法案,匹兹堡不得不于 1941 年下半年被迫仿效。但是很快,随着 1941 年底美国加入第二次世界大战,战时军工需求的剧增使得通过限制工业产量来减少煤烟废气排放的法令再度搁浅,匹兹堡的工业产能和对空气的污染也双双达到了历史的新高,直至那场 20 世纪最引人关注的大气污染公害事件之一的悲剧发生。

多诺拉是美国宾夕法尼亚的一个小镇,位于匹兹堡市南边 30 千米处,住有居民约 1.4 万人。多诺拉镇坐落在一个马蹄形河湾内侧,两边高约 120 米的山丘把小镇夹在山谷中。多诺拉镇是硫酸厂、钢铁厂、炼锌厂的集中地,多年来,这些工厂的烟囱不断地向空中喷烟吐雾,以致多诺拉镇的居民们对空气中的怪味都习以为常了。

1948 年 10 月 26—31 日,由于小镇上的工厂排放的含有二氧化硫等有毒有害物质的气体及金属微粒在气候反常的情况下聚集在山谷中积存不散,这些毒害物质附着在悬浮颗粒物上,严重污染了大气。人们在短时间内大量吸入这些有害的气体,引起各种症状,全城 14000 人中有 6000 人眼痛、喉咙痛、头痛胸闷、呕吐、腹泻,20 多人死亡。

多诺拉烟雾事件是美国 20 世纪上半叶诸多污染严重的大工业城市危机隐藏的一个微小缩影,事件结果本身充满悲剧性,但或许正是这样的悲剧才能真正触动城市管理者。自该事件发生之后,包括匹兹堡在内的大城市开始用燃油、天然气和无烟清洁煤,制定的环保法律也开始得到实施。虽然依旧有少数受益于环境污染所带来的好处的特殊利益关联方在为此种悲剧进行辩护,例如作为多诺拉炼锌厂主要股东的美国钢铁暨电缆公司因造成灾难而被起诉时,仍坚持认为杀人烟尘是"上帝的行为",但是从 20 世纪 50 年代初开始,多诺拉及匹兹堡地区因为改善空气污染所做的努力开始见效。20 世纪 70 年代中期以后,受钢铁产业衰退、工厂关闭和人口迁徙减少等因素影响,匹兹堡逐渐告别了工业城市,空气质量得到提升,直至 1985 年,匹兹堡甚至被一家杂志评价为美国最宜居的城市之一。

伦敦烟雾事件。如果说 20 世纪 50 年代之前的匹兹堡呈现的是美国工业城市的形象,那么伦敦就是同时代英国工业化城市的形象代表。19 世纪的英国各城市已经饱受浓烟污染的折磨，出于对空气污染和工业利润关系的权衡以及在技术手段上受限于可替代能源燃料的开发利用，英国政府无法根治煤烟污染，将其遗留到了 20 世纪。作为英国最大的也是世界闻名的工商业城市，伦敦百年来不仅在国际资本市场上长期占据鳌头，而且因其空气的污染成为诸多在当地旅居过的人的一段难以忘记的噩梦。与匹兹堡一样，伦敦市政府在 20 世纪 50 年代以前亦制定过相关减少烟尘的法规，虽然在一定程度上使得空气质量有所改善，但是随着伦敦城区范围的扩大和工厂数量的增加，空气污染并未从根本上得到改善。更何况，市民对工厂煤烟的态度也极大地影响着政府治污的决心。"1950 年以前的英国人就像现代美国人对待汽车一样视煤炉神圣不可侵犯。1945 年，有关当局借伦敦重建之际想要建立无烟区时，乔治·奥威尔还热情洋溢地为用煤炉辩护，将之比喻为英国人与生俱来的自由权。"①这种崇拜直至 1952 年底被一场大雾击碎，彼时，英国人才意识到所谓的"自由权"已成了一种快速终结性命的"死亡令"。

　　1952 年 12 月 4—10 日，一场灾难降临到伦敦。地处泰晤士河河谷地带的伦敦城市上空处于高压中心，一连几日无风，风速表读数为 0。大雾笼罩伦敦城，又值城市冬季，大量燃煤排放的煤烟粉尘在无风状况下蓄积不散，烟和湿气积聚在大气层中，致使城市上空连续四五天烟雾弥漫，能见度极低。由于大气中的污染物不断积蓄，不能扩散，许多人都感到呼吸困难、眼睛刺痛、泪流不止，仅仅数天时间，死亡人数多达 4000 人。两个月后，又有 8000 多人陆续丧生。这一巨大悲剧就是骇人听闻的"伦敦烟雾事件"。

　　悲剧发生之后，伦敦公众和政府终于开始行动起来，作为对这一事件的反省与回应，英国政府于 1956 年颁布《清洁空气法案》，世界上第一部空气污染防治法案。该法案严格限制用煤炭作燃料并肆意排放，这有助于伦敦的能源使用迅速转向天然气和电力。可是，空气污染的治理并不是通过一两部法案就能解决的问题。1957—1962 年，伦敦又相继发生了 12 次严重的雾霾事件。看到这里，不得不感叹历史总在重复它的脚步。随着后来《清洁空气法案》的扩充，

---

　　① J. R. 麦克尼尔：《阳光下的新事物：20 世纪世界环境史》，韩莉、韩晓雯译，商务印书馆，2013，第 64 页。

以及 1974 年颁布的《污染控制法》的实施,伦敦每年大雾的天数才慢慢减少,1975 年降低到 15 个雾霾天,1980 年则减少到 5 天。

(二)土壤污染和海洋污染带来的病痛

20 世纪中叶,因为土壤和水源被污染所带来危害的事件数不胜数,一场数十年前发生的污染可能直至今日都还留有影响。在所有发生的危害事件中,我们无法一一列举其原因和后果,但可以确定的是在这些事件的背后几乎都存在着对环境污染的有意或无意的漠视。在这里,我们从发生在日本的两起分别因土壤污染和水源污染而引发的病痛事件来一窥在经济发展过程中付出的难以弥补的沉重代价。

富山县的"痛痛病"。富山县位于日本中部地区。在富饶的富山平原上,流淌着一条名叫"神通川"的河流。这条河流贯穿富山平原,注入富山湾,不仅是居住在河流两岸的居民世代饮用的水源,也是该地区用于灌溉稻田的主要水源。自 20 世纪初开始,人们就发现该地区的水稻普遍生长不良。1931 年起,一种怪病又开始兴起,受害者普遍是妇女,症状主要表现为腰、手、脚等骨关节疼痛。在患该病后期,患者不能进食,疼痛无比,不少人因无法忍受痛苦而选择自杀。这种病因此得名为"骨癌病"或"痛痛病"。虽然"痛痛病"出现于 20 世纪 30 年代初,但其致病成因在往后近 30 年里一直未被探明。直至 1960 年,日本医学界人员在经历了长达 14 年(1946—1960 年)对病因的连续追踪后才最终证实,造成"痛痛病"的根源正是由神通川上游的神冈矿山废水排入引起的镉中毒。神冈的矿产企业长期将没有处理的工业废水直接排入了神通川,致使高浓度的含镉废水污染了水源。用这样的水浇灌农田,生产出来的稻米成了"镉米","镉米"再被当地居民食用而进入人体,从而导致"痛痛病"的发生。

"痛痛病"的病因是工业重金属对土壤严重的污染,事实上,这样的污染在日本 20 世纪发展中是普遍存在的,只不过富山县居民的遭遇尤为惨痛才引起外界的关注。日本的采矿和冶铁业自 1868 年明治维新后便广泛兴起,在往后数十年间,出于工业化和战争的需要,这些产业的发展受到了日本政府的保护与支持,通过提高产量来提升国家实力和增加财政收入,生产所附带的严重污染长期以来都不是日本政府的核心议题,这是出现"痛痛病"问题的关键所在。正因为如此,在"痛痛病"致病机理未被最终证实之前,日本对重工业发展的偏好依旧强烈。一个明显的事实就是,1950 年后,由于朝鲜战争而飞速发展的日本重工业使得重金属生产的迅速发展和污染的日益严重。到 1973 年日本锌产量居世界首位,镉产量也接近第二位。重金属通过不同途径进入灌溉用水,其中部分被各种农作物吸收。到 1980 年,日本水稻产量中的 10%因为镉污染而不适合人类食用。整个 20 世纪,日本因通过食物吸收的镉与其他重金属致死的人数以百计,更有数以千计的人长期乃至终生患病。采矿、冶金和稻米的交互作用使日本的土壤重金属污染程度比其他国家更为严重。

水俣病事件。20 世纪 50 年代日本熊县水俣湾的污染作为海洋污染最恶劣的例子之一,也登上了 20 世纪"八大公害"事件的榜单。与富山县的"痛痛病"不一样的是,20 世纪 50 年代开始,水俣湾附近的动物最先发病,病症最先出现在猫身上。病猫步态不稳、抽搐、麻痹,被称为"猫舞蹈症"。到 1956 年,一些当地居民也患上了这种病。患者由于大脑中枢神经和末梢神经受到损害,轻者口齿不清、步履蹒跚、面部呆滞、手足麻痹、感觉障碍、视觉丧失、震颤、手足变形,重者精神失常,或酣睡,或兴奋,身体弯弓高叫,直至死亡。这种病就是在后来震惊世界的"水俣病"。"水俣病"给日本人的生命和健康带来了空前的危害,按照日本环境机构的统计,该事件发生后直至20 世纪 90 年代初,因病致死人数已攀升至 987 人,患病人数达到 2239 人,同时还有 2903 人被官方认定为受害者。[①]

导致水俣病发生的原因在今天早已真相大白。罪魁祸首是一家开设于当地的名为窒素公司的化工厂在制造氯乙烯和醋酸乙烯的过程中要使用含汞的催化剂,这使得排入水俣湾的废水含有大量的汞。水中的细菌又将汞转化成另外一种有机物:甲基汞。作为一种剧毒物质,一丁点的甲基汞就足以让一个成年人致命,而当时水俣湾甲基汞的浓度竟然达到了能毒死日本全国人口 2 次有余的骇人程度。然而,比甲基汞浓度听起来更加骇人的则是日本政府对此的态度。当地的市长一直与肇事化工厂窒素氮肥站在一起,他在 1973 年甚至宣称:"只要对窒素有利就对水俣有利"——而这时日本水俣事件的幕后真凶已

---

① Ui Jun, *Industrial Pollution in Japan* (Tokyo:The United Nations University Press, 1992),p.131。

经被探明证实。除此之外,窒素公司对自己酿成的大祸也采取了欺骗和隐瞒。当地一位名叫细川始的医生早已证实水俣病是由汞中毒而引起,却受到来自窒素公司的强大压力而不敢公开结果。①

今天回顾水俣事件,这场悲剧并非不可避免。如果要对此事件做评价与总结,我们可以说日本当地政府和企业的经济目标和利益动机才是杀人的元凶。日本的工业发展虽然获利不菲,但是付出的代价是对生态环境的破坏和生命的消逝以及幸存者长期饱受病痛的折磨。这种社会代价却未能纳入经济增长的成本计量当中。

水俣事件是对日本社会发展的一个警醒,过度关注经济和利润的增长而忽视其他损耗,尤其以环境和生命为代价,使得这种发展得不偿失。虽然日本政府在1984年耗资4亿美元对水俣湾实施了海底清淤,并于1997年宣布水俣湾已变得洁净且不再含汞,使该地区的生态环境得到了有效修复,但是对于那些遭受终生性健康损害及心理承受痛苦的人又该怎样修复?水俣事件在今天对高度重视环境保护的日本来说已经成为历史,而在世界上的其他很多国家,类似的事件天天都在上演。如何让更多的人、政府、企业意识到水俣事件的危害性并切实地去避免它的发生,才是当今环保探索的重点与难点。

(三)遍及世界各地的森林破坏

在全人类面临的环境问题中,几乎贯穿于整个20世纪的对生存环境自我毁灭的行为是毫无顾忌地对树木的肆意砍伐,致使数千年来众多地区成片的茂密森林在不到100年的时间消失殆尽,留给人类的是大片毫无生机的、让人充满绝望的黄土荒岭。根据世界资源研究所(WRI)的推测性估算,20世纪中有四个地区曾经是大片林地,现在只剩下零星的残余:从印度中部到中国北部、马达加斯加、欧洲和阿纳托利亚、巴西的大西洋沿岸地区。热带非洲和北美东部的巨大的森林带现已萎缩退化了。

20世纪对森林的大面积砍伐事件中,让人比较诧异的是砍伐行为在发达国家受到普遍约束,而众多发展中国家对此行为不仅没有采取禁止措施,甚至

---

① J. R. 麦克尼尔:《阳光下的新事物:20世纪世界环境史》,韩莉、韩晓雯译,商务印书馆,2013,第64页。

予以支持。从发展中国家的伐木动机和成因上看,经济上的困窘和商业市场木材销售利润的诱惑是两个核心因素。这种为追求经济利益而甘愿牺牲森林植被的例子我们通过两个典型案例来考察。

其中一例为南美洲大国巴西,其砍伐森林的原因主要就是基于经济作物的种植和木材的出口以赚取外汇。从 19 世纪 50 年代开始,巴西就已经将咖啡种植业作为主要的国民收入来源,而咖啡种植所需的土壤则自然要找森林予以让渡,砍伐自此开始。与 19 世纪不同的是,20 世纪的砍伐速度和规模都不是之前能望其项背的。

亚马孙平原作为世界上最大的热带雨林区,占地球热带雨林总面积的 50%,达 560 万平方千米,其中有约 220 万平方千米在巴西境内。长期以来,这里因为自然资源丰富,物种繁多,生态系统保持良好,所以被称为“生物科学家的天堂”。但是,对于大自然给予巴西的恩赐,巴西政府却做出了对环境毁灭性的决定。1970 年,为解决东北部的贫困问题,巴西总统做出了一个可悲的决策:开发亚马孙地区。这一决策使该地区每年约有 8 万平方千米的原始森林遭到破坏,1969—1975 年,巴西中西部和亚马孙地区的森林被毁坏掉了 11 万多平方千米,巴西的森林面积同 400 年前相比,整整减少了一半。热带雨林面积的减少不仅意味着森林资源的减少,而且意味着全球范围内的环境恶化。森林具有的涵养水源、调节气候、消减污染及保持物种多样性的功能,让人类生活更健康、更具有持续性。在与短期利益的权衡中,森林成为这种利益和道路模式的牺牲品。

另一例令人痛心的大规模破坏森林的行为则发生在印度尼西亚,与巴西类似,市场利润的诱惑和政府的支持是整个破坏行为的驱动力。

印度尼西亚对于森林大规模系统性砍伐的历史可谓源远流长,最早的记载可以追溯到 1677 年荷属东印度公司造船对材料(主要是柚木)的需求。进入 20 世纪以后,印尼又经历了两段原因各异的森林砍伐高潮期,尤其是第二段高潮期,使得该地区的森林系统遭到彻底的破坏。

印度尼西亚在 20 世纪中叶掀起第一次森林砍伐的高潮主要源自外力,外力的源头是日本的军事占领。在日本占领印尼期间(1942—1945 年),对包括木材在内的战略资源展开了疯狂的掠夺，使得这一时期印尼的森林遭到大规模采伐。如果说，日占时期印尼政府和民众对于森林权益的归属和保护已经失去了控制导致林地被毁尚情有可原，但是，当第二次大规模采伐森林的行为兴起并持续了更长的时间，就很难相信印尼政府对森林以及整个生态环境都秉持着一种友好的态度。印尼对森林砍伐的第二次高潮主要在1970—1990年间，前后持续了20年，远远超过了日占时期。这个时期促使印尼疯狂采伐森林的原因很多，但核心的因素有三项。其一，20世纪70年代国际市场对林木的需求激增，而木材却供不应求，同为森林覆盖度高的菲律宾几乎将可供销售的木材伐尽[①]，巨大的商业机遇促使印尼加大了对森林的砍伐力度。其二，伐木销售赚取的收入成了部分政府官员致富的特殊途径。1965—1997年间，印尼进入苏哈托执政时期。在苏哈托的领导下，印尼经济步入发展的快车道，国家财富较之以前有了相当程度的增长，伴随着国家财富增长的还有通过权力手段来致富的私欲和贪婪。当印度尼西亚从20世纪70年代开始成为世界上最大的热带木材出口国，作为军人上台的苏哈托及其高级幕僚们从中看到了商机。这些将军们和少数几个经过挑选的与政府关系密切的朋友（亦可能是亲属）获得了出口特许证，联合外国公司获得资本与技术，以国家的名义垄断木材的出口销售，借此大发横财。持续近20年的砍伐特许证制度和不鼓励重新种植树木政策，到1990年，让印度尼西亚1/3的森林已荡然无存。其三，国际社会有关环保的决议加大了印尼的环境破坏力度。1992年联合国环境与发展会议通过无约束力决议，建议最迟2000年应终止对热带雨林的无限度砍伐。然而，这个具有前瞻性的环保决议却被印尼人视为对其财路的阻断，除了本能的抗拒以外，获得特许证的伐木商更是加倍努力砍伐，以便在禁止砍伐的时间大限来临前能最大程度地从市场获得财富。

　　印度尼西亚和巴西热带雨林减少的案例不过是20世纪各类环境事件中折射出来的一组镜像：热带森林的大规模消失。根据全球森林资源评估（FAO），1990—2000年间，东南亚的森林砍伐率在整个亚洲及西太平洋地区为

---

① J. R. 麦克尼尔:《阳光下的新事物:20世纪世界环境史》,韩莉、韩晓雯译,商务印书馆,2013,第240页。

最高,年均砍伐约 230 万公顷;①而同一时期拉丁美洲的森林则损失了约 4670
万公顷。②两个地区砍伐的动机基本相同:获得土地或牧场以及可供销售的木
材。森林的消失,必然使得生物物种濒临灭绝、地区气候发生改变以及水土保
持的压力剧增,这些关联的影响其实从 20 世纪 80 年代后就已经被相关研究
机构和环保组织多次预警,但遗憾的是,先前的警示在上述的利益动机面前都
收效甚微。在部分地区人士眼中,环境保护与生存发展关系上无法做到和谐一
体,只能彼此对立冲突。这一观念和意识使得他们对生态环保产生了排斥甚至
是敌对。毫无疑问,这让环境保护在世界范围内的实施更显艰难。如何从根本
上扭转对环保忽视和敌视所导致的各种破坏生态环境的行为,已成为 20 世纪
探讨与实践可持续性发展路径的最大的挑战。

二、国际社会对环境问题的回应

20 世纪,全球环境情形发展的一个重大趋势就是环境的污染与破坏无论
在广度和深度上都呈蔓延扩大之势。

对于部分发达国家来说,技术的进步和经济的发展,为治理环境污染积
累了必要的物质基础,同时,民众对更加健康的生活环境的诉求也迫使所在
国政府把保护环境作为自己的责任与义务,进而在治理与改善环境领域做出
更多努力。20 世纪 80 年代之后,就多数发达国家来说,自工业革命以来一些
困扰他们多年的环境问题,例如黑褐色的煤烟污染、不洁净的生活用水、对森
林的随意采伐、向海洋倾倒生活垃圾等基本得到了解决,发达国家民众的生
活品质比以前有了很大提高。虽然发达国家环境治理取得了显著成效,但并
不意味着这些环境恶疾得到了根治,从某种程度上讲,它们只是被转移或者
被替代。比方说化学毒废料的处理,过去通常是在当地填埋或者是直接就近排
放到水沟、水塘和河里,但是自 20 世纪 70 年代起,有毒废料的处理则成为一
项国际生意。"墨西哥成为美国废料的填埋场所,一些东南亚国家接受了日本
的部分废料,摩洛哥和一些西非国家从欧洲和美国得到废料……到 20 世纪

① 联合国环境规划署编《全球环境展望 3》,中国环境科学出版社,2002,第 3 页。
② 同上书,第 97 页。

80年代,每年有毒废料国际贸易的总量为数百万吨,富国付钱给穷国让他们拿走毒药……"①至于被替代,在能源使用方面则最为明显。煤炭是西方工业国过去100多年最不可缺的工业燃料,但是随着石油的开采和广泛应用,煤炭终于走下昔日在工业中的神坛,与之相伴的空气污染也得到解决。当石油接替煤成为西方工业界的新宠,对石油的勘探和开采就成为20世纪下半叶能源领域最引人关注的事件。石油虽然可以为一些国家带来巨额财富,也可以使一些国家快速工业化,但同时石油的任何一次泄漏都可以对某一地区的生态环境造成致命性破坏。

发展中国家所遭遇的环境问题比发达国家更加棘手。一方面,他们要承接来自发达国家的环境污染,发达国家不仅向发展中国家出口有毒废料,更严重的是以投资为名,将大量本国已禁止的污染性产业也迁移至发展中国家。以中国为例,1991年,中国的11515家外资企业中,污染密集型产业达3353家,占总数的29.12%。协议总投资为87.71亿美元,其中污染密集型企业投资为32.27亿美元,占投资总额的36.79%。②另一方面,发展中国家在经济发展方面严重受限于技术与资金短缺,外加上不公平的国际经济秩序,致使这些国家普遍抗风险能力较差,经济增长潜力不足。一旦外部环境恶化且影响到发展步履本已危艰的国内经济, 他们几乎倾向于加大对国内资源的采伐并大量廉价出口来弥补这种因外部冲击所带来的损失。例如,在20世纪80年代,即使世界棉花价格下降了30%,一些撒哈拉国家仍将他们的棉花生产增加了20%。棉花种植的扩大迫使谷物种植者离开土地,更多地使用农药,加剧了土壤的退化。③毫无疑问,迫于内外发展的双重困境,在发展中国家树立普遍性的环保意识并予以践行会变得更加困难。

尽管如此,国际社会对环境问题的关注却越来越强烈,首先反映在部分国

---

① J. R. 麦克尼尔:《阳光下的新事物:20世纪世界环境史》,韩莉、韩晓雯译,商务印书馆,2013,第27页。

② 曹凤中、马登奇主编《绿色的冲击》,中国环境科学出版社,1998,第163页。

③ Lorraine Elliott, *The Global Politics of the Environment*(New York:New York University Press,1998),p.40.

家的环保人士中形成一股环保思潮,进而掀起一系列产生于多国的环保运动,最终促使各国政府关注与回应,让环境保护不再是某个城市、某个地区为改善所在地生活质量的孤立行为,而成为全世界人类为应对命运危机的共同行为。而这恰好是 20 世纪下半叶环境发展史上的一个重要转折点,虽然要解决全球性的环境问题还有着漫长的道路,并且在这一过程中还会遭到各种既得利益群体和个人的阻挠,但我们依旧把环保思想和环保运动在世界范围的兴起看作是一个具有积极信号作用的良好开端。

（一）蕾切尔·卡逊与《寂静的春天》

环境对人类的生活与发展始终都很重要,自环境污染和对资源的浪费影响到人类原本美好的生活起,就有来自不同国家的诸多关注环境的人士表达出自己对现状和未来前景的愤怒、痛心及忧虑。他们对于环境问题的谴责与呼吁也在一定程度上唤起了公众的环保意识,并促使有关国家政府着手改善了环境。但是,从严格意义上讲,在 20 世纪 50 年代末以前,站在全球视角来思考人类与环境彼此关系的环保人士并不多,也并未产生出在世界范围内有巨大影响的环保思想。这一不足,在 20 世纪 60 年代初得到了重大改变。

1962 年美国科普作家蕾切尔·卡逊撰写的《寂静的春天》一书的出版拉开了现代环保主义运动的序幕。在这本书里,卡逊详细阐释了大量使用农药对环境的影响,用生态学原理分析了这些化学杀虫剂给人类赖以生存的生态环境带来的危害,指出人类利用含有剧毒成分的农药来提高农田粮食产量,无异于饮鸩止渴,人类应该走"另外的道路"。该书一出版,即刻在美国甚至在世界引起了强烈的反响,连续 31 周在美国成为最佳畅销书,销售数量达到 50 万册。此后不久,该书在世界其他 15 个国家出版。①蕾切尔·卡逊因此书而成为美国社会的公众人物,与此同时,也因在书中揭露和抨击环境污染问题而招致利益集团对她的谴责与诋毁。卡逊把农业化肥公司比作文艺复兴时期酷爱投毒的博尔吉亚家族,故而美国的化学品生产商和美国农业部指责她是一个歇斯底里、缺乏科学精神的女人。这种对她本人的抗议和诋毁于 1963 年出现在国家

---

① John Mc Cormick, *The Global Environment Movement* (New York: New York Belhaven Press, 1989), p.128.

电视台节目上。①卡逊激起的影响，甚至让美国政府也被卷了进来。肯尼迪总统不顾农业部的反对，指示相关部门根据书中提出的警告做调查，最终改变了政府原先在农药政策上的导向，并于 1970 年成立了环境保护局。卡逊获得了极高的声誉，不仅有数所美国小学以她的名字命名，甚至她的头像出现在了邮票上。然而，比上述荣誉产生更大且更深远影响的是，她在书中探讨的环境观点推动了西方国家公众对环境问题的思考与争论，而争论的内容和范畴则远远超出了书中所关注的农药杀虫剂问题，涉及人类与生态环境的整体关系及相互作用所产生的影响。在此背景下，环境问题从 20 世纪 60 年代后成为公众关注的焦点，公众的环境意识随之增强。1965—1970 年间美国的民意调查显示，人们把水和空气的质量当作最重要问题的意愿在增加，它们被看作是：① 值得政府关注的事务（从 17% 增加到 55%）；② 被访者生活中很重要的事（从 28% 增加到 69%）；③ 他们最不希望被削减的政府开支领域（从 38% 增加至 55%）。上述变化说明，大多数人支持环境保护，而只有很少一部分人表达了反对环境保护的想法。②

（二）环保主义运动在全球范围的兴起

蕾切尔·卡逊在《寂静的春天》出版两年后去世，这并不意味着美国社会对环保问题的关注热度会逐渐减弱，事实上，一场声势浩大的环保主义运动正在美国掀起，在对美国社会内部各种传统观念和生活认知产生强烈的震荡之后，又进一步地将这种冲击传递到其他西方国家乃至整个世界。

环保主义运动的兴起首先体现在环境类的非政府组织及其成员在数量方面的急速增长。1960—1972 年，加入美国全国性的环保组织的成员增长了 38%。20 世纪 70 年代初，山地俱乐部和全国奥杜邦协会的会员人数从稳定的数万人分别猛增至 14 万人和 20 万人。③与此同时，一批新的环境类非政府组

---

① J. R. 麦克尼尔：《阳光下的新事物：20 世纪世界环境史》，韩莉、韩晓雯译，商务印书馆，2013，第 345 页。

② 查尔斯·哈伯：《环境与社会：环境问题中的人文视野》，天津人民出版社，1998，第 393 页。

③ John Mc Cormick, *The Global Environment Movement*（New York：New York Belhaven Press，1989），p.27.

织也相继成立，如 1967 年成立了环境保护基金会、1970 年成立了自然资源保护协会和地球之友、1971 年成立了国际绿色和平组织。随着这些环保组织的建立，轰轰烈烈的以市民公众为主体的环保运动也纷纷出现在国际政治的舞台上。1970 年 4 月 22 日，包括全美 1 万所中小学、2000 所高等院校和全国各大团体，总计约 2000 万人参与了名为"地球日"的环保活动。在该活动中，人们高举着受污染的地球模型、巨幅画和图表，举行大规模游行、集会和演讲，要求政府正视日趋严重的污染态势及采取有效的环境保护措施。"地球日"活动作为美国有史以来第一次规模宏大的由民众自发参与的环境保护运动，可谓是美国环境发展史上的里程碑。美国的环保运动产生的冲击也带动了其他西方国家对环境问题的关注。德国、英国、法国、荷兰、瑞典的调查数据显示，从 20 世纪 60 年代初开始，公众对环境问题的关注度日益升高。不仅如此，新西兰在 1972 年甚至出现了第一个带有强烈环保色彩名称的政党：绿党。欧美在环保问题上如此，发生在亚洲地区日本的环保运动也丝毫不落下风，截止到 1973 年，日本总计爆发了约 3000 次与环境保护相关的民众运动。1971 年，民众就环境污染问题发起的诉讼案件就达 75000 件，比 1969 年增加了 2 倍，比 1966 年增加了 4 倍。①

与环保运动产生出的震撼性相呼应的是许多环保学者们也纷纷著书立说，对工业主义、现代化与发展的价值进行重新评估，并对因人类活动而导致的环境退化以及这种退化对人类当下与未来发展产生的影响做新的思考。1966 年，林恩·怀特在美国科学进步促进会上做了题为"生态危机的历史根源"的演讲，并于第二年将演讲内容以论文的形式发表在美国科学会的《科学》杂志上。继怀特之后，另一位美国学者加勒特·哈定于 1968 年也在《科学》杂志上发表《公地的悲剧》的环保文章，从另一个角度论述生态环境污染的根源问题。哈定将人类对海洋和大气的无节制利用与英国历史上牧民为追求利润最大化而过度放牧继而对公共草地造成的悲剧联系在一起，认为其结果将是导致毁灭的公地悲剧的重现。哈定认为，由于存在私有财产所有权，人人都

① John Mc Cormick, *The Global Environment Movement* (New York: New York Belhaven Press, 1989), p.133.

想采用对他有利的方式使用这些资源,结果导致资源的过度使用与枯竭。[①]同年,因关注环境问题而出版著作的还有美国人口学家保罗·埃利希,他的《人口炸弹》一书重申了马尔萨斯人口按几何级数增长的观点,认为人口每增加1倍的时间会越来越短。人口的增长必然导致因生活需要对资源消费的增长,而地球空间是有限的,资源也是有限的,由此,埃利希警告:当代人口增长已趋高峰。一旦人类自身的繁殖能力超越了自然的负荷,不仅会给自然带来恶果,而且必然祸及自身。[②]虽然埃利希对于未来人口增长的前景论断带有很大的悲观性,但该著作依旧在社会上引起强烈的反响,从而使人口增长过快的问题也成为环保主义者关注的焦点之一。

(三)环保主义与国际环境的合作:1972年联合国人类环境大会

环保主义运动的兴起让人们意识到了环境问题的严重性和环境保护的重要性,从而使环境保护从社会生活的边缘走向社会生活的中心。环保主义作为一种思潮和由此引发的环保主义运动,不仅改变了人类理解世界的方式,而且有效地影响了世界各国的政治和行政议程。社会学家罗伯特·尼斯比特对于20世纪60—70年代的环保主义运动曾这样评价:"当人们最终撰写20世纪史的时候,环保主义将被认为是这一时期最重要的社会运动。"[③]如果说,在20世纪70年代那个正经历着被政治和军事对抗所严重割裂的世界,有什么力量可以将在种族、肤色、语言、心理、文化观念、发展水平等诸多方面都存在着巨大差异的国家和地区汇聚到一起,或许只有全球性的环境事务才有如此的魔力。事实上,自20世纪70年代开始,环境事务不仅是西方国家的重要政治议题之一,而且成为推动国际关系发展的新动力源。

环保主义兴起在推动国际社会就环境保护方面展开协调与合作的最具影响力的成就,即为联合国首次人类环境大会于1972年6月5—16日在瑞典斯德哥尔摩召开。受制于冷战东西方国家对抗的影响,尽管除罗马尼亚外,苏联

---

① Garrett Hardin, "The tragedy of the Commons," *Science* 162(1968):1243—1248.

② Paul Ehrlich, *The Population Bomb* (New York:Ballantine,1968),pp.10—12.

③ Wade Rowland, *Plot to Save the World:the Life and Times of Stockholm Conference on the Human Environment* (London:Clarke &Co.,1973),p.165.

和其他东欧国家都没有参加,但依旧有 113 个国家、19 个政府机构和 400 个非
政府组织的代表出席了会议。出席该次大会的政府首脑分别是东道国瑞典前
首相奥洛夫·帕尔梅和印度前总理英迪拉·甘地。关于这次环境会议的目的,正
如会议秘书长莫里斯·斯特朗在开幕式上指出,此次会议将启动一次新的解放
运动,将人类从他们制造的灾难中解放出来。虽然"人类环境"的概念不是这次
大会的首创,但斯特朗强调这一主题旨在让联合国人类环境会议与之前的其
他会议区别开来,从而成为联合国首次环境大会的主题会议。

作为人类历史上的首次由联合国主办的世界性环境大会,会议的内容涉
及广泛的政治、经济和社会问题。大会也取得了相当的成就,会议最终就 26 项
基本原则和 109 条行动计划形成了《联合国人类环境会议宣言》(以下简称《人
类环境宣言》),还成立了联合国环境规划署作为"联合国关于环境问题的中
心"。但是,此次大会也有许多关于环境问题的认识和理解难以达成一致,这一
矛盾集中体现在世界南北方国家经济发展的差异上。发达国家强调人类对环
境的负面影响,发展中国家则强调经济和社会的发展。发展中国家代表将发展
中国家的污染和贫困归咎于发达国家对他们的剥削。发展中国家担心会议通
过的有关协议会对他们的发展产生负面影响,尤其担心环境标准的提高会影
响需要的制成品价格和发展资金被投入环境项目方面。对许多发展中国家来
说,"世界末日论、增长的极限、人口爆炸、自然和自然资源保护等问题主要是
学术性的,他们自己对此毫无兴趣,因为他们每天都要面临贫困、饥饿、疾病和
生存的压力"。[1]巴西驻美国大使在 1971 年的言论就表达得更为直接:"一些
发达国家当前所理解的环境退化在发展中国家是个很小的地方性问题。没有
人会看到工业活动对环境造成的破坏,因为在那里工业几乎没有,或处于原始
状态。"[2]当环境保护与经济发展面临选项上的冲突时,后者占压倒性优势,甚
至印度前总理英迪拉·甘地也曾有过与其在首次环境大会上担任的重要职位

① Peter Calvert and Susan Calvert, *The North the South and the Environment* (New York: Pinter, 1999), p.10.

② Ken Conca, Michael Alberty, Geoffrey D. Dabelko, *Green Planet Blues : Environment Politics from Stockholm to Rio* (Boulder City : Westview Press, 1995), p.195.

不相称的表态："贫穷是最坏的污染。"①

1972 年在斯德哥尔摩召开的首次联合国人类环境大会自然不能一步到位地解决所有的环境问题和隐藏在这些问题背后的利益冲突，然而这并不妨碍该次大会所具有的历史意义和对现代环保主义在国际环境未来合作方面产生的深远影响。很多西方国家认为，1970 年以后的环境里程碑都直接来自斯德哥尔摩。斯德哥尔摩这一地名成了那一时代的象征。在《人类环境宣言》阐明了人"应该生活在一个能保证尊严和舒适的环境质量中"之后，许多组织包括非洲统一组织在内的大约 50 个全球性管理机构制定了文件和国家宪法，将环境保障作为人权基本组成的一部分。会议建议联合国将此次会议的开幕时间 6 月 5 日定为"世界环境日"，并在 1972 年 10 月的第 27 届联合国大会上通过该项提议。联合国环境大会召开之后，很多国家都制定了环境法。1971—1975 年间，经济合作与发展组织国家通过了 31 条国家级环境法律，而在 1956—1960 年间仅有 4 条，在 1961—1965 年间仅有 10 条，1966—1970 年间仅有 18 条。同时，环境保护问题也进入或成为许多地区和国家最高层次的议程。例如，在联合国首次人类环境大会以前全世界仅有 10 个环境部，而到 1982 年已有 110 个国家设置环境部。②

除去上述各国和地区对环境保护的重视度得到明显提升外，联合国环境大会引发了国际社会对发展的公平问题的关注。环境问题是一个全球性问题，这意味着解决环境问题需要发达国家和发展中国家的共同努力，而要让发展中国家加入保护环境的队伍中，国际社会就不能再对其在发展中遭遇的种种不公平对待置若罔闻。构建更为公平合理的国际政治经济新秩序，既是各国共同发展的需要，也为世界环境保护提供了可靠的机制和体系保障。虽然发展中国家在国际经济发展中公平的诉求不是该次大会的重点，但发展中国家对环境问题的全面关注并对环境问题的本源提出更加广泛和深刻的观点，使得世界环境会议的议程有了更为现实的内容。如果说，在联合国环境大会之前，发达国家决定着环境保护的主要议题，那么，在此之后，发展中国家的需求就成

---

① 联合国环境规划署编《全球环境展望 3》，中国环境科学出版社，2002，第 2 页。

② 同上书，第 4 页。

为决定环境保护政策的关键因素。

（四）环境与发展的融合：1992 年联合国环境与发展会议

继斯德哥尔摩环境会议后 20 年，联合国第二次环境与发展会议于 1992 年在巴西里约热内卢召开。同第一次人类环境会议相比，第二次联合国环境大会不仅规模庞大，而且算得上是一次真正意义的首脑峰会。"176 个国家，100 多个政府首脑（1972 年的斯德哥尔摩会议仅有 2 个），约 1 万名代表，1400 个非政府组织，9000 名记者参加了联合国环发大会。"① 这可以看作世界各国已经将环境保护问题提升到了最高行政议程的标志，更重要的是，里约环境与发展大会（以下简称"里约环发大会"）既是对过去 20 年世界环境发展的回应，也为国际社会在未来更长远的时间中在环保行为方面提供了具体的行动指南。

1972—1992 年间，世界环保主义运动一直保持着蓬勃发展的态势，它不仅反映在关注环保的公众人数呈持续增长上，还反映在公众对环保的态度上，基本上将其视为优质生活的必备条件，对环境的污染也越来越难以忍受。但与此同时，由环境破坏引发的危机并没有减缓的态势，不仅如此，一些在 20 世纪 70 年代未曾出现的环境问题，到 80 年代也以令人震惊的形态展现出来。例如，1984 年印度博帕尔的农药厂毒气泄漏，导致 2 万人死亡和 20 万人中毒；1985 年北极上空的"臭氧空洞"被证实存在；1986 年苏联切尔诺贝利核泄漏事故更是惊动了整个世界；1988 年美国中西部发生严重干旱，加勒比海和墨西哥湾发生强烈飓风，孟加拉国因大规模洪水而成泽国。这些灾变现象说明，全球环境问题已经让世界上任何一个国家都无法独善其身，也无力单独应对，若要应对和解决，所有国家必须从宏观上对环境观与发展观进行审视和反思，并对不合时宜的部分做出修正变革。这需要有一个机遇和平台，让大部分国家的政府高层能聚在一起探讨对策，而里约环发大会提供了一次绝好的历史契机。

联合国第二次环境与发展会议的召开，不全是由环境问题的单方面促成，而更是对如何实现和平与发展这组关乎全世界人类共同命运话题的一次深度

① 联合国环境规划署编《全球环境展望 3》，中国环境科学出版社，2002，第 13 页。

探索。因此,此次会议也在很大程度上突破了单纯环境观的狭隘视角,将人类的长远发展与环境变迁结合起来,让人们站在一个全新的高度来看待人类在昔日发展中存在的误区以及可供改变的选择与路径。20世纪最后30年间的环境恶化的趋势正传递出这么一个信息,即人类对待生活的价值取向和活动方式是环境问题的主因,无论是发达国家还是发展中国家,其对环境和资源的态度都存在着严重的不友好。对于发达国家来说,弥漫于社会中的奢靡的消费观和消费模式是造成环境压力的主要动因。比方说汽车尾气及工业废气的排放所导致的气候变异,发达国家通常难辞其咎。比尔·克林顿曾说:"在美国,我们必须做得更好,我们占世界人口的4%,产生了占世界20%的温室气体。"①对发展中国家来说,环境污染更多的是与经济发展压力紧密相连的。受不合理国际经济秩序的限制,发展中国家往往负有巨额外债和时常面临出口萎缩而带来国际收支失衡的风险。为了偿还债务本金和利息以及尽可能赚取外汇,他们往往会对环境采取竭泽而渔的破坏方式来促进经济增长,使得环境问题解决的难度增加,或许他们也知道这不是一条可以长久维持生存与发展之道,但现实的压力又迫使他们无法将未来的远景纳入当下的考虑范畴。由此可见,环境问题更是一个涉及价值观、制度合理性与公平性的复杂挑战。要有效应对这一挑战,发达国家和发展中国家就需要在利益问题上做出让步和妥协,考虑到发达国家的资本、市场、技术等方面的优势,发达国家需做出的让步则要更多一些。

里约环发大会,作为国际环境保护史上又一个里程碑事件,会议设立了地球宪章、行动计划、公约、财源、技术转让与制度改革等六大议题,其重要成果是通过并签署了一系列国际文件:《里约环境与发展宣言》《21世纪议程》《联合国气候变化框架公约》《生物多样性公约》《联合国防治荒漠化公约》《关于森林问题的原则声明》。在此次会议上,环境保护与经济发展的不可分割性被广泛接受,"高生产、高消费、高污染"的传统发展模式被否定;停滞多年的南北对话开始启动,在一些问题上表现出南北合作的诚意;人类在环境上的基本权利、国家主权等重要原则得到维护;发展中国家在一些会议上发挥了主导作

---

① 联合国环境规划署编《全球环境展望3》,中国环境科学出版社,2002,第17页。

用。作为一个多国首脑参与的关于环境保护和发展的国际性大会,它使得广大发展中国家有机会直接向发达国家传递自己的利益诉求,在一定程度上促使发达国家对发展中国家面临的现实发展困境给予关注,并在贷款、贸易、投资等方面提供更多的优惠与便利。

尽管里约环发大会取得了巨大的成功,但也并非意味着发达国家和发展中国家的矛盾得到了终极解决。如在《联合国气候变化框架公约》、森林的自然资源开发、技术转让及贸易等问题上,发展中国家与发达国家仍存在明显的对立意见,其分歧在于:发达国家强调世界上所有国家都需对环境恶化负责,而发展中国家则强调造成环境危机的主要责任是发达国家;发达国家认为"轻环境""重发展"是造成环境问题的主因,而发展中国家则强调保护环境需要同经济增长结合起来,不能以保护环境为名,牺牲发展中国家的发展权利;发达国家偏于重视例如气候变化、臭氧层损耗及相应对策这类全球性环境问题,而发展中国家则关注某些非全球性问题,尤其是与环境相关的发展问题等。

第三节　新旧世纪之交人类对环境问题的认知与回应

联合国环境和发展会议确认了发达国家和发展中国家在解决全球环境危机中的"共同但有区别的责任",详细阐释了可持续性发展的目标和行动计划,确立了共同解决全球环境问题的原则。但如何采取真正有效的国际行动,尤其是克服隐藏在环境问题背后的深层次利益羁绊,以确保可持续发展战略得以实施,已成为国际社会面临的重大挑战。于新旧世纪之交在南非约翰内斯堡召开的可持续性发展首脑峰会,正是对这一挑战的回应。

一、国际社会对可持续发展战略的初步回应及面临的挑战

里约环发大会后,国际社会对确立的可持续发展战略做出了积极的回应。这种积极的回应表现在,根据里约环发大会的相关决议,联合国经济和社会理事会于1993年2月专门设立了可持续发展委员会,该组织旨在监督《21世纪

议程》的具体执行情况，并协调联合国系统有关可持续发展战略的目标活动；审查各国政府执行《21 世纪议程》所提供的报告；审核《21 世纪议程》所设定原则的执行进程，包括财务来源及技术转让等相关措施。[1]1992 年之后联合国举行的许多同环保相关的会议都把能否实现可持续性发展作为中心议题。1994年 9 月在埃及开罗召开的第三次国际人口与发展大会，1995 年 3 月在丹麦哥本哈根召开的社会发展世界首脑会议，同年 9 月在北京召开的第四届世界妇女大会，1997 年 12 月日本"京都议定书"被批准，乃至千年之交由联合国启动制定的关于劳动标准、人权及环境保护的《全球契约》等，都把人类社会如何实现与自然的平衡和可持续性发展作为基本原则和核心精神。

除了诸多不同类型国际会议大多围绕着实现可持续发展目标而召开，许多国际组织也将环境问题纳入其优先工作的领域。联合国开发署在 1992 年通过的国家计划中就包含了众多与环境相关的计划，主要在食品安全、森林保护、水源保护、能源和都市发展等领域提高可持续发展能力。1995 年，新成立的世界贸易组织也专门设立了"贸易与环境委员会"，负责制定具体的政策，以保障多边贸易体系的运行与《里约环境与发展宣言》和《21 世纪议程》所倡导的精神和核心原则不相背离。

里约环发大会的主要成果之一——《21 世纪议程》也得到了世界各国政府的积极回应。1992 年 7 月，中国政府决定由国家计划委员会和国家科学技术委员会牵头，组织国务院各部门、机构和社会团体编制了《中国 21 世纪议程——中国 21 世纪人口、环境与发展白皮书》。1994 年 3 月，国务院第十六次常务会议讨论通过了《中国 21 世纪议程》，并将其作为中国制定国民经济和社会发展中长期计划的一个指导性文件。[2]同期的西方国家，美国成立了总统直接领导的可持续发展委员会；欧洲多国则设立了排污税、碳税、污染产品税等。据联合国统计，到 1996 年上半年，全世界已有约 100 个国家设立了专门的可

---

[1] Lawrence E. Susskind, *Environment Diplomacy: Negotiating More Effective Global Agreement* (New York: Oxford University Press, 1994), p.116.

[2]《中国 21 世纪议程——中国 21 世纪人口、环境与发展白皮书》，中国环境科学出版社，1994。

持续发展委员会,1600 个地方政府制定了当地的《21 世纪议程》。[①]

　　尽管国际社会对环境问题给予高度重视并积极应对,也取得了相当成就,但我们也依然要看到,里约环发大会后要全面实现可持续发展战略和目标,仍有相当多的困难亟待克服。

　　其一,环境恶化的势头并没从根本上得到遏制。20 世纪 90 年代,全球森林面积的净减少量为 9400 万公顷(等于森林总面积的 0.2%),热带森林的砍伐率为每年 1% 左右。[②]因大量使用农药和不科学的灌溉导致的土地退化的情况依旧严重,根据联合国粮农组织 1995 年调查,世界 2.55 亿公顷的水浇地中有 2500 万—3000 万公顷的土地因盐分积累而严重退化,另有 8000 万公顷土地将受到盐碱化和洪灾威胁。[③]缺水长期以来一直是人类生存的最大威胁之一,这一状况在 20 世纪 90 年代并没有得到有效缓解。大约有 80 个国家,40%的世界人口在 20 世纪 90 年代中期严重缺水,同时,水的卫生情况也远不能让人放心。尽管使用改善水供应的人口比例从 1990 年的 79%(41 亿人)增加到 2000 年的 82%(49 亿人),但仍有 11 亿人缺乏安全的饮用水,24 亿人缺少足够的卫生条件。[④]联合国环境规划署在 2000 年发表的《全球环境展望 2000》系统地分析了全球环境的状况:全球环境在继续恶化,重大的环境问题仍然存在于所有区域和各国的社会经济结构之中。[⑤]发达国家的工业废气排放与有毒物质的排泄并未减少,对资源和环境破坏最严重的浪费性生产与消费方式没有任何改变。发展中国家因持续的贫困,对资源开采的依赖性更大,环保的意愿往往让步于生存的现实。自然环境和生态系统在人类猛烈的改造活动面前,依旧脆弱不堪,危机重重。

　　其二,债务压力和援助不足致使发展中国家实现可持续发展的难度增加。自联合国环境与发展会议以来,许多发展中国家的经济状况并没有得到显著

---

① 联合国环境规划署编《全球环境展望 2000》,中国环境科学出版社,2000,第 9 页。

② 联合国环境规划署编《全球环境展望 3》,中国环境科学出版社,2002,第 87 页。

③ 同上书,第 59 页。

④ 同上书,第 148 页。

⑤ 联合国环境规划署编《全球环境展望 2000》,中国环境科学出版社,2000,第 25 页。

改善,受 1997 年亚洲金融危机的爆发和原苏东国家地区经济社会不太成功的转型带来的冲击和影响,不少发展中国家经济在随后几年的时间里均呈现缓慢增长的态势,其中遭受危机最严重的国家例如泰国、菲律宾、马来西亚等甚至出现经济负增长的颓势。经济发展陷入困境,对发展中国家的环境开支和发达国家的发展援助产生了直接影响。在许多发展中国家,债务问题仍是可持续发展的主要障碍。到 1997 年,发展中国家的外债总额高达 21710 亿美元,而在 1980 年的外债是 6030 亿美元。世界上约有 50 个国家的外债很难偿还。有些国家的债务负担占比高达其国民收入的 93%。[1]沉重的债务迫使发展中国家加大对自然资源的开发并用于出口,原本用作可持续发展项目的预算也相应减少。发达国家不能及时兑现对发展中国家的援助资金也使得发展中国家走对环境友好的可持续发展的道路变得愈加艰难。里约环发大会中,发展中国家主张,保护全球环境的资金应是"新的和追加的"。这意味着全球环境和资源的保护不能以牺牲发展中国家的社会经济正常发展为代价。但实际上,自 1992 年以后,发达国家的官方援助一直呈持续下降态势。到 1997 年,来自发达国家的官方发展援助比 1992 年减少了 20%,仅占国民生产总值的 0.39%,远远低于联合国规定的占比达到 0.7% 的基本目标。[2]因为援助不到位,最直接的负面后果就是发展中国家在解决就业和消除贫困方面裹足不前,导致其更难有意愿和财力、物力等投在环境的治理与保护上,可持续性发展也就成了一句空话。

　　其三,人口的快速增长和与之相伴的贫困及公共健康问题。世界人口的急速增长给可持续性发展带来了巨大的挑战。世界人口数量已经从 1987 年的 50 亿人猛增到 2000 年的 60 亿人。根据联合国的估计,到 2025 年,全球人口将增加到 80 亿人,到 2050 年达到 93 亿人,而未来的所有人口增长绝大多数来自发展中国家。[3]人口的急速增长以及因经济技术发展带来的生活水平提

---

[1] Gareth Porter, Janet Welsh Brown, *Global Environment Politics* (Boulder City: Westview Press, 1996), p.157.

[2] 徐再荣:《全球环境问题与国际回应》,中国环境科学出版社,2007,第 102 页。

[3] 联合国环境规划署编《全球环境展望 3》,中国环境科学出版社,2002,第 35 页。

高,在自然资源的供给方面,例如水源、土地、粮食、能源等也都变得更为紧缺,特别是发展中国家,隐藏的危机则更加严重。

就全世界人类的居民收入和生活水平发展情况看,从 1972 年斯德哥尔摩环境会议召开至 1999 年的 27 年间,全人类整体收入得到提高和贫困状况得到很大改善,即便是发展中国家,人们的寿命延长,文化程度和受教育水平均比以前有了较大提高。发展中国家居民的年均收入按照可比价(1995 年美元不变价)计算,在近 30 年时间里,非洲提高了 13%,亚太地区提高了 72%,拉丁美洲和加勒比海地区提高了 35%,唯独西亚降低了 6%。发展中国家虽然在过去数十年间取得了很大成就,但并不足以掩盖其存在的贫困现象。即便是面临新千年的历史跨越,全世界依然有 12 亿人口,约占当时全球人口总数的 1/5,仍旧处于极度贫困状态,日收入不到 1 美元;还有 28 亿人,约占当时全球人口总数的一半,日收入不到 2 美元。此外,贫困并不局限于发展中国家,在发达国家中,亦有超过 1.3 亿人被认为是贫困。①

公共健康问题也是全球可持续发展的主要障碍之一。没有人类的健康,就不可能有可持续发展。公共医疗的发展进步已经让发展中国家和发达国家人口预期寿命的差距从 1960 年的 22 岁缩减到 2000 年的不到 12 岁。这一成就可以看作是人类健康的福音。但是,公共医疗取得的长足进步又在很大程度上被新的致命性疾病所抵消,甚至在某种程度上正摧毁着发展中国家本就脆弱的公共健康系统。20 世纪 70 年代发端于非洲地区的艾滋病数十年来在世界上许多国家持续肆虐蔓延,影响最严重的恰好又是处于极度贫困状态的位于撒哈拉沙漠以南的非洲国家。根据联合国的估计,自 20 世纪 70 年代以来,有近 6000 万人口感染艾滋病,其中约 2000 万人因此而死亡。在全球 4000 万人艾滋病感染人群中,70%居住在非洲次撒哈拉地区,艾滋病是那里人死亡的主因。②世界环境与发展委员会主席布伦特兰也指出,30 年间非洲地区每年因疾病而导致国民生产总值减少超过 1000 亿美元。

可以看出,自里约环发大会以来,全球在实现可持续发展方面虽然取得

---

① 联合国环境规划署编《全球环境展望 3》,中国环境科学出版社,2002,第 28 页。

② 同上书,第 29 页。

了一些成就,但是离会议期待达到的目标还有很大的距离。正如联合国第七任秘书长科菲·安南对会议后可持续发展实际进程的评价"实际上还不如10年以前"。其主要原因就是发达国家和发展中国家并未能就里约环发大会上达成的《关于环境与发展的里约热内卢宣言》和《21世纪议程》中承诺的目标尽力展开合作,尤其是发达国家,在经济援助上对发展中国家的承诺不是打了折扣就是成了无法兑现的空头支票。在可持续发展领域,"1992年地球首脑会议以来所取得的进步,比预期的迟缓;更重要的是,比需要的更慢"①。要实现全球的可持续性发展,口号已经不重要,采取行动才是解决一切问题的关键。

二、千年可持续发展首脑会议

根据联合国2000年12月第五十五届联大第55/199号决议,可持续发展世界首脑会议将定于2002年8月26日至9月4日在南非首都约翰内斯堡召开。在正式会议之前,2001—2002年6月,共计召开了4次筹备会议和地区会议。此次会议从规模上和参与级别上都可算得上是继里约环发大会后,又一次由发展中国家承办的全球环境发展的首脑峰会。先后有104个国家元首和政府首脑,192个国家的约17000名代表参加了此次会议。此次会议也被媒体视为"第二届地球首脑会议",也是10年前环境与发展会议的延续,主要就上次会议中达成的各项协议的执行情况进行评估,并对可持续发展战略实施中的问题、困难和解决方法展开讨论。会议涉及的内容十分广泛,包括诸多与可持续发展密切相关的食物、清洁水源、居住环境、公共卫生、可再生能源、城市管理、经济安全以及贫困与妇女问题等。如果说1992年里约环发大会通过的《21世纪议程》是一份关乎全球可持续发展的行动计划,那么约翰内斯堡峰会就是对《21世纪议程》具体执行和落实而召开的一次"行动大会"。

这次跨越世纪的千年环境和发展峰会的召开得到了世界上大多数国家的积极响应,但也并非没有国家对该次会议的目的与宗旨持否定态度。持异议态度的国家主要是美国。美国派出了以前国务卿鲍威尔为代表的政府团队参与

---

① 联合国环境规划署编《全球环境展望3》,中国环境科学出版社,2002,第29页。

峰会,但是作为政府首脑的前总统布什却拒绝出席。2001年,初为总统的布什就宣布拒绝执行并退出了《京都议定书》,此番拒绝是在环境问题上的又一退步。关于拒绝的理由,美国政府的公开表态是布什正在筹备2003年初出访非洲的计划,然而,实际上按照当时30多位共和党右翼议员对布什做出不与会决定写的支持信来看,更真实的原因可能是他认为此次峰会对消除贫困和环保问题的讨论是"反西方""反全球化"和"反自由"的,这是一次有损美国政府和美国商界利益的会议。①

约翰内斯堡峰会会期为2002年8月26日至9月4日,期间,会议讨论的议题主要围绕水资源、能源、健康、农业和生物多样性五大领域。能源作为讨论议题的焦点之一,主要是因为能源的利用水平与可持续发展的其他领域有着全面而整体的联系。世界经济的快速发展和人类生活水平提高的背后是能源消费的大幅度增加,而地球上能源的储存量是有限的,持续的需求和有限的供给本身对可持续发展构成了一组难以调和的结构性矛盾,而能源本身的消耗也是造成环境污染的源头之一。要解决能源面临的枯竭和污染,关键在于能不能发展和推广可再生能源,而可再生能源在开发和使用推广上的重点是资金投入和技术瓶颈突破,这又是发达国家和发展中国家争执比较激烈的问题核心。水资源问题也是与会代表,特别是许多发展中国家代表关注的焦点之一。长期以来,全世界约有1/3的人生活在中度和高度缺水的地区,这些地区的淡水消费量超过了可更新水资源总量的10%。到2025年,全世界对淡水的需求量还将增加40%,近一半的人口生活在缺水地区。非洲代表呼吁,国际社会应加强合作,着手解决水资源短缺问题,保护水资源安全,建立和完善用水卫生设施。

大会经过几天的会谈和探讨,最终就上述五大领域的议题达成了共识,并于2002年9月4日的闭幕式上通过了两份主要成果性文件:《约翰内斯堡可持续发展承诺》(以下简称《承诺》)和《执行计划》。《承诺》和《执行计划》既是世界各国首脑对里约环发大会召开十年来在环境保护和发展方面取得成就的一种认同与肯定,同时也是对尚未解决的环境问题和社会发展间矛盾关系的一次再认识,另外就是同前一次首脑峰会达成一致性共识文件一样,它也是发达

---

① 徐再荣:《全球环境问题与国际回应》,中国环境科学出版社,2007,第106页。

国家和发展中国家就各自关注的切身利益问题经过激烈博弈后的相互妥协的成果。1992 年,在里约环发大会上,强调环境和发展的相互联系性,旨在平衡发达国家和发展中国家各自的优先考虑。在此次会议上,首次明确和具体地提出了可持续发展的三大支柱:社会发展、经济发展和环境保护。三者相互依赖又互相强化。约翰内斯堡峰会让世界各国对环境和发展关系的认识更加深刻和系统性,这有助于各国未来在制定发展政策时会更多地将人类行为与环境间的互动影响作为重要参数加以考量,但作为一次各种利益交锋的会议,即便有着妥协和退让,也依旧存在着难以调和的矛盾与分歧。

三、千年可持续发展首脑会议存在的矛盾与分歧

约翰内斯堡首脑峰会共计召开 9 天,会议设立两个专题小组,分别就可持续发展的手段和制度框架进行讨论,与里约环发大会一样,发达国家与发展中国家就彼此迥异的国家利益侧重的争论贯穿整个会议,也成为最难克服和解决的矛盾焦点。

在有关可持续发展的制度模式和管理机制上,发达国家和发展中国家存在着较为严重的分歧。发达国家倾向于自下而上的广泛参与,社会的发展与治理不依赖于个别政治人物和官员的行政指令,更多的是通过法律手段来对个人和团体进行行为规范、约束和价值引导。而发展中国家更多的是强调外来援助,以政府为主导自上而下地进行管理。发达国家宣称,对发展中国家的援助前提是发展中国家需对既有的内部经济体制、政治决策过程和相关法律法规进行改革,特别是涉及整个国家制度变化的政治改革。对于此番要求,发达国家给出的理由是好的、先进的政治制度更有利于经济发展和环境保护,正如美国前国务卿鲍威尔在 2002 年 9 月 4 日的发言中所声称的其援助将只给"治理良好、政策合理的国家"。但实际上,怎样界定"治理良好"和"政策合理",国际上并没有统一的标准,发达国家提出的政治改革则简化为制度上的西方化或欧美化,这一不合理要求不仅超出了会议探讨的与可持续发展相关的内容,而且以此为附加条件更显出了西方国家惯有的强权色彩,自然受到发展中国家的抵制,且扩大了彼此间的矛盾,增加了不信任感。在国际经贸层面,中国和77 国集团提出要建立一个有效的国际机制来调控国际市场中的商品价格,从

而改善发展中国家的贸易条件。这一提议遭到了发达国家的反对,他们认为这与市场经济的自由贸易精神和原则相悖。在监管国际社会的援助方面,发展中国家代表提议在《执行计划》中规定由联合国秘书长来监督官方援助,这本是一个最显中立和公平的提议,但仍遭到了美国和日本等国的否决。

发达国家和发展中国家的矛盾还表现在双方对"共同但有区别的责任"原则的争论上。中国代表指出,"共同但有区别的责任"原则是全球环境与发展合作的基石,这样的重大原则问题不允许重新谈判。以美国为代表的发达国家则提出,该原则不应当被特别强调,应与其他达成的原则具有同等的重要性,这种有意淡化环境责任的差别,其实质是要求发展中国家在环保问题上与发达国家承担共同的责任而罔顾发展中国家普遍经济基础较差和财政负担较沉重这一事实。类似的分歧还表现在发达国家和发展中国家各自对人权和发展权的关注。发达国家强调人权和基本自由,而发展中国家更注重发展权和文化多样性。

尽管发达国家和发展中国家的矛盾是主线,但发达国家内部的矛盾,特别是美国与欧洲国家间的矛盾在会议上也表现得尤为明显。在关于《执行计划》的讨论中,欧盟主张在减少贫困和缓减全球环境退化等方面设立明确的目标和时间表,认为这对本次会议的承诺非常关键。相对一方,美国则反对在《执行计划》中设立明确的目标和时间表,认为设立全球统一的步调"不可能,也没有意义"。在对《京都议定书》的问题上,美国坚持己见,欧盟国家则对美国的立场持强烈的批评态度。在首脑会议阶段,德国前总理格哈德·施罗德在五分钟的会议发言中甚至用了一半左右的时间来讨论《京都议定书》,呼吁那些不同意加入《京都议定书》的国家,"至少应为减排温室气体做出同等的贡献"。欧盟委员会前主席罗马诺·普罗迪也批评了美国置国际社会共同努力而不顾的单边行为。他指出,欧盟已经批准了《京都议定书》,希望其他国家很快宣布类似决定,尽快使这一温室气体减排机制生效,从而启动应对全球变暖的进程。①

---

① 王之佳:《对话与合作:全球环境问题和中国环境外交》,中国环境科学出版社,2003,第 15 页。

第二章　全球化视野下的生态环境状况与政策

进入 20 世纪以来,人类面临的宏观性的生态环境较前 200 年已经有了极大的变化,若是与更早先的人类生活时期相比,假如时光回溯 2000 年,两个时空下的环境差异恐怕用天壤之别来描述都丝毫不夸张,而此期间用数据来记录环境在人类活动及自然动力作用下的演变,可能更易让人发出生活的不是同一个地球环境的感概。从 20 世纪这 100 年间的环境变化趋势看,最主要的特征就是整个地球的环境状况变得比之前任何一个世纪都要糟糕,这意味着我们所生活的世界变得不那么宜居,人类要适应这种整体性的变化会更加艰难。在世界上的某些地区(主要是第三世界),由于自然环境的退化,原居民要么迁徙至其他地方,要么继续留守。而决定继续留守的人若要想生存下去,包括繁衍后代,除非其生物基因的进化能适应现存环境,否则将很难成功。对这些地区的人来说,他们的生存情形和适应力有点像美国环境史学家 J.R.麦克尼尔曾经做过的一组比喻:老鼠和鲨鱼。麦克尼尔认为,老鼠和鲨鱼的生存战略与人类社会较为相似,都具有无意识地追求适应能力或是超级适应的战略。一旦具备了对环境的适应性,人类主动做出改变的可能性就不大。从历史角度上看,适应后的稳定可能带来繁荣和发展,但因为没有变革的动力,潜在的、未来的矛盾和危机会变得更加深重。人对环境的适应力终归是有限的,如果环境的破坏没有一个限度的话,最后适应这个被毁掉的世界的生物物种将可能是老鼠,因为它们一直在恶劣的环境中繁衍生息。

掌握着先进科技的我们或许很难把未来某一天自身的生存境遇与老鼠联系起来,这可能有些危言耸听,但不可否认的一个现实是,我们的技术和经济开发活动的确让我们的生活环境变得需要不断地去适应,部分地区是美好及充满现代感的适应,更多地区则是基本生存性的适应。对世界上的大部分人来说,长寿、健康、富裕属于理想中的梦境,摆脱疾病、饥荒和贫困才属于真实的每一天。对于进步中的人类来说，对未知世界充满的好奇让我们千百年来就一直保持着探索、开发和征服的勇气，直至今日，这种勇气依旧保持如初，甚至更加强烈，以至于对我们自身以外的事物都失去了起码的敬畏心。没有敬畏心的勇气及其行动，产生的后果就是让我们越来越频繁地遭受到外部环境的灾难性挑战。在灾难危机面前，我们提出要全世界携手应对，相较于匆忙地应对，先对地球环境本身的状况做出一番系统性诊断"摸底"并反思恶劣环境导致病变的根源，更有利于让我们从一幅全景来看清环境灾变严重的现实和人类在处理与其关系时的种种不当决策。

第一节　大气的状况与政策

一、大气的状况

人类当前遭遇的环境问题有很多种类，但对全世界的人及其他生物都构成威胁的，大气环境的破坏绝对算得上一个。关于大气环境受污染的情况，早在 18 世纪工业革命兴起（甚至更早的时候）就已经成为部分环境人士关注的焦点，这在第一章中也多有论述。但是，严格地讲，18—20 世纪上半叶，绝大部分关于与呼吸环境相关的问题其实都只是空气污染的问题，譬如伦敦、匹兹堡、芝加哥等工业城市上空的黑色浓烟；洛杉矶、墨西哥城因汽车尾气而导致的"烟霾"；还有一些产能巨大的工业区因过度排放硫化物而使得当地及周边地区空气质量污浊不堪，这一代表有德国鲁尔。在大气环境问题面前，空气污染只能算作其中的一个问题。人类从 20 世纪下半叶至今的发展中，将原本相对单一的空气污染扩展到了整个大气的状况都受到破坏，这无疑使我们的生存环境变得非常严峻，同时也使得应对这一挑战变得更加艰难。

在过去数十年间，人类释放到大气中的各种化合物已经引起许多环境和健康问题。一些化合物如含氟氯化碳气体等被随意生产并通过各种设备和产品最终排放到大气中。其他如二氧化硫和一氧化碳是化石燃料燃烧不可避免的副产品。从大气这一人类生存最基本的宏观环境的破坏情形和程度看，我们大致可以将其分为三类。

第一类涉及的污染和破坏与工业和机动车废气排放相关，造成的后果是城市空气质量极度恶劣，酸雨和大量可漂移跨界的有毒气体造成的空气污染十分惊人。此类空气污染，既可以看作是一种传统性污染，其污染史可追溯到工业革命时期，又可以视为一种新型污染。之所以称其为"新型"，是因为过去的工业废气的主要燃料是煤炭，而 20 世纪中后期开始，石油成为最主要的工业动力源，伴随石油兴起的是一大批种类繁多的石化产品，它们的使用和燃烧无疑为排向空气中的物质增添了众多新元素。根据世界卫生组织（WHO）列出的空气污染物种类，有六种最具代表性：一氧化碳、铅、二氧化氮、悬浮颗粒物（包括尘土、烟灰、烟雾和烟尘）、二氧化硫和对流层臭氧。列出的污染物中，至少前五种都主要来自化石燃料和生物燃料的燃烧。上述物质不仅对环境有害，而且都对人体健康构成威胁。根据世界卫生组织的估计，全球每年大约有 240 万人由于吸入细颗粒空气污染物而过早死亡。这包括大约 80 万城市居民因吸入室外可吸入颗粒物导致的死亡以及约 160 万人吸入室内可吸入颗粒物导致的过早死亡。即便如此，这项研究还未包括与空气有关的可能造成的所有死亡人数。[1]除了对人体健康产生影响，空气污染对农作物、森林植被、生态系统的结构和功能、材料以及空气能见度等均产生了负面影响。空气污染的多方面影响，仅从酸雨这一点就可见一斑。酸雨被视为工业废气排向天空后生成的一个对环境破坏极大的副产品。从 20 世纪 60 年代开始，酸雨一直是困扰欧洲、北美、东亚地区环境的难题。其严重性体现在它可致水源酸化而使鱼类种群消失，土壤中因酸性沉积物过多而使树木无法生长，后果是森林被毁灭。在斯堪的纳维亚半岛的国家和中欧地区，因酸雨缘故，数以百万计的树木在 1970 年后显示出衰败迹象：生长缓慢、大量脱叶、死亡。到 20 世纪 90 年代，欧洲大约有 1/4 的树木被毁坏。[2]虽然近几十年来酸雨产生的危害在以欧美为代表的发达国家已显著减少，这主要是源自该类地区对产生酸雨的主要物质二氧化硫

①　联合国环境规划署编《全球环境展望 4》，中国环境科学出版社，2008，第 52 页。

②　J.R.麦克尼尔：《阳光下的新事物：20 世纪世界环境史》，商务印书馆，2013，第 107 页。

的排放较先前大为减少，根据欧洲环保局和美国环保局的数据统计，截至2000年，欧洲二氧化硫排放量与其高峰值相比减少了70%，美国减少了40%，这使得在欧美地区，自然界的酸平衡得到了重新恢复。但是，这一进步并不能让我们感到轻松，除欧美以外的更广大的地区，很多国家受制于资金匮乏和技术瓶颈，仍然在大量使用廉价的高污染的硫化燃料，使得空气质量一直得不到根本性的好转。这一情形，在亚洲的部分新兴工业国家体现得尤为明显。

第二类涉及的大气污染则是南北极上空平流层臭氧耗竭而形成的臭氧空洞问题。自1984年英国科学家首次在南极上空发现臭氧空洞以来，往后30多年，地球的臭氧层保护就成为人类面临的主要挑战之一。极地上空臭氧层变薄或形成空洞所带来的危害是显而易见的，这会导致皮肤癌、白内障和免疫系统破坏等多种危及人类健康与生命的疾病的大量出现，并能够影响植物和动物种群，同时影响地球的气候。臭氧耗竭的罪魁祸首早已被探明，是一些化学物质即所谓的臭氧层损耗物质造成的，其中最臭名昭著的就是含氟氯化碳气体。在人类的生活中，含氟氯化碳气体广泛而大量地存在，我们日常使用的空调、冰箱、气雾喷雾剂和清洗家具的泡沫以及消防用化学剂等都会产生氟氯化碳气体。20世纪80年代以后，随着人类生活水平的提高，一些能耗较高的电器产品走进千家万户，尤其是空调和冰箱，数量增长最为迅猛。空调和冰箱用于制冷的化学物质——氟利昂属于氟氯化碳气体的一种，该气体特性非常稳定，几乎不与其他物质发生反应——直至进入平流层，到了那里，太阳射出的紫外线将它们分解，释放出的微粒再破坏臭氧微粒。臭氧的主要功效之一是吸收太阳光中的紫外线，以防人体受到伤害导致皮肤癌的产生，但是人类自己将这层天然的保护膜不断毁弃。早至20世纪70年代，含氟氯化碳气体的年均排放量就已经达到75000吨[①]，数量已经相当惊人，实际上从那个时期开始，臭氧层就已经遭到破坏。进入21世纪，臭氧层空洞的面积则大得屡创世界纪录。据联合国环境署的数据记载，三次臭氧层空洞面积的峰值分别出现在2000年、2003年和2006年。2006年9月25日，臭氧层空洞扩展到了2900万平方千米，臭

---

① J.R.麦克尼尔：《阳光下的新事物：20世纪世界环境史》，商务印书馆，2013，第115页。

氧消耗总量达到历史最高水平。即便通过减少气体排放来恢复臭氧层，按照化学气候模型的预测，极地上空的臭氧层大概要到 2060—2075 年才能恢复到 1980 年之前的水平[1]，如此漫长的时间跨度也难怪有人将其称之为"紫外线世纪"。

第三类涉及的大气环境破坏是"温室效应"所导致的气候变化。人类当前关注的气候变化问题主要是全球变暖的问题。气候的变化是由人类活动导致的"温室效应"增强的结果。所谓"温室效应"，科学家们并不陌生，是指二氧化碳及微量气体能无阻挡地让太阳的短波辐射射向地球，并部分吸收地球向外辐射的长波辐射，而使地球犹如玻璃温室一般，表面温度上升。具有温室效应的气体被称作"温室气体"。"温室气体"的主要成分是二氧化碳，它对地球的增温起了 60% 的作用，其次是甲烷、氮氧化物、氯氟烃类等气体。观察研究表明，自工业革命以来，大气中二氧化碳的单位体积浓度已经显著增长，增长程度超过 30%。这一增长主要是由于化石燃料燃烧形成的二氧化碳人为释放和小部分土地利用变化、水泥生产和生物质燃烧造成的。除了二氧化碳在大气中浓度增加，其他温室气体在大气中的浓度也得到不同程度的升高。二氧化碳对地球增温起的作用为 60%，其他气体如甲烷起的增温作用为 20%，一氧化二氮为 6%—7%，氯氟烃约为 14% 左右。[2] 温室气体排放量的持续增加首先使得过去自 1906 以来地球表面的温度平均升高了 0.74℃。近百年来，最温暖的年份均出现在 1983 年以后。气象数据显示，自 1850 年人类开始进行系统的气象记录以来最热的 12 个年份中，有 11 个年份都集中在 1995—2006 年。[3] 由温室效应产生的气候变化已对全球经济、社会和生态产生了全面而深远的影响。随着全球气温的升高，极端高温出现的概率显著增加。近些年来，不仅东亚和南亚地区夏季持久高温的天数增多，甚至连一向夏季气候凉爽宜人的欧洲地区也频频出现大面积的高温热浪。北极和南极地区的冰雪融化是温室效应增强的另外一个恶果。极地冰雪融化使得海平面上升，将直接威胁到许多岛国和地势低

---

① 联合国环境规划署编《全球环境展望 4》，中国环境科学出版社，2008，第 69 页。
② 联合国环境规划署编《全球环境展望 3》，中国环境科学出版社，2002，第 210 页。
③ 联合国环境规划署编《全球环境展望 4》，中国环境科学出版社，2008，第 59 页。

洼城市居民。大气温度的升高还使得海洋上空的最高级别的热带风暴在1970—2005 年发生的次数几乎增长了 1 倍,而且仍呈上升态势。强烈的热带风暴往往对位于海岸线的城镇生产及生活造成了很大影响,例如 2005 年美国路易斯安那州新奥尔良市遭受到"卡特里娜"飓风的冲击,经济损失高达 2000 亿美元,并有 1833 人因此而丧生。全球变暖还将导致陆生物种面临灭绝的风险。据一些研究人员估计,到 2050 年如果全球气温升高 2℃,陆地上 15%—37%的物种和生物类别"必将灭绝"。[1]除了上述问题,气候升高所引发的疾病也不容忽视。例如,根据世界卫生组织的估算,气候变化造成了全球大约 2.4%的腹泻病例以及某些国家 2%的疟疾病例。[2]

二、与大气相关的政策

现当代大气环境变化的主动力源自人类的活动,人类所有活动事实上都会影响大气环境的变化,而且这种影响随着人类活动在广度和深度上扩展得越来越大。虽然在各地区展开的人类诸多活动,例如贸易、生产、加工、运输、消费等每天都在频繁地发生,而且在活动者之间充满自发性和随机性,但其背后其实都受到国家或地区各种政策的影响。这些政策要么推动、刺激活动更多地发生,要么限制或禁止活动的发生,不论怎么样,一切政策都会透过对人类活动的操控而直接和间接地作用于大气环境,这使大气环境的变化与人类制定的种种政策产生了关联。通过对部分与大气环境变化相关的政策考察,我们可以探知这些政策是如何改变人类与大气环境间的关系的,以及两者间关系的未来发展趋势。

(一)发达国家的大气政策

1. 空气质量方面的政策

发达国家较早就认识到空气污染会对人类健康和生态系统产生威胁。因此,从 20 世纪 70 年代开始,发达国家就着手制定相关的政策、法律以及在国

---

① 联合国环境规划署编《全球环境展望 4》,中国环境科学出版社,2008,第 65 页。

②《环保短讯》,http://zqb.cyol.com/content/2003-12/17/content-790118.html,访问日期:2020 年 11 月 3 日。

际上达成并签署一系列的协议来共同减少空气污染，以使空气环境更适宜人类生活。

欧洲国家对于空气环保的关注长期以来一直走在世界的前列，这种关注主要体现在该地区通过一系列的法律协议和严苛的污染限制标准来让既定的空气环保目标得以实现。在过去数十年间,欧洲地区的空气污染主要源自工农业生产、交通工具的大量使用以及化石能源的燃烧等。在商业城镇等人口密集区,虽然受工业污染的影响在减弱,但是机动车数量的迅猛增长,使交通越来越成为欧洲城市空气质量问题的主要贡献者。1979 年,《远程越界空气污染公约》(以下简称《公约》)在欧洲经济委员会环境部长会议上被签署,于 1983 年正式生效。《公约》的目的非常明确,旨在加强各签署国之间的联合与协作,尽可能限制、减少远程跨界污染气体的排放,尤其控制二氧化硫的排放以及由此形成的酸雨。为了达到《公约》中对各国要求的限期减少污染气体排放的指标,欧洲各国采取了多种措施予以保障，例如限制大型燃料能源工厂特定污染物的排放数量,重新制定机动车尾气的排放标准,采用更为洁净的无铅汽油,设计出能耗更低的发动机等。上述努力没有白费,自 20 世纪 80 年代初以来,全欧洲主要空气污染物排放量开始逐年减少。截至 2000 年末,西欧地区硫化物排放量已减少到低于 1980 年水平的 1/3,中欧和东欧已减至 1980 年排放水平的 2/3。[1]硫化物排放减少带来的直接利好就是欧洲整体层次的水体和土壤自然的酸平衡已有显著恢复。

除了欧洲的空气质量改善成效取得了长足进步，在北美洲和东亚地区的日本,也因为对空气污染的重视和恰当的政策措施,使得他们的空气污染水平显著降低。美国环保局数据显示,自 1995 年以来实施的酸雨控制计划对硫排放量的大幅降低有很大的贡献,其中在美国东北部的部分地区排放量降低了 10%—25%。[2]在北美洲区,近地面臭氧是一种常见的且易扩散的有害空气污染物,它的主要来源是化石燃料燃烧释放的氮氧化物。在 1984—1991 年,加拿

---

[1] 《欧洲环境署》(EEA), "Environment Signals 2001," *Environment Assessment Report* No. 8.

[2] 联合国环境规划署编《全球环境展望 2》,中国环境科学出版社,2000,第 29 页。

大所有主要城市的臭氧浓度至少有一次超过了一小时时段上 0.082ppm 的浓度标准线。在美国,这一情形更为严重,其臭氧小时浓度甚至超过了0.120ppm。[1]经两国政府的共同努力,2000 年 10 月,两国在降低双方边界化石燃料电厂的氮氧化物排放量上达成一致并签署协议,以确保近地臭氧浓度水平降到安全标准线以下。

东亚地区的日本在 1960—1970 年也曾面临着极为严重的空气污染情形。日本在空气环保方面的举措主要是通过环保立法、强化政府监督和技术创新等创造环境改善的奇迹。日本空气污染在 20 世纪 60 年代末达到顶峰,污染引发公众的强烈抗议促使日本政府从 1970 年开始连续通过了一系列反污染法律,并建立了新的环境监测机构。新的法律和监测机构对环境污染有着更严格的技术标准,促使一些污染型的企业要么降低污染物排放量,要么接受代价高昂的法律惩罚。技术创新是日本改善空气质量的另一条重要途径,这一成果主要体现在汽车尾气的排放上。1970 年,美国环境保护署的官员在国会宣传净化空气法时,还不忘抱怨日本东京糟糕的空气质量:那里的交通警察戴着面罩滤清空气。东京有着世界级的烟霾,人们生活在"永久的尘埃"之中。[2]面对讽刺性的指责,日本汽车公司唯一能做的就是不断加强对污染小、能耗低的新型汽车技术的研发。1978 年,日本新型汽车的尾气排放量只有 1968 年式样汽车的 10%。[3]在这个过程中,环保法规的刚性要求并不是日本汽车商着力研发的唯一动力,而打开美国庞大的汽车市场或许更能促使日本公司在环保技术上下功夫,从结果上讲,更为清洁、减少能耗的技术的广泛使用,确实成为日本空气质量从根本上向好的重要因素。

2. 涉及臭氧空洞的政策

从 20 世纪 80 年代有关极地上空的臭氧层存在巨大空洞且空洞范围仍呈

①《变化中的欧洲空气质量》,http://www.ec.gc.ca/air/introduction_e.cfm,访问日期:2020年 7 月 8 日。

② J.R.麦克尼尔:《阳光下的新事物:20 世纪世界环境史》,商务印书馆,2013,第 99 页。

③ Hashimoto, Michio, "History of Air Pollution Control in Japan." In:H. Nishimura. Ed., How to Conquer Air Pollution:A Japanese Experience(Amsterdam:Elsevier, 1989), p.42.

扩大趋势被发现以来,在发达国家就一直存在广泛的担忧。为了应对因臭氧层耗竭产生空洞带来的威胁,大多数发达国家同意并于 1987 年签署了《关于消耗臭氧层物质的蒙特利尔议定书》(以下简称《议定书》)。根据《议定书》的要求,各签署国要逐步淘汰氯氟烃这一破坏臭氧的最主要物质和其他一些管制物如四氯化碳、甲基氯仿、氢氯氟烃、甲基溴等。自签署《议定书》以来,从对流层臭氧物质的水平观察看,臭氧层的耗竭水平在随后几年中呈下降态势。除几项重要用途外,发达国家在 1996 年就已经完全淘汰了氯氟烃,除了几个正处于经济转型的国家。到了 2005 年,发达国家已经淘汰了大部分种类的消耗臭氧层物质,除了作为重要用途的氢氯氟烃和甲基溴。《议定书》目标措施的达成和实施对于臭氧层的恢复起了非常重要的作用,但这并不表明人类在臭氧耗竭问题上可以高枕无忧。新的挑战总是存在,一方面,随着氯氟烃在发达国家被淘汰禁用,作为氯氟烃的替代产品却被研制开发出来,新的物质却不在《议定书》的限制范围内;另一方面,氯氟烃虽被政府禁用,但由于存在着相当的市场需求,这种需求刺激了该品种的黑市交易,而且此类非法的交易正从发达国家迅速转移到一些治理水平不高的发展中国家。这些亟待修补的制度和管理漏洞无疑使得《议定书》的成效在一定程度上被抵消。

3. 涉及温室效应的政策

发达国家面对因气候变暖而导致的"温室效应",虽然在态度上表示对这一危害的认同,但是在具体的行动和政策上存在着较严重的分歧。这种分歧在欧洲和美国、加拿大之间体现得尤为明显。

在二氧化碳的排放量方面,1997 年于日本京都通过的旨在限制发达国家温室气体排放量以抑制全球变暖的《京都议定书》,可谓是对各国在对待温室效应上的一块试金石。欧盟国家内部对于《京都议定书》的签订几乎没有任何争议,不仅如此,欧盟还致力于游说那些立场处于摇摆状态的国家加入该协定。根据该协定,到 2012 年,欧盟国家的二氧化碳等 6 种温室气体的排放量与 1990 年相比要减少 8%。美国政府虽于 1998 年在《京都议定书》上签了字,但这份议定书甚至没有被克林顿总统提交至国会批准。到 2001 年 3 月,新上任的布什总统,更是以"减少温室气体排放将会影响美国经济发展"和"发展中国家也应该承担减排和限排温室气体的义务"为借口,宣布拒绝批准《京都议定书》。加拿大自由党政府于 2002 年签署加入《京都议定书》,但 2006 年接替自由党执政的保守党对该协定持消极态度。根据加拿大在协定中的承诺,2012 年之前,碳排放量要比 1990 年减少 6%。然而,截至 2009 年,加拿大的温室气体排放量不仅没有降低,相反,还比 1990 年增长近 30%,比 2005 年增长 17%。即便是在第二期承诺中计划在 2020 年排放量比 2005 年减少 17%,也将意味着 1990—2005 年的碳排放没有任何减少。即便如此,加拿大政府依旧认为先前在《京都议定书》中的承诺严重损害了加拿大的经济利益。基于此,加拿大于 2011 年 11 月直接宣布退出《京都议定书》。

（二）发展中国家的大气政策

1. 空气质量方面的政策

对数量众多的发展中国家来说,空气污染的严重程度和由此造成的影响在不同地区存在着较大的差别。导致差别产生的因素有很多,如地理环境、社会发展历史阶段、产业分布和比例配比、政府和民众对环保的意识、文化生活习俗等。但总的来说,发展中国家的城市化率、人口增长率、工业化水平和汽车数量的增长通常是影响空气污染程度的最关键的因素。发展中国家对于空气污染产生的危害的感触和由此而制定的政策及采取的行动措施,在很大程度上与上述的发展状况有着直接联系。

非洲是发展中国家数量最多的地区之一,但是由于非洲地区的工业化程度在世界上一直处于较低的水平,这反而使得该地区的环境的污染情况不像其他发展程度更高的地区那么严重。总体来说,非洲国家的空气污染物和人为温室气体的排放量都很小,例如,二氧化碳排放量还不到世界总排放量的 3.5%。即便是在世界排放总量中占比很小,其排放源也主要集中在经济更为发达的南非和少数几个北非国家。1998 年,南非的二氧化碳排放量占非洲总排放量的 42%。[①] 这一占比在往后十余年的时间里有所波动,但基本维持在 40% 这样的份额比上下。对其他大部分非洲国家来说,糟糕的空气质量不是源于规模工业排放废气,更多的可能是为家庭所需在室内燃烧煤、木材、煤油(石蜡)、家

---

① 《二氧化碳信息分析》,http://cdiac.esd.ornl. gov/trends/emis/tre_afr.htm,访问日期:2020 年 12 月 3 日。

畜粪便和生活垃圾,以及机动车辆和其他工业排放造成的。在撒哈拉沙漠以南的国家和地区,传统的燃料占 1997 年总能量消费的 63.5%。[①]尽管非洲国家地区的空气污染与许多工业程度更高的发展中国家相比不算太严重,但非洲国家整体上依旧对此给予高度重视,并制定了相关政策和行动战略。许多非洲国家都根据自身情况制定了国家环境行动计划或是国家可持续发展战略,将大气环保纳入国家的整体发展规划中。从 20 世纪 90 年代开始,加纳、肯尼亚、南非、乌干达、赞比亚等一些国家政府就陆续开始立法,对诸如公路、矿山和一些工业运营等具有潜在高污染、高能耗的投资开发项目进行必要的环保评估。除了在国内制定法律和加强对工业开发的环境监管,非洲国家在国际上也表现出对气候环境的高度关切。几乎所有的非洲国家都批准了《联合国气候变化框架公约》,并且大多数国家都赞成《京都议定书》规定的内容。在非洲国家看来,这些国际性的气候协定和相关制度安排有利于他们的社会经济发展,让他们走上一条更具可持续发展的道路。对非洲国家来说,一个主要挑战是如何使发展进程、发展模式、发展理念与大气环境变化相适应,要找到答案,非洲国家或许就要做更多的探索和实践。

与非洲地区相比,亚洲地区发展中国家的空气污染情况则要严重得多。造成这一原因的不仅仅是亚洲地区的工业化水平远高于非洲地区,而且在城市人口的密集度、汽车拥有量上,亚洲的社会经济发展水平都比非洲高出许多。对很多亚洲的发展中国家来说,其主要城市的空气的污染程度即便放在世界范围内,排名都能位居前列。根据 2018 年的全球城市空气质量排名,世界上空气污染最严重的 15 个城市中,亚洲就占了 12 个。不仅如此,这 12 个城市中的 6 个同时还有高浓度的二氧化硫,空气污染程度大大超过了世界卫生组织推荐的国际空气质量标准。北京、加尔各答、新德里、孟买、达卡、德黑兰更是长期以来因高浓度悬浮颗粒而闻名的城市。汽车数量的猛增是这些国家空气质量恶化的另一个重要因素。对亚洲的发展中国家来说,汽车数量的快速增长(例如中国、印度)是经济持续发展和人民生活水平不断提高的一种体现,但作为这

---

① IPCC,*Climate Change 2001:Impacts,Adaptation and Vulnerability*(Cambridge:Cambridge University Press,2001).

种经济向好的负效应,是空气质量的倒退。与日本这样的发达国家不同,亚洲很多发展中国家汽车保有量虽然在增加,但他们对汽车尾气的排放尚未制定出符合环保的严格标准,这无疑加大了空气环境的承载压力。除了城市化和汽车增长使空气质量变糟糕,部分国家农村地区以动物粪便、木头、木炭和煤油作燃料焚烧,也使得空气质量难以好转。以印度为例,家用固体燃料的使用估计每年导致大约 50 万名妇女和 5 岁以下儿童的早死。全球因肺炎导致死亡的新生儿中的 40%发生在孟加拉国、印度、印度尼西亚及尼泊尔,其中的大部分是由传统燃料燃烧污染引起的。[1]亚洲国家也早已意识到空气污染的严重危害,许多国家已经制定了对主要污染物的空气质量标准以及对一些特定工业和车辆的废气排放标准。为减少污染,无铅汽油已经被很多国家引进,对一些工业基础较好、研发能力较强的国家,例如中国,更是大力推行以电池为代表的新能源汽车在市场上的使用,以期将空气污染水平降到最低。鉴于传统燃料诸如煤炭的燃烧会带来大范围的空气污染,越来越多的国家开始注重清洁能源的开发和使用,太阳能、风能、水能、生物能、地热能甚至核能越来越多地进入这些国家的社会经济生活中。

拉丁美洲和加勒比地区的空气污染情形与亚洲地区类似,大城市人口膨胀、机动车数量增长过快、污染型重工业发展等是造成空气质量恶化的主因。拉丁美洲和加勒比地区 75%的人口居住在城市,一些著名的大都市如布宜诺斯艾利斯、墨西哥城、里约热内卢和圣保罗等,居住人口都超过 1000 万人。人口聚集的这些大城市,工商业也相对集中,地区经济的发展使得空气污染的情形难以避免。上述大城市存在的共同问题还有交通发展带来的污染,以布宜诺斯艾利斯和墨西哥城为例,1970—1996 年,两座城市的汽车数量增长了 4 倍,导致两城 70%的空气污染与交通有关。工业导致污染则主要来自电力行业的燃料燃烧以及石化提炼过程中的废气排放。例如墨西哥城,60%的二氧化硫排放来自城区近郊的炼油厂。出于经济发展的需要,拉美地区发达的采矿业也使得当地空气质量恶化。与世界其他洲的大陆不一样的是,拉丁美洲及加勒比地区拥有极为丰富的原始森林资源,这原本可以为该地区的生态气候环境提供

---

[1] 联合国环境规划署编《全球环境展望 3》,中国环境科学出版社,2002,第 217 页。

天然的保护屏障,然而,当地居民并未能很好地将这种资源予以保护和利用。出于对短期经济利益的追求,森林被大量砍伐,破坏程度甚至直接导致该地区二氧化碳排放量增加。尤其是 20 世纪末期的亚马孙流域,森林砍伐造成该地区甲烷的排放量很高,约占全球的 9.3%。① 危及空气环境的不是只有对森林的过度砍伐,火灾也是另一个重要原因。如 1997 年,危地马拉、洪都拉斯和墨西哥森林大火产生的烟雾甚至飘到了美国东南部的大多数州,与墨西哥接壤的得克萨斯州则直接发布健康预警。最近的一次大火灾则于 2019 年 8 月发生于巴西亚马孙丛林,持续近三周的大火让至少 50 万公顷的林地变为焦土,根据美国航天局的监测,该火灾让南美洲上空出现一团面积巨大的毒云,其中含有巨量的一氧化碳气体。

空气环境的恶化也让拉丁美洲及加勒比地区的国家采取了一系列措施来治理。在一些大城市,大气污染已经通过采用废气排放控制、更换清洁燃料等措施得到了很好的改善。但是这些措施仍没有在中小城市和农村地区得到普及,这使得大气污染的治理取得的成效在很大程度上被抵消。而在亚马孙流域的森林问题上,政府的态度和政治领导人的言论表明,他们依然未把森林生态产生的大气循环与人的关系放在首要位置。这意味着,该区域的空气环境若要得到彻底改善,还有一段艰难的路要走。

2. 应对臭氧层空洞与温室效应的政策

在面对臭氧层空洞和气候变暖这样的全球性问题时,发展中国家给予高度重视,采取了多种措施进行应对,但受限于技术水平不高和财力不足,发展中国家在应对中也面临诸多困难与挑战。

非洲地区的碳排放量虽然只占世界碳排放总量很少的一部分,但依旧愿意在该问题上与国际社会展开合作。除了所有的非洲国家都赞成《京都议定书》分配的碳排放限额外,有一些国家和地区正努力通过开发其他替代能源(如太阳能、风能、小规模水电和生物能)来减少污染。南非作为非洲地区碳排放量最大的国家,根据《京都议定书》,虽然并未被正式要求控制温室气体的排放,但依旧建立了气候变化国家委员会来指导有关气候变化政策的科学研究、交流

① 联合国环境规划署编《全球环境展望 3》,中国环境科学出版社,第 23 页。

和发展。

亚洲地区碳排放量最多的国家是中国和印度。根据 2018 年世界各国碳排放量统计排名,中国碳排放量达到 98.39 亿吨,占世界排放总量的 27.2%,位居全球第一;印度碳排放量达到 24.67 亿吨,占世界排放总量的 6.8%,位居全球第三。①虽然中国在碳排放量上位居世界首位,但中国政府长期以来对气候变化高度重视并积极应对。早在 2007 年,中国政府成立了由温家宝总理任组长的"国家应对气候变化及节能减排工作领导小组"。同年,中国政府发布了《中国应对气候变化国家方案》,这是发展中国家第一个应对气候变化的国家级方案。方案中提出到 2010 年中国单位 GDP 能耗在 2005 年的基础上减少 20% 左右的目标。中国政府还在《可再生能源中长期发展规划》中,提出到 2010 年使可再生能源消费量达到能源消费总量的 10%,到 2020 年达到 15% 左右。根据 2017 年中国国务院发布的《"十三五"节能减排综合工作方案》,中国政府更是将减排目标量化到具体数据,例如,该方案提及,到 2020 年,全国万元国内生产总值能耗比 2015 年下降 15%,能源消费总量控制在 50 亿吨标准煤以内,全国化学需氧量、氨氮、二氧化硫、氮氧化物排放总量分别控制在 2001 万吨、207 万吨、1580 万吨、1574 万吨以内,比 2015 年分别下降 10%、10%、15%、15%,全国挥发性有机物排放总量比 2015 年下降 10% 以上。

全球气候变暖给印度带来的危害相当明显,印度政府为应对这些危害也采取了多项措施。例如,2007 年 6 月,印度成立高级别气候变化委员会,由总理担任主席,其他内阁部长、工商界人士、专家出任该委员会委员。2008 年 6 月开始,印度出台了应对气候变化的《气候变化国家行动计划》,其中有八项重点计划从多个领域展开对气候环境的全方位治理和保护。印度在国际上也积极参与了气候环境保护相关的合作。1993 年,印度批准《联合国气候变化框架公约》,2002 年批准《京都议定书》。2005 年 7 月,"亚太清洁发展和气候伙伴关系"成立,印度是缔约国之一。不仅如此,印度还一直利用《京都议定书》中的"清洁发展机制"(CDM)大力开发印度的清洁发展项目。印度和中国一直以来

---

① 《全球碳排放最高的 15 个国家和地区》,http://www.tanpaifang.com/jienenjianpai/2019/1112/66293.html,访问时期:2020 年 7 月 7 日。

都是国际上主要的 CDM 项目输出国。截止到 2011 年 10 月,国际上共有 3452 个 CDM 项目在《联合国气候变化框架公约》执行理事会注册,其中来自印度的项目有 738 个(中国 1629 个),占所有注册项目的 20.84%(中国占 45.99%)。这 738 个来自印度的 CDM 项目所产生的温室气体核定减排量约为 1.19 亿吨(中国为 4.39 亿吨),占所有核定减排量的 15.79%(中国占 58.12%)。

在拉丁美洲地区,为应对气候变暖带来的危害,根据《蒙特利尔破坏臭氧层物质管制议定书》(以下简称《蒙特利尔议定书》)的减排目标,巴西、阿根廷、墨西哥、委内瑞拉等主要氯氟碳生产国都制定了政策和措施来减少该化学物质的生产和使用。相比其他发展地区,拉丁美洲和加勒比地区的氯氟碳产量在 2001 年的时候就比《蒙特利尔议定书》签订的前一年下降了 21%。[①]除了减少国内碳生产排放,财政紧张的拉丁美洲国家还从多个国际机构寻求融资援助,如《联合国气候变化框架公约》、清洁发展机制、全球环境基金,涉及领域包括农业、水资源、沿海、生物多样性等。此外,一些发达国家如澳大利亚、加拿大、意大利也向该地区提供项目资助,项目主要集中在能力建设、行政政策以及特定的沿海区域和水资源管理上。

第二节　土地的状况与政策

在轮船和航空飞行器未被发明之前,人们的衣食住行无不依赖于足下的土地,即便是在穿行于水域和空域的交通工具出现之后,土地依旧是人类生活与发展的基础和最主要的物质原料来源。英国政治经济学者威廉·配第曾用一句在经济学界广泛流传的话来揭示土地对人类的极端重要性:"劳动是财富之父,土地是财富之母。"配第的话意在强调土地之于人类,犹如母亲,孕育着一切生活的希望,人类的生存与发展,俱依赖于大地母亲的哺育。然而,令人遗憾的是,人类对这位母亲并没有给予应有的敬重与爱惜,相反,在无限度的"财富之父"的驱动下,人类让大地母亲变得疲惫不堪且伤痕累累。人类若不能对自

---

① 联合国环境规划署编《全球环境展望 2》,中国环境科学出版社,2000,第 155 页。

身的行为进行重新审视并加以修正,大地母亲像过去千百年来为人类提供无尽滋养以供人类繁衍生息的情形恐难以为继。

地球的总面积约为 5.10 亿平方千米,海洋的面积为 3.61 亿平方千米,占全球总面积的 71%,陆地面积约 1.49 亿平方千米,仅占全球总面积的 29%。陆地面积虽有近 1.50 亿平方千米,但考虑到其中占大部分面积的土地既无法让人居住(例如沙漠、山地、冰川等),也不大可能提供人类生活所需的必要物质,可供人类生活的土地就显得愈加稀有和珍贵了。历史上,土地作为一种可供再生的资源被人类循环使用,年复一年的开垦、播种(种植)、收获是人类世代繁衍的物质基础。尽管大自然有时会对有限的存用土地造成破坏,如洪水、泥石流、风沙等,但都对人类生存的整体性不构成威胁。但是,这一情形在过去 50 年里被完全逆转,人类对土地的征服和改造,使得土地不可再生,数量上的减少更加剧了单位面积土地的承载力,即越来越少的可用土地要供养越来越多的人口。土地和人类的关系在未来势必变得更加紧张。在世界范围内,土地究竟经历了什么?这种经历会对人类产生怎样的影响?人类应该怎么办?这些疑问,都需要我们对土地的整体状况做一个基本了解,然后才能做下一步探索。

一、土地状况

(一)土地退化

土地退化是过去数十年里发生在土地上最让人担忧的生态灾变。土地退化是土壤侵蚀、表土流失、土地贫瘠化、土地盐碱化、土地荒漠化等一系列破坏土地生产力成因的最终结果。简单地说,土地退化意味着土地产能的减少或完全丧失,以至于使肥沃的土地变成一块无任何价值的不毛之地。土地退化的主要原因是人类活动,如不可持续的农业土地利用、落后的土壤和水资源管理方式、森林砍伐、自然植被破坏、大量使用重型机械、过度放牧及落后的轮作方式和灌溉方式。根据联合国粮农组织 1995 年的调查,世界上 2.55 亿公顷的水浇地中有 2500 万—3000 万公顷的土地因盐分积累而严重退化,另有 8000 万公顷土地将受到盐碱化和洪灾的威胁。全球干旱陆地中(不包括极度干旱的沙漠),大约有 70% 的土地发生了严重的退化,估计受影响的地区占地球表层的 50%。①非洲是受荒漠化威胁最严重的地区,撒哈拉沙漠有的地方每年向南扩展 50 千米。在过去 50 多年时间里,撒哈拉以南有 6500 万公顷的土地变成了沙漠,由此被吞没的耕地达 75 万公顷。荒漠化不仅危及非洲,而且蔓延到亚洲和拉丁美洲等地,成为一个全球性的环境问题。在亚洲地区的 19.77 亿公顷旱地中,有一半多受荒漠化影响,从地区分布看,中亚受影响最为严重(60%以上遭受荒漠化),其次是南亚(50%以上)和东北亚(约 30%)。②拉丁美洲地区虽然有着全世界最高的森林覆盖率,但是土地的荒漠化程度也十分严重。据联合国的统计,目前拉美地区有超过近 1/4 的土地荒漠化,1.4 亿名居民的生产和生活受到沙漠化威胁。③世界各地土地退化减少了人类的生活用地,而世界人口的增长使土地压力变得十分大,这种严峻性在非洲和亚洲地区尤为突出。预计到 2030 年,人口的增长将促使非洲生活用地增加 5700 万公顷,拉丁美洲将增加 4100 万公顷,分别将增加 25%和 20%。④新增的土地主要来自森林、林地和半干旱的脆弱土地,由此引发的环境后果将是严重的。

(二)人类发展对土地的占有

土地退化是造成人类可用土地急剧减少的一个重要因素,但这并不是唯一的因素,除此之外,人类大规模改变土地用途以便于经济发展是导致土地减少的另一不容忽视的因素。

人类改变土地用途的历史由来已久,改变背后的动因随着时间不断发生变动。例如,亚马孙流域的巴西在 19 世纪末到 20 世纪中期曾被开发生产橡胶以满足国际市场的需求。在 20 世纪下半叶,该地区又掀起全国性经营牧场的浪潮。进入 21 世纪,面对国内、国际市场需求,巴西对土地利用趋于集约化,并不断把森林开辟为农田,包括转换成草场以提高牛肉产量。上述案例凸显出的

① 联合国环境规划署编《全球环境展望 3》,中国环境科学出版社,2002,第 59 页。

② 同上书,第 70 页。

③《世界环境日沙漠化威胁全球 10 亿人》,https://news.sina.com.cn/0/2006-06-05/0613911882s.shtml,访问日期:2020 年 7 月 10 日。

④ Pamela S,*Chasek*,*The Global Environment in the Twenty-First Century:Prospects for International Cooperation*(Tokyo:United Nations University Press,2000),p.112.

土地用途转变发生在森林—牧场—农田—草场之间，由此造成的地力损耗或许还可以通过后期修复予以恢复，相比之下，另一种出于发展的需要对土地的占有，则可能导致地力的永久性破坏，这就是城市扩展产生的对土地的占有。

世界城市化的扩展主要兴起于 20 世纪 50 年代。1950 年，世界城市化水平为 29.2%，1990 年上升到 47%，2000 年达到 50%。城市扩展，尤其是工业区的扩大、交通建设和休闲活动用地(如高尔夫球场)建设对日益紧缺的土地资源造成很大压力。在美国，每年因城市化损失约 40 万公顷的农业用地。中国自 20 世纪 70 年代末经济走上快速发展道路，耕地流失情况也愈发严重，据估计，1978—1996 年耕地流失 442 万公顷，1996—2003 年耕地流失 672 万公顷，2003—2009 年耕地流失 832.3 万公顷。快速的城市化不仅导致了耕地的大量流失，还使得耕地土壤质量下降和耕地遭受严重污染。一座城市的扩展往往是对农业用地的占用，这使得稳定的粮食生产受到冲击，同时，人口的快速增长势必增大粮食生产在供需方面的缺口。为了增加粮食产量，粮食生产者或许不得不增加对耕地化肥和其他化学物质的使用以提高单位面积的粮食产量，过度的化学物质不仅破坏土壤成分和加重污染，更严重的是将对人的健康造成严重危害。联合国环境规划署数据显示，1972—1988 年，世界化肥施用量以年均3.5%和每年 400 万吨的速度增长。20 世纪 80 年代，主要靠增加矿物肥料来保持和增加肥料，以后，农业补贴又增加了化肥的施用量。联合国粮农组织对 38 个发展中国家进行研究发现，有 26 个国家对农业化肥使用进行补助。[①]

除了城市化引发的农业化学物对可用耕地的破坏外，城市产生的固体废弃物对土地生产力的影响也日益显著。例如，2009 年，中国城市固体废弃物累计总量达 70 亿吨，由于缺少设备和资金支持，城市垃圾 82.7%采用露天填埋，这 70 亿吨垃圾共占地 80 多万亩，近年来还以平均每年 4.8%的速度持续增长。[②]废弃物中有相当一部分是属于工业含毒的有害物质，当有毒物质渗透进土壤，将造成受污染土地地力不可逆转的毁坏，这是城市扩展致使土地退化的

---

① 联合国环境规划署编《全球环境展望 3》，中国环境科学出版社，2002，第 59 页。

② 武力超、陈曦、顾凌骏：《中国快速城市进程中土地保护和粮食安全》，《农业经济问题》2013 年第 1 期，第 57—62 页。

主因。有毒物质对土地的污染在世界许多国家大量存在。在澳大利亚,其北方受污染的土壤中发现大量的镉、铅、砷、三氯乙烯等有毒物质;在南亚和东南亚,土壤被铅和砷污染的情形非常普遍;在日本,农业用地中也发现大量来自化学工业和电镀工业的有毒污染物。还有一些国家和地区,例如蒙古国,废物丢弃和使用未处理的污水灌溉是造成土地退化的主要原因。从世界总体上看,在城市化的大趋势下,截止到1996年,因污染而退化的土地总面积高达1950万公顷,毫无疑问,这一数据在未来20年中必然是持续走高的。土地的退化情形如此严重,问题的关键在于世界各国采取什么样的措施来予以应对和解决。

二、土地政策

(一)欧洲地区的土地保护政策

欧洲地区的土地问题主要是农业及与城市扩展相关的土地利用规划以及由于污染和侵蚀造成的土壤退化。过去50多年的人口增长、经济发展和城市建设导致对土地的需求十分强烈,这使得欧洲地区对土地的开发和使用强度比过去任何时候都大。在涉及对有限土地的分配利用上,经济上的比重起了极为重要的作用。就创造国民收入和解决就业来看,数十年来农业在普遍以工业和第三产业为主体的欧洲地区扮演的是一个不太重要的角色。这使得从20世纪50年代开始,欧洲地区城市化进程加速,农业用地就成了牺牲的主要对象。1960—1990年,西欧地区有生产力的农耕用地就减少了6.5%,牧地减少了10.9%。对此,西欧国家政府采取的主要对策是加强生产的集约化,在规划用地上尽可能提高效率,防止过度开发土地造成空间浪费。在东欧和中欧地区,由于该区域国家从20世纪90年代起大多面临经济上的急剧转型,经济呈现出严重下滑态势,使得这一地区的整体发展减缓或处于停滞状态。经济发展的变缓,加上政治转型导致一些城市在建的工程被停止或取消,使得东欧和中欧地区的城市化进程变慢,农耕用地得以保护。

土地退化是多年来存在于欧洲的一个环境顽疾。与一些地区缺水导致的荒漠化不同,欧洲地区的土地退化主要原因在于土壤污染,而造成污染的因素包括酸雨、不可持续的农业活动、森林砍伐和过度放牧等。到目前为止,欧洲还没有明确的土壤保护政策,而是通过实施欧盟制定的其他环保法规来达到对土壤的保护目标。在欧盟制定的《第六个环境行动计划》中,预防土壤侵蚀、退化、污染和沙漠化是其主题战略之一。因此,欧盟委员会于 2002 年发布了《土壤保护主题战略通信》,并制定了一系列与土壤相关的立法和政策,如《关于采掘工业废物管理指令》《关于堆肥和生物废弃指令》、《关于环境保护,尤其是污泥农用时保护土壤的 86/278/EEC 指令》等。另外,欧盟委员会还将为土壤检测进行立法,该立法将对威胁土壤的信息和检测系统进行规范,其目标是确保测量方法在标准上的同一性,鉴别相关区域内土壤面临的威胁,确保政策制定者能及时了解到这些信息,并尽可能起到提前预警的作用。对于土壤污染而言,首先考虑土壤中那些对人类健康产生潜在威胁的物质。欧盟对土壤保护的远期战略是建立一个综合监测系统,全面监测将有助于了解已经存在威胁的程度和发展趋势,为制定相关政策提供更全面和更准确的信息。特定的监测将聚焦于导致土壤受污染的各种诱发因子上,以便在后期采取有针对性的措施,在解决污染源上寻求突破口。

(二)北美地区的土地保护政策

北美地区历来留给世人的印象是地广人稀以及地大物博的丰饶景象,仿佛该地区聚集了世界上大部分资源,而稀少的人口使得这些资源在使用上完全不用担心耗竭的可能性。诚然,相比较于其他地区,北美地区有着自己的优势,这种优势主要反映在天然性的农业用地数量众多,即有大量可用于生产的土地。以美国为例,美国几乎有 20%的国土为耕地和永久作物用地,26%的国土为永久草地和草原,这意味着美国有近半数的国土总计超 400 万平方千米的土地适用于农牧业的生产发展。毗邻的加拿大,国土面积虽然高达 990 万平方千米,受地理和气候条件的制约,真正可用于农业的土地仅占其总面积的7%,得到改良的则只占 5%,主要集中在南部的狭长地带。20 世纪以来,北美地区土地退化的情形日趋严重,主要与农业区扩展、过度放牧、风蚀和水蚀有关。对此,美国与加拿大政府长期以来为保护土地做了大量的努力和尝试,并取得了显著成效。

美国对于土地的保护从 20 世纪 30 年代就已经开始,主要是由于过度开垦西部平原而导致 1934 年震惊世界的沙尘风暴。风暴过后,河流和井水干涸,农作物枯死,当年减产的小麦达 51 亿公斤。这场风暴引起美国政府的高度重视,也开启了美国往后 70 年间的土壤防护治理历程。美国对土地的保护和治理的侧重点在于通过系列性的立法和设立专门性的土地管理机构,将土地的使用纳入政府的有效监管之下。1935 年颁布《土壤保护法》,同时美国农业部设立水土保持局(1994 年改为自然资源保护局)。《土壤保护法》授权水土保持局帮助农民设计和安装经批准的土壤保护项目,大力向农民推介土壤保护措施。20 世纪 50—60 年代,美国政府在土壤保护上注重于区域治理和农村发展。例如,1954 年开启的小流域治理项目旨在帮助一些地方组织预防洪水、保护流域,其中一部分措施致力于减少土壤侵蚀、泥沙淤积和地表径流。1957 年开启西部大平原保护项目,通过项目向西部平原各州提供资金支持并与农民签订土地保护合同。1962 年开启的资源保护和发展项目更将水质和野生动物栖息地、娱乐景点及乡村发展纳入一体保护的范畴。到 20 世纪 70—80 年代,美国对土地的保护更倾向于从单向措施(如生物措施、耕作措施)向综合措施转变。1985 年,美国水土保护区计划实施,1990 年进一步完善,旨在帮助农民对环境脆弱和易受侵蚀的农田实行休耕,休耕期为 10 年,并提供资金、技术的帮助,目的在于减少侵蚀和过量生产。据估算,1990 年美国耕地土壤的侵蚀量比1930 年减少了 40%,约 14 亿吨。

　　风蚀和水蚀是导致加拿大土壤退化最主要的原因。对此,加拿大政府已给予极大关注。据估计,加拿大每年因风蚀而受影响的土地面积达到 640 万公顷,其中草原地区最为突出。结果因减产和较高的费用投入,每年的损失在2.18 亿—2.85 亿美元。由于气候类型、土壤形态、土地使用的不同,水蚀的影响几乎遍及加拿大。据估算,加拿大平均每年因水蚀而受影响的土地在600 万公顷左右,占整个改良土地总量的 12%,年均经济损失约在 2.66 亿—4.24 亿美元。[①]加拿大政府为解决风蚀和水蚀的问题,采取的措施是一方面增加对土壤退化方面的研究资金,另一方面实施综合性的水土保持工程。1989 年,加拿大联邦草原农业复原管理局发布实施永久覆被计划(PCP),旨在通过保持永久的草原和林木覆盖,减少生态脆弱农田的土壤退化。1997 年,开始实施可持续农

---

　　① J.Dumanski:《加拿大的土壤保护》,赵龙群译,《农业环境与发展》1988 年第 2 期,第21—25 页。

业战略。到 20 世纪末,土地退化情况得到控制,加拿大农业区的土地总荒废量较 1980 年初下降了 20%。[①]

(三)非洲地区的土地保护政策

非洲的总面积为 2960 万平方千米,陆地面积仅次于亚洲,是世界上第二大洲。但是在近 3000 万平方千米的大陆上,干旱和半干旱地区却占据了 2/3,对于总人口 60%以上都严重依赖于初级农业谋生的非洲地区来说,这样的自然环境确实过于严苛与恶劣。由此,在涉及非洲社会经济发展的种种要素中,土地一定是所有问题的核心。非洲与土地相关的问题包括土地不断退化和荒漠化,还有不合理的土地分配和占有制度,这种制度又成为加剧土地退化的重要原因。其他广泛存在的问题包括土壤肥力下降、土壤污染、土地保护和管理不善、自然土地被征用为城市或工业用地等。

长期以来,非洲地区因粮食不足而导致的饥荒一直是困扰非洲社会经济发展的最严重的挑战。在缺乏更为先进和高效的耕作技术条件下,为了增加粮食产量,非洲地区通常采用的手段是一方面大力对自然土地加以开垦,这一过程包括对森林的砍伐和对生态湿地的填埋, 另一方面增加对农业土壤的化肥投入,在短期内增加单位产能。耕地面积的扩大和化肥的增加使用确实在一定程度上起到了提高粮食产量的作用。1975 年非洲的粮食产量是 0.58 亿吨,1999 年是 1.06 亿吨,24 年几乎翻了一番,确实是农业发展史上一个不小的成就。尽管粮食产量增加了,但是非洲地区的饥荒问题依旧没有得到解决,非洲许多地区的营养摄入量依旧在世界上排名最低。作为这一增加粮食产量方式的负效应,土地退化的情况却加剧了。例如,林地被砍伐后,土壤的植被覆盖减少,进而增加了土壤遭受风蚀和水蚀风险的概率。非洲地区的风蚀和水蚀情况非常严重。据估算,非洲每年损失 180 亿吨地表土。土壤侵蚀最严重的地方每年每平方千米的侵蚀量在 200 吨以上。[②]排干湿地用作农业用地不仅危及生物多样性,而且对放牧和野生动物活动也构成威胁。受到侵蚀的土壤还会导致

---

① 联合国环境规划署编《全球环境展望 3》,中国环境科学出版社,2002,第 79 页。

② 包茂宏:《非洲的环境危机与可持续发展》,《北京大学学报(哲学社会科学版)》2001年第 3 期,第 95—104 页。

水库、河流淤积加速,增加了洪水暴发的危险。化肥的使用虽然短期内有利于粮食的增产,但从长期来看,化肥可能会破坏土壤中原本的物质成分,最终导致土地生产力的下降。

随着人们对土壤肥力耗竭认识的不断增加,1996年撒哈拉以南地区的23个非洲国家(该区域土壤肥力耗竭问题尤其突出和普遍)开始发起增加土壤肥力行动,旨在通过政策改革和采用新技术增加农民收入来实现行动目标。以几个国家为例,苏丹主要通过大规模造林,以耕作—休耕—轮作相结合的方式来遏制水土流失和荒漠化。马里则利用湖底的地下水,开展防流沙造林,修筑通往尼日尔河的水渠,在雨季利用河水灌溉农田,通过改良土壤,力争恢复植被。几内亚作为多条河流的发源地,因水资源丰富而被称为西非的供水塔。几内亚政府在高原源头流域开始了保护流域和植被再生的项目,以此造福于生活在该区域的100万名居民。当地居民也在积极建立合作体制,引种旱季可作为畜牧饲料的灌木树丛。尼日尔在国际社会的资助下,制定了地区综合开发计划,积极开展地区绿化。绿化方式主要采取集水灌溉,使土壤保持足够的水分便于树木和作物吸收,过去曾经是砂砾和岩石的地方,治理后能长出树木和作物。这项计划作为综合性防治荒漠化的成功示范,在国际上深受好评。

土地保护计划的成功依赖于许多因素,并和社会经济发展水平密切相关。《联合国防治荒漠化公约》就早已指出,土地退化和贫穷之间的关系错综复杂。处理土地退化问题不仅需要技术和资金的大量投入,还需要非洲国家在涉及种族、阶层、资源获取、市场化等深层社会经济领域做出改革,推动地区间的发展,进而从根本上遏制土地的恶化。

(四)亚洲的土地保护政策

长期以来,亚洲地区一直遭受着土地问题的困扰,其中最严重的问题就是土地退化和土壤污染。在导致土地退化的各种因素中,最严重的是土地荒漠化。据统计,亚洲地区总共约有43亿公顷土地,遭受荒漠化、半荒漠化威胁的土地已达到17亿公顷,占比高达40%,涉及的国家和地区包括中国、印度、伊朗,巴基斯坦不断扩大的沙漠、叙利亚的沙丘、尼泊尔被侵蚀的山坡、老挝被砍伐的森林和过度放牧的高地。从荒漠化和受干旱影响的人口数量来看,亚洲地区无疑是世界上受灾最严重的。因此,遏制并治理荒漠化,成为许多亚洲国家为实现可持续发展而须完成的一项异常艰巨且又十分紧迫的任务。对这些受威胁的国家来说,防治荒漠化不是一项单独的行动,若要实行有效防治,需要在水土保持、流域治理、造林工程、沙丘固化、流域治理、盐碱地改造、森林和牧地治理等多个领域开展协同行动。各国面临的荒漠化程度不一,这促使各国需根据自身的具体情况而做出有针对性的安排。

作为亚洲主要受影响的国家之一,中国已经在防治荒漠化的国家行动中拟定了目标明确的中长期战略。根据中国政府的估算,2006 年全国有 27%的土地沙化,平均每年因沙漠推进而损失 264 万平方千米土地。有近 4 亿人口生活在这些环境趋于恶劣的地区,每年给中国造成的经济损失高达 65 亿美元。①面对严重的环境威胁及其导致的惨重的经济后果,中国通过立法和制定并采取国家战略行动予以应对。1994 年 10 月,中国签署《联合国防治荒漠化公约》,自此进一步加大了荒漠化防治工作力度,采取了一系列行之有效的政策措施。1996 年,中国建立了荒漠化监测体系,为荒漠化防治提供技术支撑。根据 2010—2014 年的监测结果,沙化土地以每年 1980 平方千米速度缩减,荒漠化土地以每年 2424 平方千米的速度缩减,这意味着中国的荒漠化治理取得了明显成效。不仅如此,2001 年 8 月,中国通过了《中华人民共和国防沙治沙法》,该法于 2002 年 1 月 1 日正式实施,意味着中国已将荒漠化治理纳入法治化轨道,为后期的防治工作奠定了坚实的法律基础。与此同时,中国还出台了《中华人民共和国森林法》《中华人民共和国草原法》《中华人民共和国环境影响评价法》等法律,通过依法防治,依法打击破坏沙区各种犯罪行为,对加强沙区植被和资源的保护起到积极作用。截止到 2015 年,中国已完成水土流失综合防治面积 7.4 万平方千米,其中综合治理 5.4 万平方千米,生态修复 2 万平方千米,坡改梯 400 万亩(0.27 万平方千米),建设生态清洁型小流域 300 多条,新增实施水土流失地区封育保护面积 2 万平方千米。②对于中国在土地荒漠化问题上取得的显著成就,

①《联合国防治荒漠化公约 亚洲防止荒漠化的战斗(2006)》,李康民译,《世界环境》2006 年第 8 期,第 18—19 页。
②《中国防治荒漠化:把沙漠变成"绿洲"》,http://grassland.china.com.cn/2019–06/19/content_40790814.html,访问日期:2020 年 7 月 14 日。

2017 年 9 月,联合国环境规划署执行主任埃里克·索尔海姆在接受媒体采访时给予了高度赞扬:"荒漠化防治是一个全球性的问题。中国治沙的样本非常重要，为全球沙漠化地区提供了非常好的绿色发展理念和防治荒漠化的技术和范例。"

除了中国之外，亚洲地区的其他国家也都为治理荒漠化制定了不同的政策和措施安排。对于水资源极度匮乏的中亚和西亚地区来说,获得充足的水源是防治荒漠化的关键。对此,这些国家制定的防治荒漠化战略中均包含了对水源的保护和提高利用效率,例如哈萨克斯坦,于 1997 年加入《联合国防治沙漠化公约》后,先后制定了"咸海保护"计划、"绿色国家""饮用水"计划等。以色列甚至在 20 世纪 60 年代就完成了"北水南调"工程,开创了地下滴灌技术,防止蒸发作用造成的水分丧失;利用径流和降水低洼蓄水池技术,促进低降雨量地区农业林的发展。[①]还有一些中亚国家采取了联合行动,共同面对荒漠化问题,如环里海盆地国家的分区项目,就突显了分区防止荒漠化的治理与合作。南亚地区的印度,早在 20 世纪 90 年代就展开了多项治理行动:1994—1995 年开展的造林工程和易旱地区工程;1990—1991 年开展的沙漠开发工程和雨灌区国家集水渠开发工程;1993 年开展的鼓励地方社区参与印度甘地纳哈工程和环境行动工程。

(五)拉丁美洲地区的土地保护政策

与世界上其他地区相比，拉丁美洲地区土地受损的情形虽不及亚洲和非洲地区严重,但面积也达到了 0.92 亿公顷,排名位居世界第三。亚洲和非洲,荒漠化是导致土地退化的主要原因,而拉丁美洲地区土地的主要问题在于:农业和城市化造成农业土地面积缩减、肥力耗竭和农药污染导致土地退化,以及土地占有制度不合理使得土地使用存在严重浪费的情形。

农业扩展加快了自然资源的集约化利用,也加快了土地的退化速度。从20 世纪 70 年代初到 20 世纪末，南美地区的耕地面积达到 3020 万公顷,增加了35.1%;中美洲地区为 630 万公顷,增加了 21.3%;加勒比地区为 180 万公

---

① 尤源、杨静、周娜、王永东:《"中亚—西亚经济走廊"典型国家荒漠化防治政策法规比较研究》,《世界地理研究》2018 年第 10 期,第 33—41 页。

顷,增加了32%。①耕地的增加促进了农业的发展,拉丁美洲地区用于出口的农产品在该段时间显著增加。作为经济增长的代价,拉丁美洲地区的广大林区尤其是亚马孙河流域的热带雨林带遭到大规模砍伐,其后果是水土流失的情况加剧。

农业扩展引发的另一问题就是土壤肥力耗竭的情况十分严峻。仅20世纪80年代,南美地区因土壤肥力耗竭而受影响的土地面积就高达6820万公顷,土壤肥力耗竭加剧了贫困,反过来也加剧了环境恶化和土地退化。

由于土地的规模化耕作,为防止农作物遭受昆虫的侵害,杀虫剂的大量使用几乎成为耕种者不可避免的选择,而这必然导致土壤受化学污染的程度加剧。有数据显示,1972—1997年的25年间,化肥农药施用量由370万吨增加到1090万吨,导致土壤和水中的氮含量增高。正如众所周知的结果,土壤中氮含量的增高将引起土壤的盐渍化,造成植物被烧死或吸收其他养分比较困难。

土地退化的问题长期以来在拉美国家地区一直备受关注,一系列的国际合作也在过去数十年间相继展开。例如,多数拉美国家加入《联合国防治荒漠化公约》;联合国环境规划署与墨西哥政府共同建立了一个拉美和加勒比地区协调组织,旨在对国家间的土地保护行动进行协调,这些举动推动了其他国家组建相似的机构,并促进了拉美国家防治土地退化的监督机制的形成。虽然拉美地区在土地保护上做了相当多的努力,但受限于拉美地区的土地占有制度的不合理,这种努力在很大程度上又被抵消。拉美地区土地问题的制度性症结在于大量土地集中于少数人手中,大型农户为追求产量不断扩张土地,无地农民被迫砍伐森林来增加耕地面积以及不顾耕地休耕期而频繁轮作,都在土地的退化方面构成巨大的社会推动力。而且,这种制度极易产生的社会贫富分化也使得政府要在经济发展和环境保护之间寻找一条平衡道路将更加艰难。总的来说,拉美国家要彻底扭转土地退化的局势依旧任重道远。

---

① 联合国环境规划署编《全球环境展望3》,中国环境科学出版社,2002,第75页。

第三节　水的状况与政策

人类对水的需要就像人类需要大气中的氧气与来自农田的粮食一样,水是人类生存繁衍的最基本物质。长久以来,人们依靠水进行生活和生产,而水在过去漫长的历史中,除了一些自然气候极为干旱的特定区域,对大部分人来说似乎是取之不尽用之不竭的生命源泉。纵览世界各大洲人类的迁徙和居住分布情况,我们会发现,凡是流经着江河或存在着湖泊的区域都有着人类聚集生活的痕迹,其中一些地区得以发展,经过长期的时空演变,最终成为一座座在世界上闻名的大城市。然而,这一现象在人类进入近代发展之后开始发生转变,确切地讲,是自工业革命兴起情况出现了变化。人们开始发现,水源逐渐变得不那么丰盈起来,不仅是水源呈现匮乏情形,而且水质也变得不像过去那么纯净可饮。过去人们在靠近水源地附近聚集而生的城镇,却往往因缺水而陷入发展停滞。一些地区虽有穿城而过的河流,却因乌黑的河面散发着恶臭不能为人所用。进入 20 世纪以后,上述情形变得更加严重,缺水的地区在扩大,被污染的水源也在增多,但是人口却在急剧增长,因经济发展各行业对水的需求也在激增,这使得水源与人类社会之间必将产生尖锐的供需矛盾。人类与水之间的矛盾往往转换成人类之间为争夺水源的冲突,这无疑使得已经因各种资源短缺而产生的紧张和竞争的世界变得更加不稳定。对所有人和地区来说,缺水不只是发展的桎梏,更是生存的威胁。

一、水在世界范围的基本状况

地球上水的总量大约为 14 亿立方千米,其中可供人及牲畜饮用的淡水仅占到水体总量的 2.5%,约为 0.35 亿立方千米。而且大部分的淡水以坚冰或雪的形式封存于南极洲和格陵兰岛,或者成为埋藏很深的地下水。真正能被人利用的水资源主要是湖泊、河流、土壤湿气和埋藏相对较浅的地下水。从数量上看,这些水源中可用的部分不足淡水总量的 1%,仅为地球的总水量的 0.01%,约为 20 万立方千米。即便是数量上已经极少的 20 万立方千米淡水,受地理地形因素的影响，很多水源都位于离人类生活和生产地很远的地方，如贝加尔湖，作为世界上蓄水量最多的淡水湖，却位于人烟稀少的西伯利亚地区。空间距离使得人类对水的采取和利用变得更加困难。

当今世界面临全球性的水危机，主要表现在两个方面：一是用水的激增导致水资源的短缺；二是水污染的扩展加剧了水资源的短缺。在 20 世纪中，人口增长、工业发展和灌溉农业的发展是引起水需求增加的三大主因。1900—1995年，全球淡水消耗量增加了 5 倍，是人口增长率的 2 倍。[1]在 20 世纪的最后 20 年中，农业消耗了经济发展中的大部分淡水，湖泊、河流和地下水资源中的70%为农业所用。人类活动不仅从数量上消耗淡水资源，而且排放废水对水体质量造成污染。由于化学工业的发展，农药、化肥和除草剂的大量使用，农业用水造成了水污染。工业废水的排放也造成水体重金属污染和产生富营养化现象。淡水资源在全世界的分布也极为不均衡，一些大陆水源丰富，另一些大陆则长期为干旱所困扰。全世界约有 1/3 的人生活在中度和高度缺水的地区，这些地区的淡水消费量超过了可更新水资源总量的 10%。20 世纪 90 年代，大约有 80 个国家，40%的世界人口严重缺水。其中非洲和西亚的缺水问题最为严重。估计在 25 年内，2/3 的世界人口将要居住在水资源紧缺的国家里。除了基本性缺水外，对于世界上许多贫困人口的健康而言，持续饮用未经处理的水仍是最大的环境威胁之一。虽然使用改善水供应的人口比例从 1999 年的79%（41 亿人）增加到 2000 年的82%（49 亿人），但仍有 11 亿人缺乏安全的饮用水，24 亿人缺少足够的卫生条件。这些人大部分居住在非洲和亚洲。缺乏安全的水供给和卫生设施导致了上亿例与水有关的疾病，每年至少造成 500 万人死亡。[2]这对发展中国家的经济生产造成了严重的负面影响。水资源匮乏和水质污染不仅使得人类的生存与发展受到严重威胁，而且因为人类的开发行为，例如通过改变水流将水移作他用等，致使相当多地区的生态系统遭受破坏，多种野生动物消失，尤其是食物链顶端的物种。湿地作为一个重要的生态系统，

---

① 徐再荣：《全球环境问题国际回应》，中国环境科学出版社，2007，第 47 页。

② Pamela S, Chasek. *The Global Environment in the Twenty-First Century:Prospects for International Cooperation* (Tokyo:United Nations University Press,2000),p.114.

不仅会影响物种的分布和广义上的生物多样性，还能对人类的居住和活动产生影响。目前还没有确切的数据说明全球的湿地还剩多少，但1992年从《关于特别是作为水禽栖息地的国家重要湿地公约》所规定的重要湿地拉姆萨尔点的总结表明，84%的湿地正在受生态变化的威胁，或者正在经历生态变化。①农业和定居等人类活动严重破坏了淡水生态系统，直接后果是水量减少和水质下降，人类再度失去一个重要的天然水源。

二、水的政策

（一）欧洲地区的水政策

作为世界上的主要工业区，欧洲的淡水资源分布是不均衡的。从区域水源的分布和占有量看，北欧斯堪的纳维亚地区的水资源和人均占有量比起大西洋沿岸的西欧和环地中海的南欧国家要多出不少。但与水资源分布不相称的是占欧洲地区大部分的工业、农业和人口都集中在西欧、南欧和中东欧，这一矛盾促使淡水资源短缺的国家必须在水的利用上尽可能提高效能，以确保水源不会演变成阻碍地区工农业发展的最大短板。根据欧洲2007年7月的统计"至少有11%的欧洲人口和17%的欧洲领土连续遭受水资源短缺的影响"②。缺水的形势在未来可能会变得更加严重，根据部分数据预测，到2030年，缺水带来的危机或将扩大到半数欧洲区域，如不采取有效措施，缺水问题在欧洲将会愈演愈烈。为应对这一挑战，作为欧洲一体化的政治组织——欧洲联盟，于2000年颁布了以流域管理为核心的《欧盟水框架指令》，对水资源保护给予法律层面的综合规范。为激励高效用水，《欧盟水框架指令》对水价进行改革，允许欧盟成员国和市政权威机构对所提供的水服务收取更高的费用并征税，将经济成本手段与行政法规加以结合，以促进水资源的有效利用。这是因为欧洲水资源一方面存在着过度利用，也存在着没有计量的使用。具体实施中，"所有者付费"的原则被各国普遍接纳。为了节约用水，欧盟还要求各成员国大力发展"低水经济"，一些用于检测用水情况的电子装置被广泛应用于家庭

---

① 联合国环境规划署编《全球环境展望3》，中国环境科学出版社，2002，第151页。
② 童国庆：《欧盟应对水资源危机的策略》，《水工业市场》2010年第6期，第43—45页。

和工业中。如罗马尼亚首都布加勒斯特从 2000 年以来,为强化输水网络滴漏管理,借助于电子设备对输水网络进行远程监控,使输水网管滴漏的水量由每天每平方米 326 立方米降到 176 立方米,极大减少了浪费。在建筑行业,欧盟决定为主要与水相关的产品制定自愿性的生态标志和绿色公共采购标准,并将这些产品纳入生态设计工作方案中。据估算,到 2020 年水龙头和淋浴节能相当于 1075 万吨油量,到 2030 年节能将翻一番,相当于欧盟 27 国住宅能源使用总量的 3.5%和能源使用总量的 1%。在农业方面,欧盟关于改革共同农业政策建议为提高灌溉农业效率的项目提供资金。尽管农业用水仅占欧洲取水量的 24%,但 2/3 都被消耗掉,因此提高灌溉效率对欧洲水的储藏量影响较大。①

水质恶化的问题是过去很长一段时间影响欧洲公众健康的另一个严重挑战。20 世纪 70—80 年代,有机质、硝酸盐和磷的超负荷排放使得欧洲的海域、湖泊、河水和地下水富营养化程度严重。比如,硝酸盐主要来自农业排水,而大部分的磷则来自生活及工业废水。同一时期,欧洲地下水的污染也同样不容忽视,污染源主要与农业硝酸盐和杀虫剂相关。对此,欧洲各国采取了许多措施来对水污染进行治理,并在各个地区取得了程度不一的效果。西欧地区在水污染治理上取得的效果最为明显,这主要源自西欧地区雄厚的技术与资金投入。以污染程度较高且流经欧洲多国的莱茵河为例,1900—1977 年莱茵河的重金属浓度,铬增加了 5 倍,镍增加了 2 倍,铜增加了 7 倍,锌增加了 4 倍,镉增加了 27 倍,铅增加了 5 倍,以至于荷兰的水文学家抱怨德国工业将荷兰变成了一块金属板。1950—1975 年间,是莱茵河水质最糟糕的时期:几乎不能养鱼,更加臭不可闻。即便捕捞的鱼,也因所带的 PCBs(多氯联苯)是正常浓度的 400 倍,根本无法食用。②净化河水从垃圾清理开始,像大多数西欧国家一样,德国的污水处理厂增加和广泛使用生物可降解洗涤剂。从 20 世纪 70 年代开始,德

---

① 金海、姜斌、刘倩:《欧洲水资源保护蓝图》,《水利发展研究》2013 年第 6 期,第 8—11 页。

② J.R.麦克尼尔:《阳光下的新事物:20 世纪世界环境史》,韩莉、韩晓雯译,商务印书馆,2013,第 136 页。

国、法国和荷兰签订协议,共同限制工业及生活废水的排放。该治理直至20世纪80年代后期,莱茵河途经西欧流域的污染状况显著减轻,到1992年,有渔民甚至再度从河里捕捞起鲑鱼,距离上次捕捞鲑鱼的时间已经过去了60年。相对而言,莱茵河在流经的中南欧区域的改善就没有那么显著,污水处理等基础设施投入不足是其中的重要原因,随着这些国家后期投入的增加,治污能力的提高是非常可期的。

过去数十年间,欧洲国家就有关跨境流域的水管理达成了不少双边和多边协议。1992年《跨界水道和国际湖泊的保护和利用公约》在全欧水平上强化国家政策,责令其成员防止、控制和减少点源和非点源引起的水污染。该公约还包括为以下方面提供条件:监测、研究和开发、咨询、警报系统、相互协助、机构设置、交换和保护信息以及公众对信息的获取。在流域水平上,国家之间采取的主动措施包括1994年6月的《多瑙河保护与可持续利用合作公约》(以下简称《多瑙河公约》)和1999年4月的《莱茵河保护国际公约》(以下简称《莱茵河公约》)。《多瑙河公约》的目的是保护、改善和合理利用多瑙河流域的地表水和地下水;避免流域中偶发事件的危害;减轻来自流域地区污染源对黑海的污染程度。2001年1月在"莱茵河流域国家部长会议"(参与国家及国际组织有:德国、法国、卢森堡、荷兰、瑞士及欧盟)上批准通过的新《莱茵河公约》取代1963年达成的《保护莱茵河不受污染的国际委员会协定》及1976年的《防止莱茵河化学污染的协定》,成为莱茵河沿岸国家和东欧国家之间相互合作的基础。新的协定确立了国际合作的目标,即可持续开发莱茵河,进一步改善生态状况和全面的洪水防治。在21世纪中,为再度加强欧洲区域各国在水流域上的管理,除了2000年颁布的《欧盟水框架指令》,2012年11月欧盟委员会在塞浦路斯首都尼科西亚召开欧盟水蓝图会议,发布了《欧洲水资源保护蓝图》(以下简称《蓝图》)报告。一方面《蓝图》对《欧盟水框架指令》实施十多年来的成效做了评估及最终完成可能性的预测,另一方面《蓝图》以大量的信息和分析为依据,包括欧洲环境署(EEA)水情报告、欧盟对成员国流量管理的评估、对欧洲缺水和干旱政策的审查等,为欧盟各国在水管理和利用上的合作提供政策指导和行动指南,以推动成员国在整体治理上保持协调一致,以期在2020年实现"欧盟境内所有水域达到良好状况"的目标。

（二）北美地区的水政策

北美地区拥有丰富的淡水资源，总量占到了全球的 13%（不包括冰川和冰盖）。从年人均拥有的水资源数量看，美国的年人均拥有量约为 1.38 万立方米，加拿大凭借人口的稀少而达到年人均拥有量超 9 万立方米，相比之下，世界的年人均水资源拥有量仅为 0.9 万立方米。除去局部的干旱地区，如美国部分西部和南部水源较少的州，缺水不是美、加两国面临的主要问题。对美国和加拿大来说，涉及水的问题与挑战主要还是源自过去数十年间工农业快速发展和人口增长所导致的水污染。而美、加两国针对水的政策和行动措施也多半是在应对这种挑战。

美国对水污染的治理早在 19 世纪就已经开始，但治理的主体主要是各州管辖的市政当局，作为联邦政府并没有直接参与治理行动。由于未出台全国统一的水污染控制标准，各州多从维护各自的经济利益着眼。例如，芝加哥市政环境卫生局为了让当地市民免受来自大湖区垃圾的困扰，曾不惜改变芝加哥河与盖莱默河的流向，让垃圾顺着伊利诺伊河流入密西西比河，这样的结果使芝加哥暂时摆脱了垃圾污染，却让其他城市久力特、圣路易斯和新奥尔良承担后果。1948 年，美国颁布《联邦水污染控制法》，标志着联邦政府就此介入水污染的治理行动中。

从美国治理水污染的经验来看，我们可以观察到其重点举措在于法律规范和制度建设。1965 年，美国颁布了《水质法案》，赋予卫生、教育和福利部部长以及新成立的"联邦水污染控制局"以制定和执行新的全国水质标准的主体权力地位。1969 年通过了《国家环境政策法》，该法让联邦政府的干预范围扩大到环保领域。20 世纪 70 年代是美国环境保护史上的一个重要时期，正如时任总统尼克松所言，美国必须着手致力于营造清洁的生态环境，在这个时期美国设立了环境保护局、环境质量委员会等多个联邦机构，也从国家层面出台了不少立法来保护和治理环境。1972 年出台的新型《清洁水法案》对该时期美国治理水污染起了极为重要的作用，以至于成为美国水环境保护史上的里程碑。《清洁水法案》是 1948 年《联邦水污染控制法》的修正案，但前者并没有继承后者的基本组成部分，没有试图修补、改正原法或者在原法的基础上加以发展和引申，而是一个全新的法令。而 1972 年以后至今的历次改法修正案（其中最重要的是 1977 年的《清洁水法案》和 1987 年的《水质法案》)都是在 1972 年法的基础上制定的,形成今天美国清洁水法的面貌。《清洁水法案》的最终目标是保障人体健康和水生态安全。《清洁水法案》第 101 条明确规定水环境保护目的是"恢复和保持国家水体化学、物理和生物的完整性"。该条文中"完整性"的含义可以说是没有任何污染,就是要保持水体原来的、没遭受人类活动破坏的自然状态。除了法律上的规范,美国还设立了五项国家政策:一是禁止有毒污染物的排放;二是针对受污染的水体制订水质管理计划;三是增加污水处理厂的建设;四是提高研究能力和水污处理的示范项目;五是控制非点源污染。[①]

作为世界上陆地面积仅次于俄罗斯的第二大国,加拿大拥有极为丰富的水资源,同时也是世界上清洁水标准最高的国家。尽管如此,加拿大仍然面临水体污染的问题。长期以来,加拿大的水污染主要源自三个因素:有毒物、富营养化、沉降。来自工业、农业和生活中的有毒物是加拿大水体中的主要污染物,其化学成分主要为多氯联苯、汞、石油烃、呋喃等。这些物质在环境中不易降解反而通过食物链累积。富营养化意味着过量的营养物质,例如氮和磷或由它们生成的化合物。如果水中的氮和磷超出一定的标准,水生植物(尤其是藻类)和细菌就会疯长。当它们死亡后,分解需要消耗水中氧气,致使其他物种无法生存。水中固体颗粒物数量的增长导致的沉降,主要是因人类活动引起,如农业、林业和建筑业等。当沉降发生的时候,它能影响鱼类的生长和繁殖,并杀死水生生物。水污染给加拿大人的生活、健康和环境经济等带来广泛的影响。比方说,有毒物质让患癌人数增多,部分人的生殖系统和免疫系统遭受损害,在一些女性的乳汁中甚至都检测出有毒物质。水污染含有的毒性物质不仅威胁着人类,还带给其他的生态物种造成灭绝的风险。以加拿大圣劳伦斯河的白鲸为例,在河水污染严重的时期,对该河流中捕获的白鲸的血液检测中发现,其血液中含有的杀虫剂和多氯联苯的含量比加拿大北部地区的白鲸高出 10 倍。

过去数十年来加拿大政府一直采取不同的行动来改善水质。从 20 世纪 70 年代开始,加拿大政府就通过不断制定一系列的法律来保护环境。1970 年,加

---

① 李涛、杨喆:《美国流域水环境保护规划制度分析与启示》,《青海社会科学》2018 年第 3 期,第 66—72 页。

拿大先后颁布了《机动车安全法》《水法》《北部内陆水体法》《北极水污染防治法》《航行水体保护法》《国际河流水体改善法》和《船舶法》。同年还对《渔业法》进行了修订,增加了水污染防治方面的规定。随后,加拿大又陆续颁布和通过了《清洁大气法》(1971年)、《环境评价及其审批程序》(1973年)、《环境污染物法》(1975年)。① 上述法律大多与水环境保护相关,足见加拿大政府对水污染防治的重视。1988年,在汇聚几部早期的环境法规的基础上,加拿大政府建立了以《环境保护法》为核心的环境保护法律体系,并在往后的几十年间取得了显著成效。

除了法律为防污治理提供了规范性和制度性保障外,加拿大联邦、省、地方政府、非政府组织和公众一起工作,对污水中的毒物和污染物展开行动。例如,"扩大加速减少和消灭毒物计划"中加拿大商业的范围,以便进一步减少毒物的排放量;建立加拿大广泛的标准,例如石油烃类、汞和呋喃等。② 政府战略的实施也需要专业性的技术和工程顾问的参与,为此一大批非政府性的顾问委员会在向加拿大政府提供环保咨询上扮演起重要角色:工程类委员会如哥伦比亚条约常设工程委员会、苏尔斯—雷德河工程委员会、彭比纳河工程委员会、五大湖水位委员会。各类污染顾问委员会,如雷德河水污染委员会,拉尼河和伍兹湖水污染顾问委员会,康涅狄航道污染顾问委员会,伊利湖、安大略湖和圣劳伦斯河的国界段污染控制顾问委员会,圣克罗瓦河水污染控制顾问委员会,五大湖研究顾问委员会以及五大湖水质委员会,负责在指定的边界水域上调查研究污染问题,并提出补救办法。

加拿大不仅重视本国境内的水环境保护和治理,对于跨境的水域污染也积极与他国合作并投身于共同防治中。加拿大与美国有着里程约超过9000千米的共同边界线,因此两国必须承担起保护该地区水域的责任。与加、美两国有着密切关联的水域是作为世界上最大淡水体系之一的五大湖区。过去的年

---

① 矫波:《加拿大环境保护法的变迁:1988—2008》,《中国地质大学学报(社会科学版)》2008年第5期,第57—61页。

② 陈永清、孙锡凯、黄小赠:《加拿大的水环境保护》,《世界环境》1999年第4期,第31—33页。

代中,由于环保重视和保护程度均不够,大量垃圾、废料和工业废水的流入,五大湖经受着排水的复合污染。到 19 世纪 70 年代初期,湖滨已经被藻类淹没,若非经过严格净化处理,水已经不能正常饮用。作为五大湖之一的伊利湖因过量的磷污染、藻类植物的爆发性生长和鱼类数量的锐减,被当时的媒体冠之以"伊利湖已经死亡"的标题而登上头条。1970 年国际联合委员会(IJC)发布了五大湖区污染问题报告。IJC 作为代表加拿大和美国的独立组织,负责评估 1909 年以来加、美边境上的水质和水量情况。这个报告促成了 1972 年加美两国签署《五大湖水质协议》,五大湖区的水质恢复成为加美两国共同关注的焦点。1978 年,对《五大湖水质协议》做出修订,新版协议引入了生态系统方法,提出了持久性化学品排放问题。经过多年治理,五大湖区的水污染情况已经得到很大改善。五大湖的近岸水生生态环境从过去的受影响到现在这种影响已基本消除,鱼类及其他野生生物数量也得到很大恢复,不易降解的有毒物质基本被清除,水质中的富营养化程度显著下降,供人饮用的水质状况整体良好。①

　　北美地区美、加两国在水保护和防污治理方面取得了不少成绩,在很大程度上有利于人的健康和当地水生态系统的恢复与平衡。对两国来说,取得的水保护成效并不足以让两国高枕无忧,在未来依旧面临着巨大挑战。为提高农业生产,农药和化肥的使用始终无法做到绝对禁止,而且数量仍呈增长态势。大规模的工业废水排放受到严格监管,但不易被发现的废水渗透依旧可以对河流、湖泊和地下水造成污染,例如 1998 年,美国发现有多达 10 万多个石油储罐发生泄漏,泄漏的石油污物渗入地表中,将土地和地表下的水源一同污染。不仅如此,得到治理的五大湖区还面临着其他的环境挑战。研究预测,到 21 世纪中叶,全球变暖将会使湖的水位线降低 1 米或者更多,这将带来严重的经济、环境和社会影响。造成的水短缺进而会增加从湖中提取水的压力,这将对地表水和地下水的可持续利用产生威胁。

　　(三)非洲地区的水政策

　　非洲有着"热带大陆"之称,其气候特点是温度高、少雨、干燥,气候带分布

---

　　① 金立新:《美国和加拿大五大湖的水污染防治与管理》,《水资源保护》1998 年第 4 期,第 7—9 页。

呈南北对称状。从地理位置角度讲,非洲大陆水资源分布极不均匀。不均匀的分布再受到非洲地区经济和社会发展滞缓因素的影响,非洲大陆的水源短缺情况更加严重。

非洲大陆的外流区域约占全洲面积的68.2%,内流水系及无流区面积为958万平方千米,约占全洲总面积的31.8%。全部水资源中的70%以上集中在中部和西部非洲,拥有大量人口的北部非洲和苏丹—萨赫勒地区水资源储量只占总量的5.5%。①在人口稠密但水资源储量稀少的区域,人口主要依靠地下水进行水源补给。非洲地下水资源总量仅占其可更新水资源总量的15%,却需要为约75%的非洲人口供应大部分的饮用水。因此,在这些区域至少有13%人口受制于干旱。②降雨量决定着非洲人的生活,但对其时间、频次和量度等通常都难以做出规律性预判。历史上,非洲东部、南部的降雨量比较大,使得该地区获得较丰富的水资源,近年来这些地区的降水开始减少,相比之下,原本非洲水资源丰富且人口较少的中部地区遭受的降雨量开始增多,这导致不同地区面临的水问题大不相同。过去30多年,莫桑比克、安哥拉东南部、赞比亚西部、突尼斯、阿尔及利亚、尼罗河流域以及整个萨赫勒地区,因降雨减少变得更加干旱。自2016年开始,非洲南部持续干旱少雨,农作物产量大幅下降,1400万人受到饥荒威胁。2018年2月27日,联合国粮农组织“全球信息和预警系统”发出警报,预计降雨不足和高温天气导致非洲南部地区水资源紧张,对作物生长产生不利影响,并可能加剧害虫秋黏虫的蔓延。③

作为发展中国家最为集中的大陆,非洲的经济和社会发展长期以来低于世界的平均水平,整体发展的欠缺使得非洲地区国家在水资源的供给、利用和保护等方面效率极为低下。非洲大陆只有38%的水资源用于农业、工业和日常

---

① 《非洲概况》,http://eco.lbcas.ac.cn/cn/cern/international/fz-ZJFZ.html,访问日期:2020年7月19日。

② 《非洲水资源地图集——决策者摘要》,https://max.book118.com/html/2017/0903/131666032.shtm,访问日期:2020年7月19日。

③ 《干旱天气和高温或将减少非洲南部地区作物收成》,https://news.un.org/zh/story/2018/02/1003222,访问日期:2020年9月12日。

生活,可耕地中只有 5%左右得到灌溉,只有 44%的城市人口和 24%的农村人口拥有足够的水处理设施。①更严重的是,非洲总体水供应量呈下降之势,人均可用水资源量远低于全球平均水平且不断下降。②20 世纪 80 年代,在联合国"国际饮用水供应与卫生十年"的倡议下,非洲不少国家开始铺设自来水管网,建设了一批与用水卫生相关的基础设施。但由于非洲国家经济发展太过缓慢,后期设施建设的财政投入不足,很多国家在往后数十年间用水卫生设施既无更换也缺少维护。破旧的设施导致渗漏严重,即便是在非洲最发达的国家南非仍有 36% 的水费是因为漏水损失而无法收取的,其他国家的水浪费更是无法统计。③

水卫生设施陈旧和不足带来的不仅是水资源的浪费,因废水排放引起的水污染还成为各种传染疾病比如霍乱、伤寒和其他热带疾病发生的主因。根据世界卫生组织和联合国儿童基金会等方面的报道,在全球近 8 亿缺水的人口中,超过半数以上居住在非洲,其中在撒哈拉以南的非洲人口数达 6.95 亿,3.19 亿人无法获得健康饮用水。④多数人仍然使用以湖泊、河流为载体的地表水,每小时有 115 人死于恶劣环境或个人卫生及受污染水源引发的各种疾病。⑤根据世界卫生组织的测算,每投入 1 美元用于水和卫生设施,可以获得3—4 美元的经济回报。即便如此,对于财力匮乏的非洲国家来说这样的投入也难以承受。

---

① Matt McGrath, "'Huge'water Resource Existed under Africa,"20 April,2012,https://www. bbc. com/news/science–environment–17775211.

② The Water Project, "Water and Hunger,Improving Sustainability in Rural Africa," https:// the water project. org /why–water/hunger.

③"'No drop' Water Conservation Report,"2010,http://gcx. co.za/no–drop–water–conservation–report/.

④ World Health Organization, "WHO in the Africa Region," http://www. afro. who. Int/en/clusters–a–programmes/hpr/protection –of–the–human –environment/programme–components/index. Php?

⑤ 联合国:《生命之水十年》,http://www.un.org/zh/waterfor lifedecade/booklet/environment.htm,访问日期:2020 年 7 月 23 日。

非洲水资源总量很丰沛,淡水资源占世界水资源的比例约为9%,拥有世界上1/3的大河, 可惜的是这些水资源优势并未给非洲的发展带来预期效果。从水利水电的开发程度看,非洲潜在水资源的开发率为世界最低,只有世界水平的5%;人均储量200立方米,仅为北美的1/30、全球平均水平的1/4,远低于35%的世界水电开发平均水平和70%—90%的发达国家水电开发水平。①

水利设施的缺乏,使得大多数非洲国家面临经常性的停电发生,电力供给不足直接限制了非洲经济的增长能力,从而加剧了该地区的贫困与落后。除此之外,水利设施的不足影响着非洲的社会发展。在撒哈拉沙漠以南的非洲地区,有超过42%人的居住地附近没有清洁水源,需外出取水,而取水的负担主要由妇女承担(占取水人数的72%②)。她们每天花费大量的时间用于找水,这使得她们将没有更多的时间和精力用于教育和自身发展。

针对上述水资源问题,非洲国家也试图采取多项管理政策予以应对,但由于自身经验、能力、技术和资金的不足,通常无法单凭一己之力解决问题。因此,非洲国家更多的是通过与当地国家之间的合作及借助于非洲以外的国际力量来治理和保护水资源。

1980年4月,非洲统一组织在尼日利亚首都拉各斯召开的首脑会议上通过了《拉各斯行动计划》。作为一项涉及诸多非洲国家的重要区域政策,它督促所有的成员国在水供给和农业部门形成主导计划。在联合国水事会议(1977年)和"国际饮用水供应与卫生十年(1981—1990年)"之后,非洲各国陆续发布了一系列高级别宣言、决议和行动纲领,旨在发展和利用水资源,促进社会经济发展的区域一体化。其中包括《非洲水愿景2025》及其《行动框架》(2000年),非洲联盟与农业特别首脑会议发布的《苏尔特宣言》(2004年),《非盟沙姆沙伊赫——水和卫生宣言》(2008年)和《2063年议程》(2015年)等。20世纪90年代以来,许多非洲国家采取了一系列治理和保护水资源的举措:制定水法、

---

① 王亦楠:《解决水资源短缺的制约是生态文明建设和维护国家安全的当务之急》,http://www. hzo-china. com/news/276898.html,访问日期:2020年11月22日。

② "WHO/UNICEF Joint Monitoring Programme for Water Supply and Sanitation," 2015 Report and MDG Assessment,http://www. wssinfo. org/.

保障用水分配、通过自治管理、许可证制度予以规范,建设必要的水供应设施、用水配套等。肯尼亚、坦桑尼亚、乌干达、赞比亚、莫桑比克、贝宁六国还加入了联合国儿童基金会主导的水、环境和个人卫生项目,试图以国际项目作为抓手,推进国内的相关事业发展。

非洲国家在对水资源的开发和保护中受多种因素的阻碍,其中最大的困难是缺乏必要的资金。在国际社会的帮助下,近年来非洲国家都尽可能地增加用于供水、卫生、灌溉和水电设施等方面的资金投入。2004 年,经世行集团牵头,非洲水设施组织(AWF)成立,旨在为非洲各国政府提供经济实惠的后续投资,资助额超过 10 亿欧元。①2018 年 9 月,非洲联盟委员会(AUC)及其合作伙伴在瑞典斯德哥尔摩举行的世界水周上启动了非洲基础设施发展计划(PIDA)旗下的水项目:"PIDA Water",宣布将在 2019—2024 年间拨款 100 亿美元用于支持跨界水电项目的基础设施,以推动区域经济一体化。②作为非洲国家自身,也努力增加有关水项目的财政预算。例如,埃塞俄比亚 2017—2018 年财政年度中增加 3800 万美元拨款以应对干旱缺水带来的影响;南非在 2018—2019年财政专门增拨 4.2 亿美元用于治理用水危机并设立"干旱相应基金"。

还有一些国家把对水资源的开发与国内经济建设结合起来,这部分国家的优势在于其境内有非洲主要的大河流经穿过。近年来,非洲东、南部多数国家以水利带动电力生产的趋势明显,埃塞俄比亚、马拉维、莫桑比克、纳米比亚和赞比亚等国约 90%的国家电力来自水电。非洲多国由此提出全非洲基础设施发展计划和能源倡议,拟定在 2030 年前建设非洲南部和东部的大型水电站大坝,使目前的水电装机容量从 17000 兆瓦增加到 49000 兆瓦。③

非洲国家要全面做好水资源保护、治理与开发将是一个长时期的系统工程,不仅要突破技术、资金的掣肘,还需考虑非洲传统水文化和水习俗的影响。

---

① "AWF Strategy 2017–2025," https://www. africanwaterfacility. org/.

② "African Union,Donors Launch US\$ 10 Billion Water Fund for Projects," http:sdg. Iisd. org/news/african–union–donors–launch–us10–billion–water–fund–for–projects/.

③ "Africa Is Building Power Dams Big Time,And Risks Being Punished Heavily For It Down The Line," http://africapedia. com/africa –building –power –dams –big –time –risks –punished – heavily–line/.

另外,因非洲国家的河流往往途径多个国家,一国对水资源的开发和利用可能引发他国的安全担忧,进而引起国家主权层面对资源的竞争和争夺,国家间关系的紧张会对合作的大局产生负面影响。对非洲国家来说,要想充分有效地保护和开发水资源,还需要各国基于更长远的共同利益来展开合作并减少不必要的矛盾与冲突。

(四)亚洲地区的水政策

亚洲作为世界上陆地面积最大和人口最多的洲,拥有的水资源数量也是最丰富的,以河流的年径流量计算,占到了全球的36%。尽管如此,水匮乏和水污染仍是严重困扰亚洲许多地区人们生活和经济发展的重大难题。亚洲水资源很富裕,但是亚洲地区的人均淡水获取量却很少,仅为3920立方米/人,低于除南极洲以外的任何有人类聚集生活的大洲。①而且亚洲地区的水资源分布也极不均衡,水资源多集中于部分东亚和东南亚国家,而对于其他的西亚、中亚和南亚国家来说,水匮乏则可能是一种自然常态。亚洲开发银行于2013年3月13日发布的名为《2013年亚洲水资源发展展望》研究报告显示,在被评估的49个亚太国家中,有37个国家面临严重的水资源安全威胁,这意味着超过75%的亚太国家存在着严重的水资源安全问题。其中,南亚和部分中亚、西亚国家面临河流枯竭的问题,许多太平洋岛国缺乏安全卫生的自来水,且易受自然灾害的影响。一些东亚国家凭借相对雄厚的财政实力,投入了大量资金用于水资源的保护和水卫生设施的建设,因此水安全问题相对较好。但是随着人口增长、城市化扩展以及与之相伴的工业、农业与生活用水的增加,这些东亚国家也依然面临水短缺的难题,以至于有些国家不得不投入巨资通过建设跨越数千千米的输水工程来缓解当地水源不足带来的影响。

水污染及其造成人的健康问题是除水短缺之外另一个亚洲国家普遍遭受的威胁。亚洲地区,尤其是印度和部分东南亚国家面临着日益严峻的水污染问题。黄河(中国)、恒河(印度)和途经中亚数国的锡尔河、阿姆河等长期以来都在世界污染最严重河流名单上有名。在南亚地区一些国家的城市中,大部分水

① 王玲:《亚洲水安全挑战及对我国水资源管理的思考》,《全球科技经济瞭望》2009年第10期,第44—46页。

体已经被生活污水、工业排放物、化学废料等严重污染。例如流经印度的恒河，有 114 座城市将没有经过净化处理的废水直接排入河中。[①]水污染与卫生设施的缺少导致的后果是水源性疾病的发生与蔓延，例如腹泻、肝炎和霍乱等成为一些较为贫困的亚洲发展中国家的流行病种。数据显示，每年因腹泻导致亚洲地区的死亡人数就高达 86.5 万人。[②]事实上，通过改善水质状况和卫生设施，其中很大一部分死亡是可以避免的。对大部分的亚洲国家来说，水源短缺和水污染问题不仅是影响发展的资源或经济威胁，在更大程度上还是影响国家稳定的安全威胁。若不能制定出有效的政策和相应的措施予以应对，人们所期待的实现可持续发展或将成为一句空话。

　　水资源短缺和受污染情况日趋严重的问题早已引起亚洲国家的普遍关注，许多国家正从国家发展与安全战略的高度制定相应的政策并积极采取措施应对这项挑战。过去亚洲国家涉及与水相关的政策重点是确保水的供给增加，近些年来则通过强调高效利用水资源、水土保持和水保护，以及制度上的安排、法律、法规、经济手段、公众信息和机构之间的合作等需求管理措施，政策重点逐步转向综合的水资源管理办法。当前，许多国家所采取的战略、政策都具有以下要素：水资源的评价和检测；水和相关资源的保护；保障安全饮水和卫生设施的供给；食品制造和其他经济活动用水的保护及可持续利用；加强制度建设和立法依据公众参与。

　　中国长期以来面临的水短缺和水污染形势都十分严峻。中国 600 多个城市中，有 400 多个城市面临缺水危机，其中 110 个城市严重缺水，城市年缺水量达 60 亿立方米。[③]据世界银行统计，中国人均淡水资源拥有量约为 2200 立方米，不足世界人均量的 1/4，是全球 13 个人均水资源最贫乏的国家之一。由

---

① 刘锦前、李立凡：《南亚水环境治理及其化解》，《国际安全研究》2015 年第 3 期，第 136—160 页。

② 王玲：《亚洲水安全挑战及对我国水资源管理的思考》，《全球科技经济瞭望》2009 年第 10 期，第 44—46 页。

③ 张俊艳、韩文秀：《城市水安全问题及其对策探讨》，《北京科技大学学报（社会科学版）》2005 年第 2 期，第 78—81 页。

于经济快速发展和对废弃物排放缺乏有效管理，中国有不少江河湖泊均遭受程度不一的污染，其生态系统也受到灾难性的破坏。世界自然基金会在其一份报告中指出，中国排入江河的过半工业废料和污水都是由长江吞下的。如果对各类污染现象不加以遏制，这些河流中的上千种鱼类都将面临物种灭绝危机，而且，淡水资源会变得更加紧张。①水资源的长期性短缺和污染无疑让中国在经济、社会和生态等诸领域实现全面可持续发展面临着巨大挑战，为此，中国政府早在20世纪末就本着标本兼治的目的，对水资源环境展开保护与治理，至今这一进程已持续20多年，防治成效已经显现。

1998年长江和嫩江—松花江特大洪水的发生，改变了人们对水环境的一些传统认识，新的认知理念在中国社会层面形成：无限制地利用水资源是不行的，不能把水资源看作是取之不尽、用之不竭的资源，对水资源的开发利用不能超过其承载能力。②2001年，人水和谐思想被正式纳入现代治水思想中，成为中国21世纪治水思路的核心内容。2004年，"中国水周"活动展开以"人水和谐"为主题的宣传，让更多的人对"人水和谐"的理念与思想有了深刻认识。在对水保护和防治行动的制度建设层面，2012年1月，中国出台了《国务院关于实行最严格水资源管理制度的意见》，对实行最严格水资源管理制度做出全面部署和具体安排。其核心内容是"三条红线""四项制度"。2012年11月党的十八大召开之后，中国政府更是将对生态环境的保护与建设提高到前所未有的战略高度。2013年1月，中国水利部印发了《关于加快推进水生态文明建设工作的意见》（以下简称《意见》），《意见》除了提出水生态文明试点工作外，在水工程建设领域特别强调了水生态的地位和作用。可以说，从此以后的所有水工程规划、建设和管理都要考虑生态的约束作用和保护需求。2015年4月，中国发布了《水污染防治行动计划》（即"水十条"），出重拳解决水污染问题。"水十条"以改善水环境质量为核心，为建设"蓝天常在、青山常在、绿水常在"的美

---

① 冯泽明：《关于中国水安全问题的战略思考——解决好水安全问题是实现可持续发展的关键》，《经济特区》2007年第11期，第225—226页。

② 夏军、左其亭：《中国水资源利用与保护40年（1978—2018年）》，《城市与环境研究》2018年第2期，第18—32页。

丽中国提供保障。与水资源保护思想、制度建设并进的是生态调水工程和水利设施的密集建设。21世纪以来,为改善水资源条件和遏制水环境恶化,中国政府已开启并完成了多项生态调水工程和水利设施。例如,2000年开始的从博斯腾湖向塔里木河下游生态输水、2001年启动的从嫩江向扎龙湿地应急生态补水、2002年启动的从长江向南四湖应急生态补水、2004年完成的"引岳济淀"生态应急补水工程、2006年启动的"引黄济淀"生态补水工程、2009年投入使用的三峡水利枢纽工程、2012年部分完工的"南水北调"工程等。

在保护水生态、建设生态文明的大背景下,中国在水资源保护与利用方面已取得重大进展,各地区对水资源的保护意识和利用效率显著提升。但这并不意味着中国的水资源问题已得到根本性解决。为在今后更有效地管理、使用和保护水资源,借助于通信技术和网络化带来的新发展动力,例如"互联网+",中国的水保护和利用正在进入"智慧用水阶段"。①这将预示着中国对水资源的保护和治理模式由传统向现代化、信息化、智能化的转变。

就其他亚洲国家来说,对水资源节约、循环使用和加强国际化的合作以共同利用是主要采取的治理与保护策略。在淡水资源极度匮乏的西亚地区,许多国家强化对水资源的管理,一方面,努力开拓水源;另一方面,则增加对节水型灌溉技术的投资,并对日益稀缺的地下水赋予优先保护权。在沙特阿拉伯,由农业水利部、内务部的市政局和淡化水组织共同协调水资源政策。在以色列,设有用水管理机构,对水资源进行高度集中管理并实行严格的分配制度。在阿拉伯也门,建立了一个由总理亲自任职主席的高级水资源委员会,专门研究解决水资源短缺的问题。兴修水利工程和淡化海水是西亚国家开拓水资源的重要途径。早在20世纪70年代,土耳其就已修建水坝94座,总蓄水量占全国河流总径流量的43.6%。沙特建成的水库和水坝有100多座,总蓄水能力超过3亿立方米。科威特从1953年就着手建立第一座淡化水厂,到1978年日产淡化水达到1.02亿加仑,是当时世界上淡化水产量最高的国家。沙特的淡化水生产起步较晚,到1970年才开始,但投资规模大大超过科威特,到20世纪80年

---

① 夏军、左其亭:《中国水资源利用与保护40年(1978—2018年)》,《城市与环境研究》2018年第2期,第18—32页。

代末期,已拥有 30 座淡化水工厂,日产淡水 5.02 亿加仑。①与水源开拓相对应的是节约用水。在以色列,1965 年就创办了适用于沙漠地区的奈塔菲滴灌系统,既节省了用水,又减少了盐分的集结,并利用了可净化的污水和咸水,从而有效提高农作物产量,发展了沙漠农业。加强国际合作是缺水地区国家应对水危机的重要策略。土耳其、伊拉克和叙利亚就流经其境内的幼发拉底河与底格里斯河的水量问题展开合作;以色列和约旦协商共同利用约旦河水的问题。在南亚地区也开展了类似的国际合作,印度与巴基斯坦和孟加拉国均签署并执行了水资源分配条约,与尼泊尔和不丹均有联合水利开发项目。但受限于印度与周边国家存在着长期性的领土争端,南亚国家间的水合作并不稳定,而水资源的问题又可能使地区安全的形势恶化。总之,对亚洲各国来说,加强和完善本地区国家间水利开发的协调行动,以保证合理和充分地利用现有的水资源,仍是有待于进一步解决的问题。

（五）拉美地区的水政策

拉丁美洲地区的水资源十分丰富,占全球总量的 1/3 以上,但是地区分布极不均衡。全洲 60% 以上的人口和主要工业都集中于水资源不足全洲 5% 的太平洋沿岸、巴西东北部和墨西哥高地等地区;相反,人口仅占全洲 10% 的亚马孙河等三大流域的径流量却占全洲的 70%。因此,一方面,人口和工业集中的地区供水严重短缺,特别是随着都市迅速增长,工矿企业大批兴建,供需矛盾日趋尖锐,不少地方为保证城市和工业用水而压缩或停止农业供水,目前水浇地面积仅占耕地总面积的 8%;另一方面,三大流域丰富的远水又不解近渴,白白浪费掉了。

19 世纪 70 年代以前,拉美地区的水污染没有成为一个严重的问题。但随着 70 年代工业化和城市化速度的加快,该地区地表水和地下水的质量显著下降。农业和未经处理的城市与工业污水是主要的污染源。农业上过度使用化肥促进了藻类植物的生长,致使湖泊、河坝、海滨潟湖内部富营养化。

针对上述情况,墨西哥、巴西、秘鲁等一些国家为合理开发利用水资源及加

---

① 马秀卿:《西亚国家的水资源问题及其对策》,《西亚非洲》1989 年第 4 期,第 41—46 页。

强对水污染的防治而制定了详尽的综合规划,并采取开源和节流并重的措施。

以墨西哥为例, 统计数据显示墨西哥的年人均水拥有量为 5000 立方米, 是世界人均水拥有量的 2 倍。然而,由于人口增长和水量分布不均衡,很多地区的人均可得水量少于 1000 立方米,意味着该区域的居住人口将面临严重缺水的境遇。对此,墨西哥依靠大量修建水利设施予以缓解。在过去 10 多年里, 墨西哥兴修了 1270 个水库, 总储水量 150 立方千米——占年均径流量的 37%;700 多千米的供水管道,使 7400 万人受益;服务于 6100 万人的废水排污系统;40 万公顷土地的灌溉工程——墨西哥灌溉面积为世界第七, 农业总产量的一半来自灌溉田地;100 多座水电厂,水电占全国总供电量的 28%。[①]

不仅是墨西哥通过修建水利工程以加强对水资源的开发利用,巴西作为世界上淡水资源最丰富的国家, 也同样注重大型水利工程在提高水资源利用成效方面所发挥的重要作用。在中国三峡水电站竣工投入使用之前,位于巴拉那河流经巴西与巴拉圭两国边境河段的伊泰普水电站曾经是世界上最大的水电站。该水电站于 1973 年由巴西与巴拉圭两国政府签订协议共同开发修建, 历时 16 年,总计耗资 170 多亿美元最终于 1991 年 5 月修建而成。作为当时世界上最引人瞩目的水利工程, 伊泰普水电站控制流域面积约为 82 万平方千米,大坝全长 7744 米,高 196 米,库面积为 196 平方千米,电站总库容为 290 亿立方米,多年平均流量 8500 立方米/秒。电站安装了 20 台 70 万千瓦混流式水轮发电机组,总装机容量 1400 万千瓦,年发电量达 750 亿千瓦时。两国合建的水电站满足了巴西 1/4 的电力消耗。除了伊泰普水电站这样的超大型水利工程,为充分利用水资源,巴西还兴建了其他大中型水电站近百座,总装机容量达 6000 万千瓦,占全国发电能力的 94%。[②]

除了大量兴建水利基础设施以提高对水资源的开发利用率外, 拉美国家还运用经济手段,特别是价格杠杆,保护和节约水资源。具体政策措施有三点。①在城市或农场实行计划供水。按表计量收费,以控制滥用和浪费现象。②制

① 魏衍亮:《墨西哥水政策变迁的启示》,《水资源保护》2001 年第 2 期,第 12—22 页。

② 何宝根:《巴西水资源考察实践及对我们的启示》,《人民珠江》2011 年第 6 期,第 79—81 页。

定合理有效的水价。其中包括向全体用户征收地下水勘探税为用户或部分农民提供补助金,以及向同一地区其他用户(如寻求生产目的以外收入的用户)征收税款。允许水价根据影响社会价格和水的效益的基本条件的变化而变更。③设立私人水市或市场式的公共管理机构。每个农民可根据对其收益而言可敷支出的价格买水。正如其他资源受市场制约一样,水市可以提高水的使用价值,比其他配水机构具有更大的灵活性、更符合需要,是向能够充分利用水的农民提供水资源的一条捷径。

　　20 世纪 90 年代以前,墨西哥的水资源供应和分配主要依赖行政机制,由于政府供水工程提供的用水权不能交易,所以水的使用效率很低,政府对供水量的增加总是滞后于用水需求的增加。数据显示,仅有 35% 的城市水再生工厂得以完全运转,污水经处理后能再利用的也仅占 15%。用水效率和管理效率的低下是“水危机”日益严重的根源。① 1992 年开始,墨西哥对水管理制度做出改革,颁布《墨西哥国家水法》(本段简称《水法》),为水管理提供规范性框架。根据《水法》,墨西哥确定的国家水委员会是唯一的水管理机构,但同时又允许州、地方政府、用水户和其他利益集团可以分担水资源计划与管理责任。《水法》还倡导用水户联合,从而在灌溉地区加强水管理,保证水计划与决策过程中用水户的适当代表性。墨西哥《水法》把经济机制和市场运行法则引入对水资源的政府管理中。公共组织和私人组织用水、排水都需要获得许可,从用水或向河道排污而受益的人必须支付费用,使付费与用水比例、废水数量和特征相联系。新的《水法》还鼓励私人投资,《水法》宣称,促进私人参与水管理和发展的各个方面是符合国家利益的。

　　类似的,巴西在 1997 年也通过了《水法》,主要目标是修复水体的环境条件和提高水的利用效率。基于该法,利益相关者参与的主要论坛是河流流域委员会,其中汇聚了水使用者、政府和社会团体的相关代表。立法引进了新的规定,例如规划、许可和环境收费等,并且建立了国家水资源管理体系。《水法》为巴西加强水资源管理提供了法律文本框架,同时也推动巴西对水的管理和保护手段逐渐走上市场调节的轨道。与法律配套而设立的特定管理组织机构,例

---

① 魏衍亮:《墨西哥水政策变迁的启示》,《水资源保护》2001 年第 2 期,第 12—22 页。

如河流流域委员会,职能中有着建立水费计收机制及水费标准的要求;水管理局,职能中有着收取水费,监督水费的管理使用和提出水体分类、水资源费、水费使用及工程建设资金分配的建议的要求。

拉美地区的不少国家正借助于水权私有化和市场调节的方式来提高对水资源的管理与利用水平,从实践来看确实取得了一些成效,这可能会进一步推动这些国家在水私有化和市场化的道路上走得更远。尽管取得了成效,但并不意味着该模式没有问题。在许多国家, 水资源管理权下放给不同的部门和机构,而部门之间的联合很少,与其他环境管理程序之间的联合也很少。拉美地区国家依靠私有化和市场化的双重选择能不能最终实现对水资源的有效保护和开发利用,仍是一个有待观察并验证的改革尝试。

第四节　生物多样性的状况与政策

生物多样性是指所有来源生物之间的差异,包括来自陆地、海洋和其他水生生态系统,以及生态系统的各个组成部分。这种差异包括种类差异(遗传多样性)和种间差异。

从世界环境与发展委员会(布伦特兰委员会)报告发布以来,人类对生物多样性的认识已经过了 30 多年。人类逐渐认识到自身并不是独立于生态系统之外,而是其中的一部分;人类居住其中,受生态系统改变、种群数量和遗传变化的影响。生物多样性变化以及随之而来的生态系统服务变化,除了影响人类健康和福祉之外,强烈地影响着人类的安全和文化。

生物多样性是所有生态系统服务和真正可持续发展的基础。当今世界人口已超过 75 亿人,无论贫穷还是富有,无论来自农村还是城市,生物多样性都对他们福祉的维持和提高起着根本性作用。生物多样性包含了大部分人类生计和发展所依赖的可再生自然资本。现存生物提供多种环境服务,如调节大气中的气体组成、保护海岸带、调节水循环和气候、形成并保护土壤、分散和分解废弃物、使多种作物受粉和吸收污染物等。这些服务中,多数既不为人所知,其经济价值也无法得到准确估算。根据国际权威期刊《自然》刊登的一些学者的推测,估计有 17 种环境服务的总经济价值为年均 16 万亿—54 万亿美元。① 人类健康和幸福也直接依于生物多样性提供的物质服务。据统计,1997 年世界上最畅销的 25 种药中有 10 种来源于自然资源。全球来自遗传资源的药物市场价值估计为每年 750 亿—1500 亿美元。75% 的世界人口的卫生保健依赖于传统药物,而这些传统药物直接来自自然资源。② 然而,过去 20 年生物多样性的加速减少,降低了许多生态系统提供服务的能力,并对地球可持续发展产生了重大的负面影响。很大程度上,由于工业化国家不可持续的消费和贸易方式,上述负面影响在欠发达地区呈现得更为明显。

如果不从长远的发展来考虑生物多样性面临的生存危机,不能采取果断且行之有效的保护和改善措施,无论对于富人或穷人,未来道路选择都将非常有限,甚至没有余地。尽管一些发达国家已经研发出了一些生物多样性服务的替代技术,但与从有效保护的生态系统获益相比,可替代技术不仅价格昂贵而且少量的技术替代根本无法弥补生态物种灭绝所带来的毁灭性损失。

生物多样性既有提供生态系统服务的价值,还有其内在价值,即独立于其功能和对人类的其他收益。例如,生物多样性与人类文化有着密切的关联。世界各地的人类社会本身的生计、文化认同、精神、灵感、审美情趣和休闲都依赖于生物多样性。因而生物多样性的流失将影响着人类的物质和非物质福祉。人们现在也越来越多地认识到文化生态系统是决定人类福祉的关键因素,包括文化传统的延续、文化认同和精神。

早在 20 世纪初期,国际社会就已经展开对生物物种的保护。自 20 世纪 70 年代以来,生物多样性保护问题已经成为国际环境政治中的重要议题之一。2002 年南非约翰内斯堡可持续发展世界首脑会议同意了《生物多样性公约》确定的 2010 年目标,随后,这些目标又被列入联合国千年发展目标中,标志着人们已经达成共识,那就是把生物多样性保护和可持续发展紧密地结合起来。接

---

① Costanza R, "The value of the world's Ecosystem Services and Natural Capital," *Nature* no. 387(1997):60—253.

② UNDP, UNEP, World Bank and WRI, *World Resource* 2000—2001 (Washington DC, 2000).

下来的挑战是如何有效利用和持久地保护生物多样性资源，并公平合理分享资源利用所带来的惠益，这一挑战已成为国际社会回应生物多样性丧失问题过程中的焦点。

一、生物多样性在世界范围的基本状况

人类生活的地球,除人类之外有着数量极为庞大的其他生物种群,究竟其他生物种类的数量有多少,目前科学界尚不能给出一个准确的数字。据估计,全世界的物种数量可能超过 1 亿种,但迄今为止,为人们所发现并加以鉴定、分类的动物、植物和微生物共约 200 万种,其中动物种类 150 多万种,植物种类约 24 万种,微生物种类约 3.75 万种。此外,至今还有 20 万种植物、100 多万种昆虫尚未被描述和分类,绝大多数不知名的动植物尚待人类去发掘和鉴定。然而,在过去数十年间,受气候变化、污染、栖息地退化丧失、外来物种引入以及人类出于对经济利益的发展追求而产生的破坏性活动等, 致使全球生物各类数量以空前的速度丧失。全球每年有 1700 万公顷的热带森林被砍伐,热带森林生态系统是地球上生物多样性最集中的地区,有地球上一半的生物体。[①]有学者指出,在热带雨林中,目前物种消亡的速度是每年4000—6000 种,大致是人类诞生前的速度的 1 万倍。[②]根据联合国公布,过去 2000 多年来已有 110 多种兽类和 130 多种鸟类从地球上消失,其中 1/3 是近 50 年灭绝的。[③]据国际自然保护同盟濒危物种中心的估计, 现在平均每天有 3 种动物和植物从地球上消失,到 2050 年,25%的物种将陷入绝境。6 万种植物将要濒临灭绝。物种灭绝总数将为 66 万—186 万种。[④]

在考察引起生物多样性急剧减少的原因方面, 栖息地丧失和退化被视为

---

① 赵兴华:《全球生物多样性保护》,《环境》1994 年第 5 期,第 13 页。

②A. M. Mannion,*Global Environment Change：A Natural and Cultural Environmental History* (London：Longman Group UK LTD,1991),p. 118.

③ 张桂萍:《生物多样性现状及其保护》,《晋东南师范专科学校学报》2001 年第 3 期,第 38—40 页。

④ Michael Snarr and Neil Snarr,*Introducing Global Issues*,*Boulder* (Colorado：Lynne Rienner Publishers,1998),p. 93.

是导致物种减少最重要的因素。数据显示，从 20 世纪 70 年代至 20 世纪末，全世界约有 120 万平方千米的陆地被开垦为耕地。在最近的全球调查中发现，栖息地的减少是影响 83% 的哺乳动物和 85% 的鸟类濒危的主要因素。[①] 栖息地的改变是由于多种类型的土地利用变化所造成的，包括农业发展、林木砍伐、大坝建造、采矿和城市发展等。绝大多数受威胁物种为陆地物种，半数以上生活在森林中。但越来越多的证据显示，栖息地的减少不仅让陆地物种陷入灭绝的危险境地，而且让水生物种的生存受到严重威胁。由于淡水栖息地退化严重，20% 的淡水物种在最近几十年内即将灭绝或受到灭绝威胁。以美国的淡水物种为例，数据显示 70% 的贝类、50% 的淡水龙虾和 7% 的鱼类都受到了威胁。[②]

上述数据已经显示出生物多样性正处于极度危险且生态体系极为脆弱的境地中，相较于纸面上的数据记录，可能真实的灭绝数目更加骇人听闻。这一现状说明，对生物多样性的保护已到了相当紧迫的地步，国际社会也的确在过去数十年间采取了多种行动和展开合作予以应对。从 1970 年开始，一系列的保护野生生物的国际协议相继达成，例如：1971 年签署的《关于特别是作为水禽栖息地的国际重要湿地公约》，是自然保护方面最重要的国际公约之一；1972 年签署的《保护世界文化和自然遗产公约》，意在加强对一些具有"自然的独特物种库"的保护；1973 年签署的《濒危野生动植物种国际贸易公约》，推动签约国共同保护濒危动植物使其免遭商业贸易的猎杀；1979 年签署的《保护迁徙野生动物物种公约》，各签约国在其管辖范围为野生迁徙动物提供更有效的保护和管理；1982 年的《联合国海洋法公约》，为海洋生物资源的跨界管理和保护提供法律规范；1992 年签署的《生物多样性公约》，则让人们从价值层面认识"生物多样性的内在价值和生物多样性组成部分的生态、遗传、社会、经济、科学、教育、文化和美学价值"，同时也"意识到生物多样性对进化和保持生物

---

① 联合国环境规划署：《全球环境展望 3》，中国环境科学出版社，2002，第 119 页。

② Andrew Goudie, *The Human Impact on the Natural Environment*, (Cambridge: The MIT Press, 1994).

圈的生命保障系统的重要性"。①尽管国际社会采取了许多行动和措施来拯救
生物危亡问题,但在不同的国家和地区,政策的制定及执行有着很大的差异。
受社会政治经济发展水平不均衡的影响,各国和地区间对生物多样性的价值
认识也不尽一致,观念的差异又会反映在政策的选择和行动实施上。例如生物
资源价值被低估,没有把环境成本内部化,没有在地区层面考虑全球价值等。
若要降低生物多样性的流失率,就需要多种互相支持的保护政策、具有连贯性
的协调政策和能有效识别地球生物收益价值的政策。上述方面的政策和相应
的措施在有的国家与地区已经到位,但在另一些国家和地区,其重要性并未被
完全认同,或者虽被认同却未得到充分执行。

二、地区层面生物多样性保护政策

(一)欧洲生物多样性面临的问题与保护政策

从西面大西洋海岸到东部的俄罗斯大草原,从斯堪的纳维亚的北方森林
和苔原到南方地中海区域周边的森林的广阔地带,形态各异、种类繁多的生物
物种构成了欧洲地区多样化的生态系统。欧洲地区的生物物种虽然数量多,但
由其组成的生态系统却并不稳定,受人类活动和开发的影响,许多次区域范围
的生态系统变得相当脆弱,已很难维系野生生物的生存。这体现在自然栖息地
如低地森林和湿地已经大为减少,相对原始的区域仅存在于北欧和东欧的一
些国家中的部分地区。许多大型哺乳动物如北极熊、野狼、山猫和野牛等现仅
存于一小片残留的原始栖息地,而其他的物种如欧洲野马和高鼻羚羊等已经
灭绝,还有约260种脊椎动物被认为正受到灭绝威胁。

欧洲生物多样性的减少在很大程度上与该地区农业集约化发展相关。农
业集约化通过对单位面积的土地投入更多的劳动、资金和技术,在换取更多单
位面积的产量的同时,可能导致水质污染、土壤破坏、土地肥力退化等一系列
负面后果。越是农业集约化程度高的国家,生物种群数量减少得越明显。比如
在英国,26种农田鸟类在1968—1995年显著减少,主要是农业集约化造成的

---

① 徐再荣:《全球环境问题国际回应》,中国环境科学出版社,2007,第187页。

结果。①集约化农业加强了对土地的开垦,这造成相当多的湿地因此消失,例如在西班牙,25 年的时间里有 60%以上的内陆淡水湿地不复存在。集约化农业在投入大量农业机械以提高作物产量及平整农田的同时,也对维持生物多样性所必需的生态环境产生了强烈的破坏作用。在 20 世纪 70—80 年代,英格兰和威尔士因使用机械清除杂草导致每年要损失约 2.72 万千米的自然灌木篱墙。未被清除而残存下来的灌木和草地栖息地主要是因为其依附的土地没有商业开发价值,而不是出于环境保护的目的被保存下来。

　　生物多样性的破坏和减少情况早已引起欧洲国家的关注和重视,相关的保护生物多样性战略与政策也在过去数十年中不断被制定出来并加以实施。

　　1979 年,作为欧盟最早的环境法律之一《欧盟野鸟保护指令》(以下简称《指令》),对所有野鸟及其栖息地的保护做了全面规定,并要求成员国将《指令》转化为国内法。1998 年,欧盟制定了生物多样性保护战略,为协助该战略的实施,欧盟专门成立了欧洲生物多样性保护行动执行计划委员会。该计划委员会被用来帮助将生物多样性保护的目标列入相关的部门政策之中。2001 年,大多数欧盟成员国首次同意停止减少生物多样性的行为。2003 年欧委会对欧盟生物多样性保护战略和行动的有效性所涉及的各领域进行广泛的调查和研究。2006 年欧盟批准了新的生物多样性保护行动计划。根据新的生物多样性保护行动计划目标,到 2010 年欧盟国家必须完成以下两点:2010 年让生物多样性的种类和数量不再减少;加速恢复欧洲区域的栖息地和自然环境系统。行动计划确定了 4 个行动领域和 10 个首要目标,并通过成员国和欧盟层面的 150 个优先领域行动来实现。在计划的执行中,为完成设定目标而采取的重大举措"自然 2000 网络(Natura 2000 network)"可被视为是一项极具代表性的多国协作保护生物多样性的典范。

　　"自然 2000 网络"(以下简称"自然 2000")于 2000 年启动实施,其目标保护范围几乎覆盖了整个欧洲大陆,是欧盟自然与生物多样性政策最核心的组成部分之一。"自然 2000"在欧洲大陆建立生态走廊,并开展区域合作,旨在保

　　① Siriwardena,"Trends in the abundance of farmland birds:a quantitative comparison of smoothed Common Birds Census indices,"*Journal of Applied Ecology*,35(1998):24—43.

护已被登记在册的上千种稀有、濒危、特有物种和 220 个自然栖息地。"自然2000"实施以来,欧盟 27 个成员国总领土面积的 17% 已被纳入该网络,超过1000 种动植物和 200 多个栖息地受到网络保护。[①]"自然 2000"不仅是欧盟实现生物多样性统筹、系统保护与持续利用的主要工具,也是将生物多样性纳入渔业、林业、农业、区域发展等其他欧盟政策领域的重要手段。除了陆地生物多样性及由此构成的整个生态系统受到"自然 2000"的庇护,该保护网络也同样适用于海洋环境。"自然 2000"的参与对象也延伸到欧盟以外的国家,当非欧盟成员国的保护目标与"自然 2000"目标一致的时候,欧盟还会与当事国共同制定一套保护自然栖息地和物种的通用办法。"自然 2000"不仅着重于对动植物生态的管理和保护,也为参与其中的成员国制定了统一的行动标准,并同成员国、利益相关方一起编制管理指导手册,促进各国交流先进经验。一些保护区甚至承担起了地方环境意识的宣传和普及工作,例如招募志愿者担任环保讲解员,定期组织学生到保护区进行参观、调查和研究,培养公民意识等。

　　生物多样性保护在欧洲许多国家已经被作为国家战略行动的组成部分,而从保护政策涉及的领域来看,生物多样性保护实质上是对生物种群及其组成的复杂生态系统的重建。欧洲对此已经制定和采取了许多措施予以应对,但仍面临一些长期以来困扰保护生物多样性的难题:投入资金的不足、各国对保护生物多样性的法律标准不一致和因技术进步带来的生物伦理问题等,例如对本地物种基因改良而引发的公众对食品安全问题的担忧。总的来说,欧洲地区生物多样性保护情况正得到改善,但距离最终的保护目标还有距离,并且人们还需要对一些新的可能对生态系统构成破坏的事物进行认识和了解。

　　(二)北美地区的生物多样性问题和保护措施

　　对北美地区来说,其生物多样性主要遭受两大威胁,一是栖息地的破坏和退化,二是外来物种的入侵对生态系统的破坏。

　　北美地区占有世界湿地很大的比例,仅加拿大一国所拥有的湿地面积就达到 1.27 亿公顷,占到世界湿地总量的 24%,约占其国家陆地面积的 16%。湿

　　① 张风春、朱留财、彭宁:《欧盟 Natura 2000:自然保护区的典范》,《环境保护》2011 年第 3 期,第 73—74 页。

地在整个北美洲的覆盖面积约为 2.46 亿公顷。北美湿地有着很高的生物生产力，为许多物种提供重要的栖息地和必需的生态服务，例如当洪水泛滥的时候，湿地可以变成天然的蓄水池以减轻洪水产生的破坏。湿地为美国 1/3 和加拿大 200 种以上的鸟类提供食物和栖息地。湿地是美国约 5000 种动植物、190 种两栖动物和加拿大 50 种哺乳动物与 45 种水鸟的家园。①

20 世纪 70 年代以前，为发展经济，政府计划鼓励湿地排灌水填平以将其转变为农业、商业住宅和工业区。造成的结果是，除阿拉斯加和加拿大的不发达的地区之外，北美洲已失去了一半以上的原始湿地栖息地，其中因农业扩展就占到减少总量的 85%—87%。

美加两国对于湿地在维持生态平衡上发挥作用的重视和保护始于 20 世纪 80 年代。首先在于两国均对农业政策做出了调整，如停止允许将湿地转为农业而发放的财政补贴；其次是水利条件的改善和共同加强对保护水禽湿地的努力。

从 20 世纪 80 年代中期到 90 年代中期，美国的湿地减少量为 25 万公顷，只占以往 10 年减少量的 80%。一方面，尽力控制湿地的减少；另一方面，美国也在实施一系列恢复先期遭受破坏的湿地工程。从 20 世纪 80 年代开始，美国联邦政府与佛罗里达州政府共同制定和实施了一系列大沼泽湿地恢复计划和措施，特别是在 2000 年通过的《大沼泽湿地综合恢复规划》。该规划的目的是解决南佛罗里达大沼泽湿地的洪涝灾害、供水不足、水污染和生物多样性减少等问题。通过水利工程措施和生物措施相结合，保护、恢复与治理大沼泽湿地生态系统。在规划制定和实施过程中，应用科学战略、生态系统跟踪监测和综合评估提供了技术支撑。目前，该规划已取得了良好的社会经济效益和生态效益。

作为湿地恢复建设开展较早的国家，从 1975 年开始，加拿大政府连续十年资助其下属的环境保护局（EPA）清洁湖泊项目（CLP）的 313 个湿地恢复研究项目。1991 年，加拿大颁布了《联邦湿地保护政策》，进一步阐明了联邦政府湿地保护的目标：保护加拿大的湿地，维持其生态、经济与社会功能。根据政策

①《北美湿地概况》，http://atlas.gc.ca/english/facts/wetlands/，访问日期：2020 年 8 月 1 日。

目标需求,加拿大专门制定了七大战略以配合政策的实施:增强公共意识、管理联邦湿地、促进联邦保护地中对湿地的保护、与其他政府及非政府组织合作、保护国家重大湿地网络中的湿地、为政策提供合理的科学依据、促进国际合作。截至目前,受加拿大联邦和省的湿地保护政策保护的湿地比例已经占到总面积的70%以上,湿地生态系统构成了约17%的加拿大国家公园。相对于过去多年的湿地持续减少,现有湿地数量得到维持,的确是一个相当大的成就,对生物多样性的保护也产生着积极的影响。

　　继湿地栖息地破坏和退化之后,外来物种入侵导致生态系统平衡的打破在北美洲被视为另一大对生物多样性的严重威胁。在美国,被列为濒危或受威胁的物种有1231个,而非本地物种的竞争或捕食危及近一半数量的上述濒危物种。在加拿大,外来物种已经使约25%的物种濒危、31%的物种受威胁、16%的物种脆弱。[①]入侵水生物种尤其威胁湿地和淡水生态系统,例如,一种名为紫色珍珠菜的花园观赏植物于19世纪中期从欧洲引入,该物种以每年115000公顷的速度在北美蔓延,侵占了湿地栖息地,控制了本地植物,并与水鸟和其他物种争夺食物。[②]外来物种的入侵不仅危及当地原有的生物生态,而且这种危害甚至威胁到人的健康安全。1991年在美国亚拉巴马州的墨比尔发现,在集装箱以及牡蛎和鳍鱼的样品上存在人类霍乱病菌。20世纪90年代末期学者们研究发现,北美地区入侵水生物种可能将会造成21世纪当地淡水物种4%的灭绝速率。[③]

　　在北美洲,由外来生物入侵损害造成的高经济成本正越来越多地受到关注。美加两国都已制定了控制计划,建立了信息系统来帮助控制生物入侵。对入侵物种挑战的反应包括制定法律、政策以及防止新物种入侵和消除或控制已入侵物种的计划和方案。例如在美国,鲤鱼被视为不速之客。目前,亚洲鲤鱼

---

　　① Lee,G.,*Alien Invasive Species:Threat to Canadian Biodiversity*(Ottwa:Natural Resources Canada,2001).

　　② "Invasive Exotic Plants of Canada," National Botanical Services,http://infoweb. magi. com/~ehaber/fact1.html.

　　③《外来物种入侵危害》,http://www.ramsar.org/lib_bio_8.htm,访问日期:2020年8月11日。

在美国泛滥成灾,为防止亚洲鲤鱼入侵五大湖,密歇根州农业部门出价100万美元悬赏能抑制亚洲鲤鱼泛滥的方法。在肯塔基州的富尔顿县,美国河流渔业国际有限公司则斥资1870万美元建立了一座加工厂,对该州区域入侵的亚洲鲤鱼进行捕获以控制其泛滥。对于其他的外来水生生物入侵,船舶压载水排放是目前科学家公认的一个造成外来水生生物入侵的重要原因。船舶压载水中的外来生物在封闭、高温、高压环境下存活后,极易在新的适宜环境中生存乃至肆无忌惮地生长繁殖,与当地的土著种类争抢空间和食物,传播有害寄生虫、病原体,更有甚者会使当地物种灭绝。[①]美国和加拿大也加强了此方面的合作,对来往于两国的贸易船只,两国政府管理部门均要求船只在指定水域交换压载水,对于违规者将给予严厉处罚。

尽管美加两国在防止生物入侵上采取了许多措施,但目前仍不能收到完全禁止的效果。广泛的国际贸易带来的货物和人员的密集流动,使得要切断不同物种间的联系非常困难,一些物种的商业利润诱惑又使得对其监管更加困难,例如走私野生动物等。另外,全球气候变暖也在一定程度上为生物入侵创造了条件,例如美国白蛾的化性发生了改变,经历了由二化性向三化性的过渡。为阻止生物入侵的趋势和入侵物种造成的损害,北美地区还需进一步加强区域合作及与国际社会的合作。

(三)非洲地区的生物多样性问题及保护政策

非洲是世界上生物种类比较丰富的地区之一。在非洲,平均每1000平方千米拥有维管植物15种、两栖动物2种、爬行动物3种、豢养禽类5种、非豢养禽类1种、哺乳动物3种。[②]非洲包括三大植物区系,即泛北植物区、古热带植物区和好望角植物区(开普植物区),其植物种类多达4万多种,仅热带非洲就有1.3万—1.5万种,面积最小的好望角植物区也有1.4万种之多。非洲拥有热带森林动物、热带稀树草原动物、热带荒漠和半荒漠动物,以及地中海亚热

①　陈琦、曹兴国、侯泳枝、王羽:《船舶压载水导致外来生物入侵之立法问题》,《世界海运》2012年第2期,第53—56页。

②　*DEAT White Paper on the Conservation and Sustainable Use of South Africa's Biological Diversity*,(Pretoria:Government Printer,1997),No. 18163.

带森林动物群,被称为"世界的天然动物园"。非洲还分布有世界上最大的热带稀树草原、热带荒漠和亚热带常绿硬叶林,以及热带雨林。[①]

　　然而, 自 20 世纪 60—70 年代以来, 非洲生物资源的数量和种类迅速减少,其生物多样性面临严重危机。据联合国粮农组织估计,1980 年非洲的森林面积为 650 万平方千米,到 1990 年减少为 600 万平方千米。其中最宝贵的热带雨林损失最为严重,现存面积仅为历史记录的 30%左右。非洲地区的一些珍贵植物,例如一种名为萨凡纳的树仅剩下 41%,红树林仅剩 45%。[②]非洲野生动物也面临相似的命运。20 世纪 70—90 年代末期的 30 年间, 非洲的犀牛数量暴减了 97%。20 世纪 90 年代初,西非的黑猩猩数量约为 10 万只,仅为历史上高峰期的 1/10。[③]在 20 世纪 80 年代,非洲大象数量减少了一半,从 120 万只减少到 60 万只,在有些国家大象的数量甚至减少了 90%。[④]在 1980—1995年,南部非洲已有记载的灭绝植物总数从 39 种增加到58 种,而受威胁的植物总数则达到这一数值的两倍以上。据估计,700 种以上的脊椎动物、1000 种左右的树木和其他数百种植物受到灭绝威胁。

　　生物多样性的锐减对非洲国家已构成严峻挑战。对大部分非洲国家来说,维持生物多样性不仅是确保生态系统平衡的需要, 而且也关乎这些国家的社会经济发展。非洲大部分人口分布在农村,农牧业是他们的主导产业,无论民众生计, 还是国家经济发展,都非常依赖对生物资源的开发和利用。在非洲,约90%的民众依靠木材和其他生物资源来满足能源需求, 偏僻地区的居民肉食来源主要是通过狩猎获取的野生动物。非洲的经济结构比较单一,以生物资源出口换取外汇和依靠丰富的生态资源发展旅游业成为不少非洲国家获取发展资金的主要来源。例如在南非的威特沃特斯兰德地区,每年药用植物的贸易额

　　① 葛佶主编《简明非洲百科全书:撒哈拉以南》,中国社会科学出版,2000,第 9—12 页。

　　②《1999/2000 年世界发展报告》编写组编《1999/2000 年世界发展报告:迈进 21 世纪/世界银行》,《世界发展报告》翻译组译,中国财经经济出版社,2000,第 98 页。

　　③ A. M. Mannion, *Global Environment Change : A Natural and Cultural Environmental History* (London : Longman Group UK LTD, 1991), p. 120.

　　④ 施里达斯·拉夫尔:《我们的家园:地球》,中国环境科学出版社,1993,第 227 页。

达到 2.7 亿兰特。[①]非洲野生动植物数量和种类众多,开辟野生动植物园观光成为吸引外来游客的重要旅游项目。1997 年,南部非洲的野生生物就吸引了游客 900 万人,带来了 41 亿美元的收入。总之,生物多样性已成为非洲国家的重要支柱产业之一, 生物多样性的减少必将严重削弱和制约非洲国家的经济发展潜力,让该地区变得更加贫困落后。

面对生物多样性急剧减少引发的生态与经济发展危机,非洲国家多年来也采取了一系列生物多样性保护措施,并将其与经济发展联系起来。除此之外, 非洲国家还积极推动并参加全球与区域性生物多样性保护公约和相关组织,开展广泛的国际合作,成为保护生物资源的重要力量。

1971 年 2 月,《关于特别是作为水禽栖息地的国际重要湿地公约》在伊朗拉姆萨尔签署。作为全球第一个保护湿地的公约,它主要通过谋求保护野生生物的生存环境来保护野生生物,有 28 个非洲国家签署了公约。公约的一些原则,如可持续利用原则、注重保护生态系统、鼓励地方社区和土著居民参与保护工作等对非洲国家的生物多样性保护产生了一定的影响。[②]1973 年,国际社会又在华盛顿签署了《濒危野生动植物种国际贸易公约》,该公约要求采取必要措施杜绝一些商业团体和个人在利益的诱惑下将濒危野生动植物的捕获用于贸易的不法行为,有 48 个非洲国家签署了该公约。1992 年 5 月,国际社会在肯尼亚首都内罗毕通过了《生物多样性公约》,同年 6 月召开的里约环发大会上,有 157 个国家签署了该公约。截至 2000 年,有 52 个非洲国家成为缔约国。

除了在全球层面加入保护生物多样性的各类公约协定,非洲国家在区域层面上也加强合作。早在 1968 年 9 月,非洲统一组织的 28 个成员国家在阿尔及尔通过了《非洲自然和自然资源保护公约》。公约规定缔约国应设立自然保护区,以确保对所有物种的保护。在该公约框架内,非洲国家此后又通过了一些生物多样性保护或相关的条约和行动计划,主要有 1981 年在阿比让签署的合作保护和开发西非、中非区域海洋与沿海环境的《阿比让公约》,1982 年在吉

---

① 腾海健:《非洲国家的生物多样性保护政策》,《西亚非洲(月刊)》2006 年第 7 期,第 58—62 页。

② 亚历山大·吉斯:《国际环境法》,张若思译,法律出版社,2000,第 241 页。

达签署的《保护红海和亚丁湾环境区域公约》,1985 年在内罗毕签署的《关于东非区域保护区和野生动植物的内罗毕议定书》,1991 年在巴马科签署的《禁止非洲进口危险废物并在非洲内控制和管理危险废物越境转移巴马科公约》,1994 年在赞比亚首都卢萨卡签署的对野生动植物非法贸易进行联合管制的《卢萨卡协议》。① 这些协议和公约将生物多样性保护纳入区域性框架处理,有助于非洲各国协调行动,形成合力,提升生物多样性保护的成效性。

　　就非洲国家在各自主权范围内实施一些具体的生物多样性保护措施而言,制定行动战略和行动计划、扩大和设立保护区、加强对濒危物种的贸易管制等是最常见的措施。在涉及行动战略和行动计划方面,有津巴布韦《本土资源公共区域管理方案》、赞比亚《野生生物管理行政设计计划》、肯尼亚《生物多样性战略和行动计划》。扩大和设立保护区方面,南部非洲 1965 年约有 450 个保护区,1970 年增至 800 多个,1990 年大约有 1240 个。西部和中部非洲 1960 年大约有 800 个,1990 年约有 1000 个。东部非洲及印度洋诸岛保护区 1960 年约有 400 个,1990 年增至 600 多个。截至 2000 年,非洲的保护区总数超过 3000 个,占地总面积为 2.4 亿公顷。② 非洲国家加强的濒危物种的贸易管制主要体现在政府加大对偷猎和走私野生生物的打击与惩罚力度,通过颁发许可证的方式来控制一些商业组织对野生生物资源的开发和利用。如在"森林之国"加蓬,为保护森林资源,政府曾先后颁布《森林法》《环境法》等,实施森林开采许可证制度,对森林开采面积和数量进行限制。③

　　从非洲国家过去数十年对生物多样性保护的成效看,各国的确在不同程度上取得了成功。例如在博茨瓦纳、纳米比亚和津巴布韦等国家大象的数量较之以前有明显增加。但这并不代表非洲地区生物多样性锐减的趋势得到根本性遏制。因为贫困,大多数非洲人首先关注的是日常生计而非环境问题,偷猎、盗猎和随意采伐森林的现象时有发生。这表明,要从根本上保护生物资源的多样性,非洲国家还需在促进社会经济发展和消除贫困方面做更大的努力。

---

① 联合国环境规划署:《全球环境展望 2》,中国环境科学出版社,2000,第 208 页。

② 同上书,第 55 页。

③ 安春英编《加蓬》,社会科学文献出版社,2005,第 158 页。

（四）亚洲地区的生物多样性问题及保护政策

亚洲地区以其复杂多样的生物、地理学特征而著称。它拥有世界上最广袤的陆地、世界上最高的山脉、第二大的雨林复合体系和超过世界总量半数的珊瑚礁石，以及数万个星罗棋布的岛屿。在地理位置上，它东濒太平洋、西临印度洋。以生物地理学的观点，它处在古北、印度—马来及大洋区的包围中。它在生物地理学上的分布特点是地理隔离、气候纬度的变化多样以及分离的大量的复杂多样的岛屿，所有这些特点造成了亚洲生物物种种类极为丰富且数量众多。

从整个亚洲生物多样性的分布看，中国、印度及东南亚区域国家是生物物种数量和种类最丰富的地区。12 个总共拥有世界 60%物种的国家，被称为"生物多样性丰富度巨大"的国家，其中有 4 个国家位于亚洲，分别是中国、印度、马来西亚及印度尼西亚。

中国横跨古北区和印度—马来区，拥有超过世界 1/10 的开花植物，10%的哺乳动物、鸟类、爬行类和两栖动物。

印度尼西亚在印度—马来区和大洋区分布着数以千计的大小岛屿，拥有超过整个非洲大陆的植物和鸟类、较大数量的哺乳动物和燕尾蝶。在世界上拥有的开花植物、鸟类、爬行类和两栖类的排行前十位国家中，印度尼西亚高居榜首。

不仅陆地上生物种类和数量繁多，环亚洲大陆的海洋水域也有着极其丰富的生物物种。太平洋中西部、印度洋中西部水域拥有的鱼类、水生贝壳类，相当于大西洋东西部、太平洋东部同类物种的几倍。珊瑚礁被认为是海洋中的热带雨林，孕育着丰富的生物，如印度尼西亚东部的大量珊瑚礁丰富了该地区的生物多样性。

尽管亚洲地区拥有比其他大洲更为丰富的生物物种，但依旧面临着生物多样性急剧减少的严峻形势。在印度次大陆和中国，生物物种的减少和灭绝程度早已达到令人震惊的地步。据不完全统计，在印度—马来区，主要生态环境中原始植物已损失 70%。干、湿雨林分布分别减少了 73%和 60%，而湿地、沼泽、红树属植物群落已损失了原有覆盖率的 55%。在印度、孟加拉国、斯里兰卡西南部、越南等海岸线，巴基斯坦中南部、泰国、爪哇岛、印度尼西亚以及菲律宾中部岛屿原有生态环境已经经历了剧变。珊瑚覆盖了45万平方千米，而其中30%已经退化损失了。[①]亚洲拥有极为丰富的森林资源，但森林的损失是该地区面临的一个重大问题。20世纪以前，东南亚所有地区都被森林覆盖，然而到20世纪末，据估计大约只有1/3的森林覆盖率。大部分森林的砍伐是在过去数十年里发生的。印度尼西亚在1999—2000年，自然森林每年平均减少1300万公顷（相当于每年损失1.2%），是全球现有记载的毁林率最高的国家之一。马来西亚、缅甸和泰国也分别出现23.7万公顷、52.7万公顷、11.2万公顷的大幅下降，相当于分别损失1.2%、1.4%和0.7%的森林覆盖面积。[②]

亚洲生物多样性的减损多年来一直是亚洲国家及国际社会高度关注的焦点，亚洲多国已制定相应的生物多样性保护战略并采取实际行动。相关国家不仅在本国范围内对生物资源予以保护，而且越来越多的国家出于对跨境生态系统和生物资源保护的需求，正在不同区域范围内寻求多层次的对跨境生态资源保护合作，并取得了突出成效。

中国作为亚洲乃至全球生物多样性最丰富的国家之一，在生态系统和物种种类方面都有着自己鲜明的特色。正如上文所述，中国的生态系统和生物多样性资源与诸多亚洲其他国家一样在过去很长一段时间也遭到了严重破坏，在许多地方已导致生态危机。业已发生的危机和潜在的危机已引起中国政府的高度重视。近几十年来，为保护生物多样性，中国政府已实施大规模的保护行动、工程措施和相应的政策与法律制度，并已取得显著成效。

在保护行动上，中国政府主要采取了就地保护和迁地保护两项保护措施。就地保护是在野生动物的原产地对物种实施有效保护。具体而言，就是建立自然保护区，通过对自然保护区的建设和有效管理，生物多样性得到切实的人为保护。自1956年建立广东鼎湖山自然保护区以来，截至2019年，中国已建成各种级别、不同类型的自然保护区2700多个，保护总面积已达到180多万平

---

① 佟凤勤、王晓伟：《亚太地区生物多样性现状和发展趋势》，《世界科技研究与发展》1995年第2期，第21—23页。

② 《东南亚森林变化概况》，http://www.fao.org/forestry/fo/fra/main/index.jsp，访问日期：2020年8月5日。

方千米,约占陆地国土面积的 19%,超额完成联合国《生物多样性公约》设定的"爱知目标"(到 2020 年保护 17% 的土地面积)。就地保护网络体系的建立,有效保护了中国 90% 的陆地生态系统类型、85% 的野生动物种群类型和 65% 的高等植物群落类型,以及全国 20% 的天然林、50.3% 的天然湿地和典型荒漠区。[①] 迁地保护作为对就地保护的重要补充,是指把因生存条件不复存在,生存和繁衍受到严重威胁的物种迁出原地,移入动物园、植物园、水族馆和濒危动物繁殖中心,进行特殊的保护和管理。目前中国已建立了 200 多个植物园,收集保存了 2000 多种植物;建立了 230 多个动物园和 250 处野生动物拯救繁育基地;建立了以保护原种场为主、人工保存基因库为辅的畜禽遗传资源保种体系,对 138 个珍稀、濒危的畜禽品种实施了重点保护;加强了农作物种质资源收集保存库的设施建设,收集的农作物品种资源不断增加,总数已近 50 万份;还在中科院昆明植物研究所建成了中国西南野生生物种质资源库,搜集和保存了 10000 多种野生生物种质资源。[②]

除了设立自然保护区和专门性的保护动植物园,在中国,一批重大生态工程也不断兴建并陆续投入使用。与林业有关的有"三北"防护林工程、天然林资源保护工程、退耕还林还草工程及长江中下游地区等重点防护林体系建设工程等。属于生态环保建设示范的工程有生态示范区建设工程、污染物控制与环境治理工程。属于生物可持续利用的工程有野生动植物的人工繁(培)育工程、生态农业工程、生态旅游工程和生物产业工程等。

相关法律法规的制定与颁布在生物多样性保护中发挥着重要作用。据粗略统计,目前中国已颁布实施的涉及生物多样性保护的法律共 20 多部、行政法规 40 多部、部门规章 50 多部。同时,地方各省(区、市)也根据国家法规,结合当地实际,颁布了若干地方法规。例如云南省于 2018 年发布的《云南省生物多样性保护条例》,是第一个省级层面的生物多样性保护专门法规。

在生物多样性方面开展跨区域的双边和多边合作是亚洲国家实施对生物

---

① 薛达元、张渊媛:《中国生物多样性保护成效与展望》,《环境保护》2019 年第 17 期,第 38—42 页。

② 同上。

资源保护的必要途径之一。作为亚洲另一生物多样性极为丰富的东南亚地区，如何通过多国合作来保护生物多样性，已成为这些国家实施可持续发展战略的极为重要的关键环节。可喜的是，这一环境战略规划近些年来正得到实施，且已取得突出进展。

2005 年，中国与亚洲银行联合推出"大湄公河次区域核心环境计划和生物多样性保护廊道规划"（CEP–BCI），有 6 个国家参与，包括中国、越南、缅甸、泰国、老挝、柬埔寨。2009 年，东盟通过了《中国—东盟环境保护合作战略（2009—2015）》，将生物多样性保护列为双方环境合作的优先领域之一。[①] 2010 年，中国生态环境部成立中国—东盟环境保护合作中心，作为落实中国—东盟环保合作战略的一个重要步骤，负责实施中国—东盟环保合作及具体实施合作战略。2011 年，中国与东盟签订《中国—东盟环境合作行动计划（2011—2013）》，作为合作战略的具体方案，该行动计划主要有四方面内容：建立环境合作与政治对话平台、启动中国—东盟绿色使者计划、推进环保产业与技术交流、建立和实施联合研究项目。它具有综合性、可实施性、开放性和灵活性，是一个分步实施的一揽子行动计划。随着中国—东盟之间的环保合作被上升到国家战略层面，其合作的速度、深度和广度较之以前都有很大的提升。[②]

对许多其他亚洲国家来说，中国—东盟国家之间的就生物多样性保护展开的合作为其提供了一个很好的范例，促使不少国家效仿。许多国家已经批准了生物多样性公约，一些国家联合起来构建区域性的环保组织，例如关注海洋生态保护的地中海行动计划以及红海和亚丁湾环境保护区域组织等。构建保护区和对生物环境的立法也成为多数亚洲国家加强生物多样性保护的普遍措施。虽然各国用于保护生物多样性的政策及效果不一，但在生物多样性面临危机的认知层面已达成共识，越来越多的积极保护政策和保护机制也在不断地

[①] 陈敏、涂道勇：《深化中国—东盟生物多样性保护合作的思考》，《国际经济合作》2019 年第 5 期，第 86—93 页。

[②] 徐进：《略论中国与东盟的环境保护合作》，《战略决策研究》2014 年第 6 期，第 30—40 页。

被制定和构建出来。

(五)拉美地区的生物多样性问题及保护政策

拉丁美洲作为被人类开发最晚的洲,拥有世界上最完整最庞大的自然生态系统,亚马孙河流域的热带雨林是著名的"世界之肺"。在该区域内,热带湿润和干燥阔叶林覆盖率为43%,草地和热带稀树大草原为40.5%,沙漠和丛林地为11%,温带森林和亚热带针叶林为5%,而红树林仅为0.5%。该地区的河流和湖泊生态系统以及太平洋和大西洋沿岸的海洋生态系统也是生物多产的栖息地,具有较高的物种多样性。加勒比海拥有7%的世界珊瑚礁(大约2万公顷),具有极丰富的海洋生物多样性。世界上25个生物最丰富的陆地生态区域中,该地区就占有7个。它们之中包含46000种维管植物、1597种两栖动物、1208种爬行动物、1267种鸟类和575种哺乳动物。[①]

尽管有着极为丰富的生物多样性,但拉美地区的整体生态系统情况并不如上述数据显示的那么乐观。在拉美的178个生态区中,有31个处于应受保护的临界状态,51个受到威胁,还有55个处于脆弱状态。造成这一现象的主因是多年来栖息地持续不断地丧失和退化。

拉美地区最大的生态栖息地属于树木繁盛的热带雨林区。湿润的雨林不仅对当地气候发挥着重要的调节作用,还因蕴藏着数不尽的野生动物而成为当地天然的巨型物种基因库。热带雨林面临的最大威胁不是自然界的演变,而是当地居民为生存和商业性农业生产对雨林无所顾忌的采伐。巴西亚马孙平原是世界上最大的热带雨林区,覆盖面积达到400万平方千米。1980—1999年的20年间,有高达54.90万平方千米的雨林被伐尽,毁损面积已经超过法国国土面积。巴西空间研究院2002年6月公布的卫星图像资料分析结果显示,自1999年8月至2000年8月,亚马孙流域森林滥伐面积达到1.82万平方千米;2001年,森林滥伐率上升40%;2002年,毁掉的森林面积为2.1万平方千米,相当于500万个足球场。据估计,亚马孙的毁林面积在2004年的时候就已超过63万平方千米,相当于全国森林总面积的15.7%。从毁损的

---

① 联合国环境规划署:《全球环境展望3》,中国环境科学出版社,2002,第133页。

方式看,消失的森林中有 80%由砍伐和过度放牧导致,其余的减少部分则可能因为频繁的火灾。①

拉美地区不仅是亚马孙河流域的雨林地带遭受到严重破坏,类似的滥伐现象在其他地区也随处可见。阿根廷西北部、玻利维亚西南部的博尔霍梅河流域上游是阿根廷生物多样性最丰富的地区。长期以来,该地区因为崎岖的地形和与外界隔绝,使得该地区分布着保存良好的大面积森林、大量的野生动植物种群和乡土作物。20 世纪 50 年代以后,这种局面被打破。农业扩展、工业项目开发及由此引起的人员流动增加对当地的生态环境构成严重威胁,砍伐树林为种植经济作物腾出空间成为一种极为普遍的现象。据统计,在该地区进行交替农业生产的农民,平均每户农民伐掉 1.3 公顷森林。②被耕作的土地在肥力耗竭后,则被当作荒地废弃掉,撂荒时间可长达 14—20 年之久。

针对上述生物多样性遭受严重破坏的情形,拉美国家已采取了许多保护措施。在巴西,《国家森林计划》已于 2000 年被批准并予以实施。根据该计划,将在亚马孙地区的阿巴帕州建立世界上最大的热带原始森林保护区,保护面积为 50 万平方千米。如果该目标实现,就意味着亚马孙流域 48%的森林将得到有效保护。除了《国家森林计划》,巴西通过卫星对亚马孙开启更为全面的高空监视,协助当地部门对不法分子在该地区的盗伐、偷猎等违法行为进行打击。更多的拉美国家是通过加入《生物多样性公约》(以下简称《公约》),将《公约》的目标与自身的环保目标结合起来,并以立法的方式形成对生物多样性保护的文本框架和刚性约束。例如秘鲁,包含大多数《生物多样性公约》义务的保护和持续利用的生物多样性法规在 1997 年就已生效。在墨西哥,1995—1997年,由政府环保机构对野生动植物进行了全面考察并实行警戒措施。通过该次行动,墨西哥政府确认了 21704 种动物和 20793 种植物。根据确认的动植物类

----

① 莫鸿钧:《巴西亚马孙河流域生物多样性和生态环境的保护对策》,《中国农业资源与区划》2004 年第 3 期,第 58—62 页。
② Alfredo Grau、Alejandro Diego Brown、隋明杰:《阿根廷西北部、玻利维亚西南部波尔梅霍河上游地区的开发对生物多样性的威胁和保护机会》,《人类环境杂志》2000 年第 7 期,第 445—450 页。

别及分布区域,墨西哥政府设立了多个有关动物、鸟类、植物及沿海保护区。立法是墨西哥政府加大对野生动植物保护的重要措施,据统计,到 1995 年为止,墨西哥制定了 1100 个与生物多样性和生物资源有关的法律和法规。在 21 世纪初,制定的 1100 个法律法规中已有 385 个在保护生物多样性方面得到实施。① 这些法律当中,最重要的是《生态平衡自然保护法》,其次还有《植物多样性联邦保护法》和《遗传资源引入法》《生态学洲际条例》《科学收集条例》等。

拉美国家对生物多样性的保护不仅依靠本国政府的力量,而且跨区域的协同合作已成为大多数拉美国家的普遍选择。这种双边和多边的合作反映在一系列国际性的环保协议签署和环保机构的成立:美洲国家保护花、动物和自然环境协定;加勒比环境保护和发展协定;拉丁美洲国家公园、其他保护区花和野生动植物技术合作协定;国际捕鲸调整协定;关于受到威胁的野生动物和花的国际贸易协定;关于生物多样性或物种倒卖非法活动的技术情报交流与合作协定;自然资源和生物多样性情报交流和监视协定;中美洲国家签订的关于保护海龟和对鱼类进行考察和警戒的技术援助协定等。

拉美国家在对生物多样性的保护上已付出许多努力,这有助于该地区物种的恢复与保护。但从整个拉美的发展来看,上述的政策和措施对于维持生物多样性所需的环境还不够。贫困和商业动机驱使下的短视行为依旧是破坏生态平衡的重大威胁。在巴西、哥伦比亚、墨西哥和秘鲁等国家,对植物和动物的非法贸易行为依旧频繁,一些私人公司甚至将这种非法贸易作为经营主业开展。评估表明,巴西占世界野生生物贸易量的 10%,每年价值超过 100 亿美元。仅在 2000 年,就大约有 73.9 万只凯门鳄、23.2 万只鬣蜥、0.35 万条蟒蛇、0.27万只黑树蜥蜴和 1 万只水豚被捕获销售。② 要改变这一状况,不仅需政府加大法律的打击与惩治力度,还应从社会经济发展的深层原因入手,改变地区性的贫困和提供更多的公共福利,让民众有更多的发展选择,或许这才是从根本上改变的有效途径。

---

① 雷鸣:《墨西哥政府保护生物多样性政策、措施和国际合作》,《全球科技经济瞭望》2001 年第 2 期,第 46—47 页。

② 联合国环境规划署:《全球环境展望 3》,中国环境科学出版社,2002,第 135 页。

第三章　造成全球环境变化的人类因素

"人类的自然和人类以外的自然之间的调节与斗争构成了历史的全部。"这是 19 世纪古巴诗人同时也作为其国家民族英雄及思想家的何塞·马蒂在其作品中曾经对于人与自然关系的一句经典评述。19 世纪末,何塞·马蒂已经认识到,历史在环境变化中展开,而环境变化又是由历史原因所导致。在人类步入 20 世纪之后,人类历史的发展与环境的关系变得更为紧密,这种紧密反映在 20 世纪几乎所有重大的社会、经济和政治变化都与自然环境的巨大改变同步发生。这种同频率的互动即便在进入 21 世纪以后也未出现停止的迹象,唯一不同的是发生于人类世界变动的数量和速度在不断增长,作为自然界的回应是环境变化也以更具毁灭性的形态呈现,以至于让人类自己都感觉到我们或许已处于"增长的极限"的边缘,若不做出重大调整,在不远的未来"人口和工业生产力双方有相当突然和不可控制的衰退"。为什么这么多的变化会发生在 20 世纪乃至于延续到 21 世纪,而不是之前? 这些变化如何发生的? 我们或许依旧可以将目光放在自然界的各种显性和隐性的变化上,并用各种更为先进的技术手段和设备对这些变化加以追踪监测。但是如果我们想挖掘出导致这些变化发生的更多深层原因,就必须将观察视角转向我们自身活动本身。虽然人类的发展与自然的演进构成了我们这个物质世界变化的整体,但毫无疑问,进入 20 世纪以后的人类发展逐渐成为世界变化的主导性力量,自然界的变化更多成为对由主导力量推动下世界变化的回应。如果我们以看待函数变动关系来观察人类活动和自然变化间的复杂联系,人类活动将作为变化的自变量,自然变化则成为因变量,而不确定的结果就是我们可能有各种推测的未来。

人类对于未来的发展长久以来都存在着种种遐想与好奇,其结果无外乎是对美好的预判和灾难的推测。从情感上讲,我们都倾向于前者的预判而否决后者,但历史的发展是充满客观和唯物性的。它的发展不完全依赖于我们的意志与情感,而取决于我们的实际行动。这个实际行动则正是具有主导力量的自变量。换言之,我们的行动,尤其是对外部自然界的行动,正决定着我们可能面对的未来。

我们在这里并不对未来做出某种类似于"美好""灾难"这样的定性预测,更愿意将与人类相关的自变量"人类因素"进行拆分,将这个很强的综合性术语拆分成人口增长、城市化、技术异化、能源消费、经济变革五个部分来分别进行讨论,这样的安排既是为了符合逻辑,也是为了方便独立探讨其中的要素是如何对自然界产生影响与冲击的,以期待我们能从一个相对全面的视角来看待和思考人类发展对自然的影响。

第一节　人口增长对环境带来的影响与冲击

马克思主义生态学者雷纳·格兰德曼指出,人口问题之所以可以像污染和资源枯竭一样被看成是生态问题有两方面的原因:首先,增加的人口会加剧对资源开发使之更加紧张,而技术进步发展也导致污染成为资源开发的副产品;其次,从本质上而言,人口问题可以作为一个生态问题,例如人口增加会导致对粮食需求的增加,为满足这一新增的需求,一些有损于生态的措施将会被采用,把林地变为耕地和增加化肥使用,以增加单位田地的产量就是对粮食需求增加的回应。人口问题,无论是作为影响生态环境的一个重要因素,还是其本身被作为一个重要的生态问题,总之,都越来越引起生态学研究者、人口学研究者、社会学研究者及国家政策制定者等的关注。人类过去以及将来以什么样的规模生存于地球生态系统之中,地球生态系统究竟能养育多少人口,这些问题长期以来在学术界争论不休且观点不一。但不论观点有怎样的差异,以下的思想却是大家的共识:社会经济系统受制于自然生态系统的阈值,作为社会经济系统核心的人,其数量、质量和结构也必须在自然生态系统的阈值约束下发展。自然生态环境为人口提供了发展的物质基础,人口发展状况也对自然

生态环境产生着巨大的影响。① 只有让二者实现某种平衡，才能实现人类社会
与自然环境的和谐。

一、全球人口的增长

20 世纪世界人口的高速增长及其所造成的人口数量猛增，构成了对自然
资源和环境的直接压力，成为引发全球环境危机的重要原因之一。

过去 100 年里，世界人口增加了 45 亿人，其中 80% 发生在 1950 年以后。
与历史上人类的增长速度相比，尤其是以每 10 亿人口的增长为单位进行比
较，20 世纪的世界人口增长达到了一个前所未有的速度。世界人口总数大约
于 1825 年达到了 10 亿人，这是用时 2000 年才做到的；接下来的一个 10 亿人
只用了 100 年；第三个 10 亿人让世界人口总数达到 30 亿人用了 35 年，即
1925—1959 年；第四个 10 亿人用时 15 年，即 1960—1974 年；第五个 10 亿人
从 1975—1987 年后期用了 12 年。在接下来的 12 年中，又增加了 10 亿人，这
使得世界人口在 2000 年之前达到 60 亿人。② 根据联合国经济和社会事务部
发布的报告说明，截至 2011 年，全球人口已突破 70 亿人。

另一种衡量人口增长数量和速度的尺度是人口数量翻番的时间。在很长
一段时间，地球人口增长缓慢。到公元元年，世界人口才勉强达到 3 亿人左右，
从那时起一直到 18 世纪，世界人口增至 8 亿人。世界人口大约每 1500 年增加
1 倍。然而从 1800 年起，增长速度开始加快，到 1900 年，世界人口已达 17 亿
人，仅用了 100 年时间人口增加了近 1 倍。世界人口从 12.5 亿人倍增到 1950
年的 25 亿人经历了 100 年的时间，而接下来的再次倍增，世界人口从 25 亿人
到 1987 年的 50 亿人只用了 37 年。也就是说，世界人口在不到 40 年时间的增
长量相当于自人类出现以来到 20 世纪中叶的总增长量。③

① 李繁荣、韩克勇：《经济思想批评史——从生态学角度的审视》，山西经济出版社，
2014，第 134 页。

② 克莱夫·庞廷：《绿色世界史——环境与伟大文明的衰落》，王毅译，中国政法大学出
版社，2015，第 194 页。

③ 联合国环境规划署编《世界资源报告(1998—1999)》，国家环境保护总局国际司译，
中国环境科学出版社，1999，第 21—22 页。

　　人口快速增长的原因是死亡率的大幅降低,平均寿命延长,特别是在发展中国家,由于战后医疗卫生事业的发展,传染病得到有效控制,死亡率大大下降。在 1950 年之后增加的人口中,有 95% 集中在发展中国家。第二次世界大战后,发达国家曾出现人口的高速增长,到 20 世纪 60 年代中期后已降到 1% 以下。发达国家的年平均人口增长率从 1970—1975 年的 0.86% 减少到 1985—1995 年的 0.53%。与此形成对比的是,发展中国家的年平均人口增长率从 1970—1975 年的 2.38% 仅下降到 1985—1990 年的 2.10%。而且其增长率持续性地维持在这一水平上。这种不同的增长率导致了世界人口分布向发展中国家倾斜。在 1900—1950 年,发达国家人口占世界人口的 1/3,而到 1985 年,这一数字则低于 1/4。地区差异非常明显。在东亚、东南亚、中美洲和加勒比海地区人口增长率明显下降,而 80 年代,非洲人口平均增长率达到 3%。37 个年增长率超过 3% 的国家中,有 22 个在非洲,10 个在中东,3 个在中美洲。科特迪瓦、肯尼亚、津巴布韦的年平均人口增长率已超过 4%。如果把整个非洲撒哈拉以南地区看作是一个整体,并保持现在的人口增长速度,那么 1985 年的 4.85 亿人将在 22 年内翻一番。[①]联合国人口局在 1991 年对 20 世纪 80 年代以来的世界人口的长期趋势做出了如下估算:根据中等的预测,世界人口将从 1992 年的 54.8 亿人增加到 2050 年的 100 亿人,到 2150 年达 116 亿人。到 2025 年,年均增长约 9000 万人,2025—2050 年,年均增长下降到 6100 万人。其中约 97% 的人口增长将集中在发展中国家。[②]

　　由于发展中国家人口的迅速增长,世界贫困人口的数量也在持续增加。根据世界银行的估计,1985 年,有超过 11 亿人生活在人均年收入 370 美元的贫困线以下,这相当于发展中国家总人口的约 1/3。联合国的另一项估计,世界贫困人口从 1970 年的 9.44 亿人增加到 1985 年的 11.56 亿人。虽然世界贫困人口的比例自 20 世纪 80 年代开始下降,但由于人口基数的增加,贫困家庭的总

　　[①] 皮尔斯、沃福德:《经济学·环境与可持续发展》,张世秋 等译,中国财政经济出版社,1996,第 182 页。

　　[②] Hartmut Bossel, *Earth at the Crossroads: Paths to a Sustainable Future* (New York: Cambridge University Press, 1998), p. 57.

数仍呈增加态势。发展中国家中营养缺乏人口比例从 1960—1970 年的 25% 下降到 1983—1985 年的 20%，但同期营养缺乏的总人口却从 4.6 亿人增加到 5.12 亿人。[①] 人口的迅速增加及不平等的土地分配制度，更加大了穷人利用瘠薄土地的压力。例如，根据 1989 年的统计，在拉丁美洲，70% 的农业家庭没有或几乎没有土地，而 10% 的人口拥有 95% 的可耕土地。结果，许多农民被迫划分本来已经很少的土地，将其分给子女，直至这块土地小到不能维持他们的生计为止。贫困的农户别无选择，只得迁到不毛之地。这些环境问题反过来影响这些贫困移民的生活，从而导致人口增长、贫困加剧和环境恶化的恶性循环。[②]

二、人口增长对自然环境的影响

与相对不均衡的人口增长同时出现的是地球自然环境各方面的退化。人口数量的增加，加上随着生产技术水平的提高，人类的生活水准也越来越高，便带来对自然资源无止境的开发，加剧了对耕地、能源和水源等的额外需求。这一因人口增加而追加的开发及需求不断逼近自然环境的最大承载力，引起环境负荷加重、生态平衡失调、环境状况恶化。

（一）对淡水资源的影响

生命始于海洋，地球上一切生物的生存无不依赖于水。充足、安全卫生的淡水供应对健康、粮食生产和社会经济发展至关重要。尽管地球上超过 2/3 的面积被水覆盖，总量达到约 13.7 亿立方千米，但其中人类不能食用的海水占 97.5%，淡水量只占 2.5%，而且淡水中的 68.7% 又藏于两极冰川与永久性"雪盖"中，真正可供人类利用的淡水资源，只占淡水总量的 1%。人口增长对自然环境造成的一个直接的压力就是对淡水资源需求的激增，进一步加重了淡水资源的稀缺程度。一项粗略的统计显示，在 1900—1990 年，人口增加了 4 倍，用水量则增长了 9 倍，这就意味着，20 世纪 90 年代的人均用水量是 1900 年的

---

① Hartmut Bossel, *Earth at the Crossroads: Paths to a Sustainable Future* (New York: Cambridge University Press, 1998), p. 57.

② Mostafa Tolba, *The World Environment 1972–1992* (London: Chapman and Hall, 1992), p. 184.

2 倍多。①

　　根据世界银行 1995 年 8 月的一份发展报告称，目前全球有 40%的人口面临着水资源危机，发展中国家有近 10 亿人饮用不到清洁的水，17 亿人没有良好的饮水卫生设施。发展中国家 80%的疾病，是由于饮用污水引起的，由此造成每年约 2500 万人死亡。世界银行、联合国环境规划署和开发计划署及世界资源研究所在 20 世纪 90 年代中期联合提出的一份报告中也预测："到 2025 年，世界人口将增加 50%，达到 83 亿人，工业发展很可能会抵消为减少气候变化的废气排放所做的努力，水资源短缺在 30 年内可能会变得十分严重。"②

　　面对日益严峻的淡水供应形势，人类往往被迫采取更多手段和利用一切可能的途径来获取和开拓水源，例如在许多国家最常见的是开采地下水，虽然可以在短期内解燃眉之急，但并不能从根本上解决淡水资源短缺的矛盾，由此产生的副作用是水位下降造成的地表下沉，有些城市的建筑物还出现裂缝与倒塌现象。有些临海城市甚至出现海水对地下水的渗透，使获取的地下水难以饮用。

　　在印度，水井的数量由 1975 年的 80 万口上升为 2002 年的 2200 万口。以此取水的代价是许多地方的水位年均下降 1 米，而在古特拉特邦北部，水位在 30 年中下降了超过 400 米。在北方邦，政府在 1970—1985 年间打了 2700 口井以把淡水送到农村地区，到了 1990 年，其中有 2300 口井已经干枯。在也门，水位以每年 2 米的速度下降，而首都萨纳的人口增长则每年超过 3%，接下来的数年中，这个城市就可能无水可用。由于过分抽取地下水，其他城市也遇到了不同的问题。墨西哥城市建立在一个湖上，其用水量在 20 世纪上涨了 35 倍，导致这座城市向这个湖心下陷超过 7 米。日本东京从 1920 年开始抽取地下水，往后 40 年里使得东京下陷了 5 米，幸好从 60 年代开始日本政府采取严

---

① J.R.麦克尼尔：《阳光下的新事物：20 世纪世界环境史》，商务印书馆，2013，第 122 页。

② 王豪：《水资源的挑战与我们的对策》，《郑州工业大学学报（社科版）》1996 年第 2 期，第 18—23 页。

格的控制措施,总算使情况得以稳定。①

　　水资源的匮乏一方面促使人们不停地发掘包括地下水在内的各种水源,另一方面也推动人们将现有的水源更加充分地加以开发利用,而最常见的方式是修建大型水库和水坝。

　　20世纪后半期,全世界建成的水库和水坝数量达到4万座。世界水库覆盖的总面积相当于意大利的2倍,世界2/3的河流都有水坝建成。虽然这些现代水利工程对当地社会经济的发展(诸如粮食生产、发电)有着显著的推动作用,但不少工程在环境和人的健康方面有着高度危害。水库导致的淹没使得每年大约有400万人被迫迁移(他们中有一半在印度),过去60年中总迁移的人数可能多达4亿人。由此形成的水面使得大量土地失去,例如加纳的沃尔特大坝淹没了80万公顷土地,位于赞比亚和津巴布韦交界的卡里巴大坝淹没了约40万公顷土地,这些土地过去是很好的农业用地。大型水利工程导致的众多问题中,最为典型的就是建于尼罗河上的阿斯旺大坝。

　　承载埃及繁荣梦想的阿斯旺大坝从1960年开始修建,于1970年竣工投入使用。水坝的建成对埃及的社会经济发展起到了巨大的促进作用,其南面500多千米河段上形成的纳赛尔湖为埃及合理利用水源提供了保障,供应了埃及一半的电力需求,并阻止了尼罗河每年的泛滥。得到控制的河流量可使每年能种两至三季农作物——水稻、棉花和玉米等所有的夏季作物均产量大幅增长。这是大坝带来的直接经济效益。但相比之下,为取得这些收益所付出的生态和健康代价则极为高昂。由大坝形成的湖——纳赛尔湖位于蒸发量最高的地区,每年会有1/6的水分消失;大坝在阻挡洪水的同时也阻碍了淤泥的下泄,下游灌溉区的土地得不到营养补充,所有土地肥力不断下降,致使农业减产。为填补肥力下降带来的减产,就不得不使用化肥,生产化肥又用掉了大坝发的相当一部分电。缺少了淤泥,尼罗河三角洲就收缩,海水向内陆涌进了50千米,三角洲在部分地区正以每年70—90米的速度后撤。尼罗河排入地中海的水量只是50年前的1/16,而这大大增加了地中海的盐度。永久性的灌溉导

① 克莱夫·庞廷:《绿色世界史——环境与伟大文明的衰落》,王毅译,中国政法大学出版社,2015,第218页。

致血吸虫病的发病率上升了 5—10 倍,局部地区的发病率接近 100%。阿斯旺大坝还不断地侵蚀和吞噬着尼罗河河谷地区的埃及文化遗产。古埃及留存下来的许多珍贵历史文物遗迹被纳赛尔湖淹没,其他地方随着下游水位的抬升,盐和矿物质对遗迹的损害也大大增加。阿斯旺大坝虽然消灭了长久以来尼罗河洪水的破坏性影响,但并没有彻底解决埃及的缺水问题。由于埃及人口在大坝建成后翻了一番,增加的人口对水的需求量超过了尼罗河水的供给量,而且根据水文学家的估计,沙漠地区的炎热气候还要从纳赛尔湖蒸发至少 1/6 以上的水量。这归根结底都是埃及的损失。直至今日,埃及仍然是世界上缺水最严重的国家之一。

（二）对农业生产的影响

人口快速增长使人类很快面临资源短缺的威胁,与人生存息息相关的重要资源除了淡水之外就是粮食。在历史上,对于人口增长的传统反应是将更多的土地用于耕作,哪怕这些新开垦的土地的产量比早已形成的农业区域要低。从世界范围看,这种以无限开垦的方式来应对人口增长带来的生存压力从 1700 年就已经开始。过去 300 年中,世界的牧场面积增加了 680%,农田面积增加了 560%,与之相对应的则是草地减少了 43%,森林和林地减少了 22%。到 20 世纪末,世界植被区域大约 1/3 已被驯化植物和牧场覆盖。

用作粮食、肉类和其他经济作物生产的农业用地的迅猛增长,主要原因是本国农地的拓展和海外土地的开垦。1850—1950 年的 100 年间,仅欧洲地区就有 7000 万人移民去世界各地。大量人口的外移既缓解了其母国的人口压力,也带来了巨大的定居热潮。这些人席卷了这片新大陆,创造了新的农业用地。19 世纪初,定居北美的欧洲移民还仅限于东海岸的一小块区域,但是到 19 世纪末,定居地就延伸至太平洋。1860 年后的 60 年内,世界各地约有 5 亿公顷新土地被辟作耕地。总体而言,1860—1960 年,用于农作的土地在美国增加了 2.5 倍,在苏联增加了 4 倍,在加拿大增加了 8 倍,在澳大利亚则增加了惊人的 27 倍。到 20 世纪下半叶,上述国家对农田的扩展逐渐停止,但在其他气候温润、适宜于粮食种植的地区这种扩张并没终止。例如,巴西的耕地 1930—1970 年增加了 6 倍,而且亚马孙地区的开发还在增加。

耕地和牧场的大量增加的确能在一定程度上缓解人口增长带来的粮食压

力,至少在 19 世纪和 20 世纪最初的几十年内,粮食的需求与供给的矛盾并不是那么尖锐。然而从 20 世纪下半叶开始,随着人口数量的快速增长及总人数翻番时间的大幅缩短, 单纯依靠对农田数量上的投入已难以满足全世界对粮食的需求,况且可转换为农业生产的有限的土地也支撑不了这种不加限制的开垦。这促使农田耕作者需要在如何提高土地的单位产量上采取更多的技术性措施。这些技术性措施虽然大幅度提高了农作物产量,但因为高投入和高耗能带来的负面效应对生态环境造成了严重破坏。

在 19 世纪中期以前,世界各地的农业生产力的增长主要依赖于生产过程中技术层面的一系列小改进——改进的轮作、新的饲料作物、较好的排水和灌溉设施以及一些新作物。这些小的技术改进对于农作物的增产提升成效非常缓慢,比如欧洲的农作物产量用了 600 年才翻了一番,中国的水稻产量翻番时间虽然不及欧洲那么长,但也用了约 350 年时间。这种极为缓慢的农业产量增长在 19 世纪中期以后得到了改变。土壤中的养分消耗,特别是氮和磷的消耗,限制了植物的生长,进而减少了谷物的产量。如果不能从自然界获取充足的磷和从空气中获得氮,农业的产量无法取得根本性的提高,也无法养育更多的人口。1842 年,英国人约翰·劳斯首次将硫酸应用于硝酸盐矿石,制造出最早的可施于土壤的化肥——超级磷酸盐。劳斯发明了人造肥料,很快就建立了第一家化肥公司。往后大量的磷酸盐矿被开采出来,经化学处理成磷酸盐后被源源不断地供应给北美及欧洲的富裕农场主。另一位解决了向土壤提供氮肥的是德国人弗里茨·哈伯。作为化学家的哈伯在 1909 年发明了从空气中提取氮的氨合成法,工业化学家卡尔·博施依据哈伯的方法将其进行了规模化生产。

总体而言,世界的化肥使用从 1900 年的 36 万吨,飙升至 2000 年的 1 亿3700 万吨,使用的最高峰值是 1990 年的 1 亿 5000 万吨。化肥被大量施用于农田有助于作物产量的提高,增加的粮食产量或许能使新增的 20 亿人口免受饥荒。从这个方面看,化肥的发明和使用似乎给人类生存带来了巨大的裨益。因为如果不能大幅增加农田单位产量,维持现有世界人口大约需要增加30%的耕地——这是一个非常困难的目标。[①]虽然每年投入的化肥数量巨大,但浪

① J.R.麦克尼尔:《阳光下的新事物:20 世纪世界环境史》,商务印书馆,2013,第 23 页。

费情况也相当惊人。据估计,至少有一半化肥从土地上被冲入了水道,由此导致了众多的环境问题。首先,留在土壤中的化肥,因长期过量使用,"对土地施以化学疗法"将造成微量养分供应出现问题,结果是对农业有害而不是有益。[①]对粮食产量而言,大量使用化肥的效果是有限的。在西欧,1910—2000 年,化肥使用量增长了 10 倍,但粮食产量只增加了 2 倍。其次,对于被水流冲走的多余肥料而言,造成的后果是江河湖海因严重的化肥含量过度而富营养化。例如,在北亚得里亚海,因流入的河流中含有大量的多余化肥成分,致使该海域 1872—1988 年,因富营养化而造成藻类植物疯长的次数达 15 次。藻类疯长对鱼类及其他海底生物和旅游业都是一场浩劫。20 世纪结束时,全世界的化肥使用已达到其极限——土地上投放再多也不会增加产量,而只能增加其他问题了。

纵览 20 世纪,世界农业产量有很大的提高,而且随着种植技术的进步,产量在 21 世纪可能还会有进一步增加。但过去及现有的迹象表明,世界农业在增长方面有很大的脆弱性。农业产出的增加很大程度上是依靠投入上的巨额增加。与世界其他产业相比,工业化世界的农业生产并不显得更高效,它能够做到的就是更多资源的投入,从而获得更高的产出。这个过程目前已基本走到理论上的极限。化肥的使用数量早已破历史纪录,再多用也增加不了产量,因为绝大多数正在使用的作物品种已经接近它们可能的最高产量了。对于土地来说,化肥数量早已超过能予承载量的上限,再多用只能剩下对土壤肥力破坏的结果了。化肥的大量使用还造成农业生产对化肥形成严重依赖,影响了对作物的选择。一些对化肥反应良好的作物(例如玉米)被广泛播种,取代了那些对化肥反应不明显的作物。在 20 世纪里,世界农作物种类有 3/4 被抛弃,不再种植。这使得人们所食用的食物品种越来越单调——2/3 的粮食来源于水稻、小麦和玉米。这就使得世界粮食在事实上非常脆弱,只要有任何病害影响到这些品种中的一类,就会出现粮食危机。

---

① *Land Transformation in Agriculture*(Chichester:Wiley,1987),pp. 220—221.

第二节 急剧的城市化对环境带来的影响与冲击

在过去的历史评价中，人们通常将城市的出现视为社会文明产生的重要标志之一。但是，在过去数千年的时间里，城市对大多数人口的生活并没产生什么影响，尽管在一些国家和地区出现了部分在历史上对政治、经济和文化传播有着重大作用及意义的城市，例如雅典、罗马、伊斯坦布尔、威尼斯、西安、开封等。在19世纪早期之前，全世界仅有不到3%的人口生活在城市，即便在20世纪开启之际，1900年，世界人口也只有14%左右生活在城市。这种人口分布情形自20世纪中期以后发生了巨大变化。其最主要的表现就是世界城市化的步伐突飞猛进。这种变化几乎与人口数量的快速增长同步发生。不论是工业化国家还是非工业化国家，一座座新形成的城市不断在地图上涌现出来。根据最新的联合国经济和社会事务部公布的《2018年世界城市化趋势》报告数据，世界上55%的人口已生活在城市，预计到2050年，全球城市化率将达到68%。

城市人口的自然增长和乡村人口向城市的迁移是城市化水平不断提高的原因。城市之所以能大量吸引外部人口的流入，主要是因为城市地区能提供更多的机会与服务，尤其是就业和教育。不仅如此，城市还通常是文化和知识技术发展的中心、进入世界的窗口，以及农产品加工基地，总之，城市是创造财富的源泉。一个国家城市化水平的高低与该国的人文发展水平有着很强的正相关关系。然而，一味地城市化也不总代表着所有的积极因素。城市的快速增长在创造就业的同时也产生了数量庞大的失业人口。城市的规模经济发展能为我们提供更为便捷的生活方式，同时也产生了一系列城市病，例如交通拥挤、住房紧张、供水不足、能源紧缺、环境污染、秩序混乱，以及物质流、能量流的输入、输出失去平衡，需求矛盾加剧等问题。这些问题使城市建设与城市发展处于失衡和无序状态，造成资源的巨大浪费、居民生活质量下降和经济发展成本提高，在一定程度上阻碍了城市的可持续发展。因此，如何有效促进城市环境的可持续发展成为未来的一项重要的任务和挑战。

一、世界城市化的发展

20 世纪是人类历史上城市化进程最快的世纪,在工业化扩张和人口自然增长大幅提升的双重推动下,世界城市化发展步入快车道。

1920 年,全世界人口中,大约只有 3.6 亿人是城市人口。到 20 世纪末,城市人口增长到 29 亿人左右,占世界人口的 47%。1950—1980 年,发达国家的人口从 4.47 亿人增加到 7.98 亿人左右。虽然在 1950 年发展中国家的城市人口还只有 2.87 亿人左右,但到 1970 年,这个数目已翻了一番还多,达到 6.73 亿人,1980 年则增加到 9.66 亿人左右。也就是说,1980—2000 年,发展中国家的城市人口净增约 10 亿人,这一增长数大约等于 20 世纪末发达国家城市人口的总和。[1]由于发展中国家城市人口增长率很高,各类规模城市的人口均保持很高的增长速度。在世界范围内,拥有 100 万人及以上人口的城市数量 1950 年为 946 个,到 1980 年已增加到 1886 个。20 世纪后半期的城市发展中,巨型都市不断涌现。2000 年,世界人口超过 1000 万人的城市有 20 个,最大的是东京(2640 万人),接下来的是墨西哥城(1840 万人)、孟买(1800 万人)和上海(1600 万人)。与 50 年代相比,城市人口的分布已经从较小的城市向较大的城市转移。1950—1980 年,居住在不到 10 万人口的城市人口比例从 42.5%降到 38.1%,而拥有 100 万人及以上人口的城市人口比例从 1950 年的 27%增加到 1980 年的 34%。在发展中国家,100 万人以上的城市的数量和规模均在迅速增长。根据联合国的统计,到 2000 年,世界上 30 个最大城市中有 2/3 以上位于发展中国家。到 21 世纪第一个 10 年结束时,预计有一半的世界人口将居住在城市,而 1972 年居住在城市的人口只占总人口的 1/3。[2]

发达国家城市化与工业的发展是同步的,而许多发展中国家的城市化速度超过了工业的发展速度,因基础设施的匮乏和公共服务的缺失,结果形成了

---

① Michael T, Snarr and D. Neil Snarr, *Introducing Global Issues* (Boulder:Lynne Rienner Publishers,1998),p. 40.

② 联合国环境规划署编《世界资源报告(1988—1989)》,中国环境科学出版社,1990,第 53—57 页。

许多贫民区。许多城市居民住房条件恶劣,排水设施缺乏,失业增多,犯罪率长期居高不下。2006 年的联合国人居环境署报告估计,世界城市人口的 1/3 生活在贫民区。而在撒哈拉以南的非洲,这一比例达到了总人口的 3/4。城市规模的扩大往往是人口、资金、商品、能源等多种资源要素汇聚的结果,同时也得益于市政建设的推动。资源要素汇集于城市并以不同的方式相互转化,有利于促进经济的发展,改善社会福利。但在这一转化过程中也产生了大量废物,这些废物会污染空气和水流,同时会破坏可再生的自然资源。在发展中国家,城市化的迅速发展对空气和水质产生了严重影响。联合国环境规划署在 1990 年发表有关研究报告指出:河流和海湾附近的大规模城市化严重影响了水生生物群;未经处理的家庭生活用水使鱼类死亡,并使甲壳类动物受到污染。沉积物和有毒物质从不卫生的垃圾坑渗入河流和港湾,加快了泥沙沉积速度,增大了河流浑浊度,使鱼卵、幼虫、无脊椎动物和微生物窒息死亡。处理过的城市工业废物排入大海,增加了河水和海水的毒性和温度,并减少了氧气的溶解度。[①] 在发展中国家的大多数城市里,空气质量远远低于西欧和北美国家的标准,并且比国际上所能接受的标准也低得多。印度一些工业化城市,由于依靠煤炭和木材作为燃料,空气质量很差。在印度的大多数城市里,汽车产生的空气污染物总量是发达国家的 2—3 倍。[②]

20 世纪下半叶以来,日益加速的城市化不仅对当地的环境产生影响,而且对邻近地区有较大的环境影响,主要表现在:农业与林业用地转化为城市与基础设施用地,如果大量农田变成城市用地,将会影响到邻近地区的农业的可持续发展。滨海地区的城市化还会破坏脆弱的生态系统,改变滨海地区红树林沼泽、暗礁及海滩等地形的原始水文特征,削弱其保护生物物种免受侵害的功能。城市的空气污染不仅危害着居民的身体健康,还对距离很远的蔬菜和土壤造成了损害。交通是引发污染的重要因素,小汽车与工厂大量集中在城市,加

---

① 联合国环境规划署编《世界资源报告(1988—1989)》,中国环境科学出版社,1990,第 4 页。

② 同上书,第 66—67 页。

剧了全球城市的温室效应。①

二、城市化对环境的影响

城市化的发展给人们生活带来了巨大的改变，同时也改变了生态环境的结构。城市化为了给人们足够的生存空间，提高人们的物质品质和生活质量，从而使物质的能量与循环发生变化。物质与能量在城市里的循环如果能有序进行，那么城市空间将会持续增加人的宜居性；相反，如果物质与能量之间的循环被破坏或者被阻塞，城市化的过度发展则可能导致一系列城市病，而这些城市病基本上是通过不同程度的环境退化彰显出来的。城市宜居水平的降低乃至完全不适宜于人的居住，正是城市发展对原有生态环境造成破坏后走向自身反面的结果。城市化的前途并非都是具有积极意义和不充满风险的。它受制于环境承载遭受破坏的容量，一旦这个限制被突破，生态环境恶化的同时也将制约城市的发展。城市化对环境的影响是多方面的，出于内容篇幅的考虑，本节将主要阐述城市化对空气环境和对废弃垃圾产生的影响。

（一）城市化对空气质量的影响

对世界上许多国家和地区来说，但凡有城市的区域，其空气质量都会比农村地区更为糟糕。尽管不是每一座城市都一定遵循这一比对结果（例如一些发达国家在过去数十年里持续性地对特定城市的空气污染采取了非常严格的治理与管控，使其逐渐转变为洁净的城市），但总的来说，城市的空气污染情况普遍高于农村地区，而且城市的规模越大，所居住的人口越多，空气的污染程度越严重。这一现象，在新德里、孟买、加尔各答、墨西哥城、达卡、德黑兰、开罗、北京等城市尤为突出。

造成城市空气污染的主要原因有机动车废气，工厂废气和用于家庭生活的木材、煤、煤油等物质燃料燃烧后的废气。在这里，我们主要关注机动车废气和工厂废气对城市空气质量的影响。

1. 机动车废气的污染

一座城市所拥有的机动车数量，往往成为该城市经济繁荣与发达程度的

---

① 联合国环境规划署:《全球环境展望 3》,中国环境科学出版社,2002,第 239 页。

一项重要指标,或许在很多人看来,城市里机动车数量的增长反映了居民收入及生活水平的提高,因此机动车数量越多越好。机动车数量的增加及路网密度的加大虽然为人们的交通出行提供了更大的便捷度,但产生的负效应是机动车废气的排放量急剧增加。在开罗,机动车数量超过400万辆,这些车辆排放的废气、悬浮物质以及从邻近沙漠地区带来的沙尘一直笼罩在城市上空。其中悬浮物质及其所造成的污染达到了世界最高水平,曾导致1060万名城市居民感染上呼吸道疾病。汽车废气不仅威胁到当地居民的健康,而且对于开罗保有的大量历史文物遗迹亦是一种威胁。为使历史遗迹免受汽车废气的熏蚀毁坏,埃及政府一方面要求机动车必须使用无铅汽油,另一方面在特定时间段通过对文物遗迹所在地区采取车辆限行的方式来减少尾气污染。尽管有上述保护措施,但面对如此庞大数量的机动车群体,迄今为止,开罗的空气质量状况并没有明显好转。开罗并不是唯一遭受机动车尾气污染的城市,与之有着相似情形的还有墨西哥城。

墨西哥城的汽车保有量从1950年的约10万辆发展到1980年的200万辆,1994年的400万辆,2010年则突破600万辆。20世纪80年代,机动车排放物占墨西哥城污染物总量的85%,其中轿车占2/3,其余为卡车和公交车。从20世纪70年代开始,墨西哥城的二氧化硫排放量是世界卫生组织(WHO)指导标准的1—4倍,有时甚至会达到"安全"浓度的10—15倍。严重的空气污染,不仅使得当地居民呼吸困难,而且对其他生物也产生了严重威胁。自20世纪60年代以来,墨西哥城西南的野生杉树林生长速度明显减缓;到1993年污染已使1/3的杉树死亡。在1985年污染最严重的一段时间里,甚至在天上飞行的鸟会因窒息而跌落下来。[1]在其他一些发展中国家,城市机动车产生的废气正成为这些地区的空气的重要污染源。印度、印度尼西亚、孟加拉国、马来西亚、泰国等国家,两轮摩托车和三轮出租车占了交通工具的半数以上,污染非常严重。车辆维护不周、燃料含铅量高、路况较差及交通拥挤而造成的交通时间延长同样加大了污染。

---

① J.R.麦克尼尔:《阳光下的新事物:20世纪世界环境史》,商务印书馆,2013,第78—79页。

机动车辆造成大气污染的现象也同样存在于发达国家。虽然许多发达国家已采取措施,淘汰了部分排量大、油耗高的机动车型,减少了一部分污染气体的排放,但机动车数量的不断增加对城市空气质量仍有重要影响。很多城市居民仍然生活在高污染的环境当中,进而引发许多疾病。在环境保护整体水平较高的西欧,其在 21 世纪初对 2010 年的规划表明,可能有 70%的城市人口届时依然会生活在某种物质环境质量超标的状况之下,其中 20%的人生活在二氧化氮含量超标,15%的人生活在苯含量超标的状态之下。① 在北美和澳大利亚,这样的问题依然存在。改进汽车的技术可以在某种程度上缓解城市的空气污染,但如果不能摆脱对汽车,尤其是对私人小汽车的依赖,选择对环境更为友好的出行方式,例如公共交通工具、自行车和步行等,要避免大量机动车带来的废气污染则非常困难。

2. 工业废气的污染

城市的兴起往往与工业的发展并行,在很大程度上,工业的扩张成为城市扩张的动力源。工业发展为城市创造巨额财富, 为当地政府提供主要财政收入,同时也为城市带来大量就业机会,不可否认,工业发展确实在城市化进程中发挥了重要作用。但是,城市中工业的发展也并非产生的都是积极作用,大量工厂的废气排放已经成为导致城市空气污染的另一主要原因。

化石燃料和生物物质的燃烧是诸如二氧化硫、一氧化碳、一氧化氮、二氧化氮、挥发性有机化合物和一些重金属等空气污染物最主要的来源,同时也是重要温室气体之一的二氧化碳的一个主要人为污染源。现代工厂为维持正常生产对化石燃料和生物质的使用和依赖已达到非常高的程度,尤其是前者,几乎成为所有类型工业的必需品,这无疑加剧了对空气的污染。在 20 世纪的最后 25 年里,全球能源供应增长了 57%,其中主要是石油、天然气和煤炭,核能、水力发电和其他可再生能源占次要地位。各地区对燃料的使用差异很大,如在俄罗斯主要是天然气,而在中国 73%的能源消耗来自煤炭。在发展中国家,生

---

① EEA,*Environment Signals 2001: Environment Assessment Report No.6.*(Copenhagen, 2001).

物物质是重要的能量来源,也是这些国家室内空气的主要污染源。①

对许多工业化国家来说,空气污染物的排放量已经下降或者趋于稳定,这主要是自1970年以来各种减缓政策颁布与实施的结果。尤其是在人口集中的城镇区域,工业化国家在实施更为严格的环境管理政策的同时大力推广清洁能源技术的发明与创新。在日本,阪神地区(大阪和神户的合称)作为自明治维新之后兴起的工业城市,长久以来在日本的工业化进程中发挥着举足轻重的作用。工业化促进了阪神地区的城市化发展,外来人口的流入使得该地区人口数量几乎每20年就翻一番。与阪神地区工业化和城市化扩展相伴随的是空气长期受到污染,其间虽有治理但并未从根本上得到改变。过去大阪在日本被俗称为"烟城大阪",其烟尘污染堪与圣路易斯、辛辛那提、伦敦、柏林一决高下。②20世纪20—30年代,阪神地区政府虽然对空气污染展开治理,但行政管理与法规都无法跟上城市工业发展的步伐:大阪的人口在1920年翻了一番(达到240万人),占地也在扩展;1932年大阪城的烟尘检测人员只有3人,但是该城的工厂烟囱却有3.5万根。外加日本的对外扩张战争需要工业的支持,这使得工业对该地区造成的污染更加不被关注。阪神地区的工业对空气的污染直到20世纪60年代后才为日本政府所重视,主要是因为工业对环境的污染及民众的抗议,已使得政府无法再回避这一事实。20世纪70年代开始,随着一系列法律和严苛的环境保护制度被运用于工厂,加上日本在环保技术研发上的不断投入,不仅是阪神地区,整个日本的空气质量开始变得清洁起来。阪神地区的城市发展与环境治理是许多发达国家城市化与工业化并行下的一个缩影,即发展—污染—治理。虽然取得了成功,但造成的环境成本却异常高昂,并且该路径也难以为其他国家所模仿和复制。

对许多发展中国家的城市来说,要避免重蹈上述发达国家城市的工业污染的覆辙依然非常艰难。1992年,世界卫生组织和联合国环境规划署对全球20个主要大城市的空气污染做了详尽调查,指出这些城市的空气污染严重对

① 联合国环境规划署:《全球环境展望3》,中国环境科学出版社,2002,第206页。

② Miura,Toyohiko,*History of Environmental Destruction from the Perspective of Air Pollutio*(Tokyo:Rodo Kagaku Sosho,1975),p. 244.

人的健康构成威胁。被调查的 20 个大城市分别是:曼谷、北京、孟买、布宜诺斯艾利斯、开罗、加尔各答、德里、雅加达、卡拉奇、伦敦、洛杉矶、马尼拉、墨西哥城、莫斯科、纽约、里约热内卢、圣保罗、汉城(现首尔)、上海和东京。在这 20 个城市中,属于发达国家的只有伦敦、洛杉矶、纽约、东京,其余皆属于发展中国家。该研究对 20 个城市的 6 种污染物浓度进行调查,指出墨西哥城的污染最为严重,其二氧化硫、一氧化碳、悬浮颗粒的污染超过世界卫生组织基准的 2 倍,而二氧化氮污染列为中度到高度,也超过世界卫生组织基准的 2 倍。曼谷、北京、孟买、开罗、加尔各答、德里、雅加达、卡拉奇、马尼拉和上海的悬浮颗粒污染也很严重。开罗和卡拉奇的铅污染相似,北京和首尔的三氧化硫污染较重。20 个大城市中,卡拉奇的铅污染居首位,而洛杉矶、圣保罗和东京的臭氧污染严重。[①]

面对工业对城市空气造成的严重污染,许多发展中国家加强了对城市空气质量的管理。一系列提高城市空气质量的政策与技术相继出台,例如催化式排气净化器、无铅燃料与天然气等替代性燃料。在亚洲许多国家采用了静电除尘装置,可以降低微尘排放量的 99%。另外还为开发可再生资源,如风能、光电能等提供资金补贴。在拉美地区,布宜诺斯艾利斯、墨西哥城、里约热内卢、圣地亚哥等大城市已通过采用废气排放控制、更换燃料和临时控制等措施来限制污染增长,这些措施在对城市空气质量改善方面起到了一定的积极作用。尽管如此,面对急速扩张的城市工业化,有限的防污及治理措施并不能全面扭转局面。而且,对于许多国家的中小城市,上述举措并未完全普及,这使得部分城市空气质量的防治与改善前景并不乐观。

(二) 城市化对垃圾生成的影响

在城市化进程日益加快的今天,一方面,城市居民受益于城市产生的规模经济以及更为便捷的通信和交通模式;另一方面,城市居民也不断面临着愈来愈多的来自环境领域的挑战。除了我们已经非常熟悉的水源污染、空气污染这些不仅发生于城市,也发生于乡村的普遍性污染,有一些新的污染则基本上伴

---

① 《世界部分大城市空气污染严重危及人们的健康》,《环境与健康杂志》1993 年第 2 期,第 93 页。

随着城市的兴起而出现。在这些污染中,最为突出的一种就是城市垃圾的大量产生并对人的健康构成严重威胁。

1. 对生活垃圾的影响

随着人口的增加、生活消费水平的提高,城市垃圾生成的数量也在不断上升。现代城市,每天都要产生数以万吨的生活垃圾。尤其是一些发展中国家的城市,大街小巷扫地出门的垃圾让人举步维艰。如俄罗斯,据其环保部门估计,俄罗斯国内大中城市每年生活垃圾的总量约为 7000 万吨,但只有约 7%得到有效回收,其余大部分得不到及时掩埋或焚烧处理,首都莫斯科周边的很多大型垃圾场已堆积如山。20 世纪 90 年代中期的马尼拉,每天产生的固体垃圾超过 6000 吨,但垃圾填埋场至多只能处理一半多一点。印度第二大城市孟买,城市生活垃圾一年可达 1150 万吨。过去数十年经济高速增长的中国,其城市化也同步兴起,作为负效应之一的城市垃圾污染情况,全国 668 座城市,2/3 被垃圾环带包围。这些垃圾埋不胜埋,烧不胜烧,造成了一系列严重危害。

大量城市垃圾的产生对环境的影响是显而易见的。首先,垃圾占用大量土地,每一万吨垃圾占地约一亩,成堆的垃圾不仅挤占农田,而且因为堆积还严重破坏地形、植被和自然景观。其次,垃圾填埋场垃圾中的有害成分,容易随着降雨形成地表径流,渗透到土壤之间。土壤是一个独立的生态系统,大量细菌、真菌和其他微生物生活在里面。这些生物构成了一个循环的生态系统,其中的碳循环和氮循环尤为重要。由于土壤中有害的成分可以杀死土壤中的微生物,从而使土壤生态系统被破坏,造成养分流失,导致植被生长不良。再次,水污染废物随自然降雨和地表径流排入河流和湖泊,造成地表水污染;渗透液进入地下又造成地下水污染。最后,空气污染颗粒随着风的吹动四处飘散,造成大气粉尘污染;在适当的温度和湿度条件下垃圾被微生物分解,也会释放出有毒的气体。更危险的是,垃圾集中堆放产生的甲烷是可燃气体,当与空气混合达到一定比例时,遇火花会发生爆炸,直接威胁人们的生命财产安全。①

---

① 谢小红:《城市生活垃圾的危害及处理初探》,《低碳世界》2016 年第 1 期, 第 7—8 页。

2. 对城市工业垃圾的影响

城市垃圾的产生并不都源自日常生活垃圾,世界上许多国家的城市,既是人口聚集点,同时又是工业聚集区。这就使得除了生活垃圾,由众多工厂废弃物组成的工业垃圾也将成为破坏当地环境的重大因素。

与城市生活垃圾产生的危害相比,城市工业垃圾的危害更甚,主要是因为工业垃圾中含有的重金属物质和其他化学物质对人体健康和环境方面的破坏更为严重。

我们通常将含重金属或化学成分的工业垃圾称为危险废弃物,中国已颁布的《国家危险废物名录》将废弃物整理为 49 大类,总计 500 多种。形态包括液态、固态、半固态;来源包括油类、工业源(金属、冶炼、矿业等)、社会源、城市源、农业源等。危险固体废弃物一般成分复杂,较难处理,对人体造成很大危害,并且危害一般都有潜伏期,十分危险。在 20 世纪 50 年代以前,危险废弃物因整体数量不多,故对环境和人体健康的危害并不严重。1950 年以后,化学工业的兴起与繁荣,使世界范围内的有毒废弃物的数量和种类开始急速增长。随着有毒废弃物的大量产生, 对废弃物的处理则日益成为一个严峻的问题。1970 年时,美国每年产生大约 900 万吨有毒废弃物,到 20 世纪末,这个数字上升为每年 4 亿吨。20 世纪 70 年代之前,对危险废弃物的处理基本没有什么控制,工业化世界的方法就是丢弃。许多废弃物的最终处理方式就是填埋(数量大约是 50%—70%),主要是在城市郊区或是化学、冶金工矿区,其余则被合法或非法地扔在路边、公园,或是私人土地上。由这些毒废弃物组成的毒废料垃圾场——1980 年仅美国就有 5 万个——成为与环境有关的政治、立法、诉讼案件中的焦点。[①] 在众多涉及有毒废弃物的案件中,最具代表性的是美国"爱渠"(Love Canal,纽约州布法罗附近)地区遭受的污染。名为霍克的化学公司 1942—1953 年间在该地区填埋了大量毒性很大的废弃物,然后以极低的价格将该片地区转让给当地社区,社区又在上面兴建了学校与住宅。从 20 世纪 70 年代开始,爱渠地区的患癌与致残人数显著增加。1980 年,在当地居民饱受巨大苦难之后,联邦政府将这里的居民悉数迁出,并将爱渠地区圈起来,列

---

① J.R.麦克尼尔:《阳光下的新事物:20 世纪世界环境史》,商务印书馆,2013,第 27 页。

为国家疾病区。无独有偶，1984 年，德国汉堡的乔治韦德废物堆发生了爆炸，在往后数年间中，每年释放出的有毒气体达到 1 亿升以上。截至 21 世纪初，欧洲地区仍然有 5.5 万处污染地，美国有 5 万处，而现有技术并不能确保将这些污染地进行彻底清理。有毒废弃物堆已成为城市环境和居民健康的主要危害。

第三节　技术变革对环境带来的影响与冲击

18 世纪西方工业革命的兴起，让社会的生产力得到前所未有的发展。工业革命带来的历史影响不仅使得人类可以依赖机械化的大生产来弥补物质资料天然产出不足，还使得人类陡然间拥有了一种可以向自然界发动进攻，通过征服自然来获取更多物质资源的力量。除了机器设备、器械装置对传统简单生产工具的更替，工业革命对于人类的改变还体现在思想观念上——极大地强化了人类对技术的迷恋和崇拜。它让人们对自然世界产生了这样一种看法：通过技术进步，我们可以解决所有的生存与生活难题；通过对机器的驾驭，我们能驾驭大自然。这种类似的观念早在 19 世纪英国的著名作家奥斯卡·王尔德的笔下已有描述：人类的奴隶制度是错误、危险且道德败坏的。而机械的奴隶制度，即奴役机器，关乎世界的未来。过去的许多人，包括王尔德，他们的看法也是对的：20 世纪的进程的确依靠机器。20 世纪的技术与相关的能源和经济变革相互交织，有力地决定了环境变化的程度和类型。我们可以把这种变化与进步看作是人类文明历史迈进的体现，它使得过去 100 多年来人类的整体生活水平得到了极大提高。但人类文明在技术革新推动下彰显着耀眼光芒之际，我们注意到与人类命运有着高度关联的另一种文明——自然生态文明，正经历着不断被破坏的遭遇而逐渐失去它原有的色彩。

海德格尔认为，技术"不仅是一种手段，而且是一种展现的方式"，技术可以被看作是科学的外在物化，科学的福祉通过技术的应用而展现，人们使用技术的目的是为人类服务，但技术给人类带来巨大利益的同时，也给人类带来灾难，甚至成为一种异己的、敌对的力量，危害社会和环境。这种现象在学术界被称为"技术异化"。①科技的发展本应为人类社会进步带来积极正面的贡献,但如果对技术过度依赖,致使技术的开发和使用与外部环境之间的互动关系失衡,技术破坏的负面效应就会呈现出来,这便是技术对环境异化的原因。因此,欲解除全球生态环境危机,就必须探讨科学技术的异化,也就是只有弄清了科学技术异化与生态环境危机的关系,才能从根本上消除全球性生态环境危机。

一、科学技术异化的概念

异化一词源自拉丁文 alienatio、德文 entfremdung 的意译。含有疏远、转让、脱离等意思。②在生命科学中,异化是与同化相反相成的范畴,是指生命个体不断地分解自身,把物质和能量不断地排出体外的一种作用过程。在哲学领域,作为普适性较高的范畴,异化所反映的内容在不同的历史时期有不同的解释。17—18 世纪的哲学家、启蒙思想家如霍布斯、卢梭等人用"异化"一词来解释历史上国家权力的演变, 即人们将自身权力让渡给政治机构。在德国古典哲学中,黑格尔用异化来说明劳动者与产品——主体与客体的分裂、对立,说明"绝对理念"之"外化"为自然,并提出劳动是人的本质的观点;费尔巴哈用异化来说明、批判宗教,认为宗教是由人创立而又反过来主宰人。马克思在《1844 年经济学哲学手稿》中提出"异化劳动"学说,通过对资本主义雇佣劳动的批判,揭示资本主义世界的自我异化,论证在共产主义条件下的异化克服,由此引申出资本主义必然灭亡和共产主义必然胜利的结论。

科学技术的异化,具体来说,是指科学技术作为在一定社会历史条件下创生、发展的产物,根本目的是增强人类认识自然、改造自然的能力,使自然界向着有利于人类生存和发展的方向演化。然而,在它产生、发展及其正面效能实现的同时,出现了有悖于人类发展科学技术的目的,使自然界向着不利于甚至严重威胁人类生存和发展的方向演进, 结果导致了全球性生态环境危机——

---

① 刘军章、白小芳:《技术异化对生态环境的破坏》,《法制与社会》2008 年第 26 期,第345 页。

② 冯契主编《哲学大辞典(马克思主义哲学卷)》,上海辞书出版社,1990,第 411 页。

实质是人类生存和发展的危机的社会现实。①简言之,科学技术的异化是指人类所创造、发展、应用的科学技术在造福于人类自身的同时,反过来与人作对,出现扭曲、损害、支配、束缚、威胁人类的现象。

二、科学技术异化的表现

科学技术的异化表现在很多方面,而从人和自然的关系角度看,科学技术异化的突出表现就是对环境的破坏,科学技术异化程度的提高导致了生态环境破坏程度的加剧,资源枯竭、物种灭绝、臭氧层破坏等全球性生态环境问题频频发生,人类的可持续发展面临巨大威胁。正如巴里·康芒纳对此做出的结论:"新技术是一个经济上的胜利,但它也是一个生态学上的失败。"

在人类社会发展的早期,因科学技术水平的低下,人类主要作为一支生态力量介入自然的演化过程,技术异化的现象虽已显现,例如狩猎工具的发明使用使得一些动物物种减少,农业种植技术的传播使得土壤、地形地貌发生改变等,但是,自然界存在的同化力——即自然界的再生能力和自发调节能力——能及时吸收、净化、转化人类借助于科学技术对环境造成的有限影响,而不至于出现全球性生态环境的改变。早期科学技术所导致的对生态环境的破坏能被自然界的同化功能化解。

自近代以来,尤其是工业革命之后,科学技术开始"大踏步地前进",人类借助于科学技术对自然界——主要是地球的影响发生了质的变化,人类不仅仅作为生态力量,而且作为一支地质力量介入到了地球的演化过程中,科学技术的异化现象凸显出来。例如,大规模采掘矿物和兴修水利等所改变的地形地貌,有学者估算人类每年移动的岩石与土壤数量为 400 亿—450 亿吨②,与世界冰川的移动量相当;人工合成的新的化合物改变着原有的地球化学循环,形成新的地球化学演化过程;森林砍伐、建筑业发展、空气和海洋污染造成了"人

---

① 刘冠军、张玉春:《科学技术的异化及其克服:全球性生态环境危机的根源及其解除》,《人文杂志》1998 年第 4 期,第 18—21 页。

② Hooke,Roger L.,"On the Efficacy of Humans as Geomorphic Agents,"Geological Society of America,no.2(1994):217—225.

类的地貌"和"人类的大气",等等。这一切对原始自然的进化造成了巨大影响。此时,科学技术的异化所带来的人对自然的干涉、破坏能力,已开始并日益超过自然界的同化能力——再生能力和自我调节能力。对此,恩格斯早在《自然辩证法》中已对此做出警示并举例说明:"我们不要过分陶醉于我们对自然界的胜利。对于每一次这样的胜利,自然界都报复了我们。每一次胜利,虽然在第一步都确实取得了我们预期的结果,但在第二步和第三步却有了完全不同的、出乎意料的影响,常常把第一个结果又取消了。美索不达米亚、希腊、小亚细亚以及其他各地的居民,为了得到耕地,把森林都砍完了,但是他们做梦也想不到,这些地方今天竟因此成为不毛之地……"①

20世纪以后,科学技术得到了更为迅猛的发展,由此带来人对自然干预的能力较以前有更大的提高。人类不仅介入地球演化的过程,而且进一步介入生命演化的过程。这时科学技术的异化正伴随着其正面效能的发挥而进一步凸显出来,致使人类对自然生存的平衡的干预已大大超过了自然界自身的同化能力,使不同水平的自然平衡都濒临自我修复的"极限",而这种自然平衡的改变又明显带来了不利于甚至严重威胁人类生存、繁衍和发展的后果,从而引起所谓的"全球生态环境危机"的问题。这正如有的学者所指出的,借助于科学技术,"文明人跨过地球表面,在他们的足迹所过之处留下一片荒漠。"②

三、科学技术异化对生态环境的破坏

随着科技的发展,人类对自然的开发打破了自然的和谐与安宁,使得人类接受了大自然诸多无情的报复。环境的严重污染、资源的短缺、生态系统平衡的失去,都是受人类不当的发展观和价值观直接或间接影响的。工业革命以来,人类发展出了诸多新的生产和制造技术,这些技术在给人类带来极大生产效率提高的同时,也在以更猛烈的方式在多个领域破坏人类所赖以生存的外部环境。在这里,我们无法一一将这些技术带来的负面影响予以阐释,但可通过简单地列举几项加以说明,以便我们对这种技术异化有更深的理解与认识。

---

① 《马克思恩格斯全集(第20卷)》,人民出版社,1971,第519页。
② 弗·卡特、汤姆·戴尔:《表土与人类文明》,中国环境科学出版社,1987,第2页。

（一）锯链与森林采伐

在19世纪末期之前，世界的主要燃料来源除了煤炭之外，就是木材。长期以来，木材为人类的生活与生产提供了许多便捷——容易收集、非常现成、干燥后很容易燃烧，而且常常不需要付出经济成本就能得到。作为一种可再生能源，除了作为燃料，木材还被广泛应用于各种建造，例如用于啤酒桶、家具和房屋建造，用于造船、造车及车轮，而且以木炭的形式成为冶铁、酿造、玻璃制造和烧砖的主要燃料，并且还是炸药的关键成分之一。木材的多种用途也意味着人类不论在任何时代对木材都有着旺盛的需求，然而其供应却并不能及时满足。

根据部分历史数据记载，1475年莱茵兰－普法尔茨地区的冶铁业雇用了8750名工人，其中矿工为750人，另外的3000人负责运木材和铁，剩下的5000人砍木材和烧木炭，一年生产约1万吨木炭。19世纪的美国，平均一座鼓风炉每年要使用100公顷左右的林地产出，宾夕法尼亚的巨大霍普韦尔炉使用的木材量是这个数字的3倍。钾肥的生产也具有同样的毁灭性。俄国阿克安吉尔附近的一座钾肥厂，每年出口1000吨钾肥，每吨钾肥的生产要耗费1000吨木材。17世纪后期，俄罗斯的钾肥生产每年使用300万吨木材。制盐也需要数量惊人的木材。18世纪时，俄罗斯卡马河地区的盐厂超过1200家，当地的所有森林都被砍光，最后不得不从300多千米以外运来木材当燃料。①除了上述生产领域，对木材的巨大需求还体现在舰船制造等军事领域。在英国，缺乏造船木材在17世纪20年代对法作战中暴露出来，到了17世纪50年代，这种短缺愈发严重。木材短缺促使英国一方面增加从海外的进口，进口量之巨大甚至让出口林木的挪威、瑞典、丹麦和俄罗斯将主要港口及周边地区的树木全部砍伐光；另一方面，英国在北美殖民地也加大对森林的砍伐。1700年，新罕布什尔州主要河流周围30千米的绝大部分木材已被砍光。1772年，新的缅因州取代新罕布什尔州成为木材主要供应来源。17—18世纪严重而普遍的木材短缺，表明欧洲大陆面临着能源危机，这种危机却刺激着林木采伐迅猛发展与锯

① 克莱夫·庞廷：《绿色世界史——环境与伟大文明的衰落》，王毅译，中国政法大学出版社，2015，第231页。

链的出现并广泛使用。

在实用的锯链发明之前,砍伐树木需要耗费大量劳力,成为伐木业发展的瓶颈。能源是最主要的制约因素。在锯链产生之前,伐木主要依靠人的肌肉力量,而生物性的肌肉力量是相当有限的,这在一定程度上也抑制了人类对森林的破坏上限(尽管历史上的破坏纪录已经很惊人)。而锯链的产生,意味着肌肉力量的伐木被用石油等化石燃料产生的机械力量伐木替代,这无异于在伐木业掀起了一场技术革命。从效率上看,锯链伐木的速度是用斧头的 100 倍乃至 1000 倍。如果没有锯链,对热带雨林的大砍伐或许不会发生,或许会推迟很久,或许需要多出 100 倍或者 1000 倍的劳力。①

锯链在 1858 年获得专利,1917 年问世,但真正产生影响则要到 20 世纪 50 年代后期。其间世界范围森林区域的变化也主要从 20 世纪下半叶开始,与锯链的使用及推广呈现高度的一致性。美国著名的环境史学家麦克尼尔对 20 世纪森林因被采伐而减少有过如下叙述:"有四个地区曾经有过的大块森林消失了,只剩下零星的残余:从印度中部到中国北部、马达加斯加、欧洲和阿纳托利亚、巴西的大西洋沿岸地区。热带非洲和北美东部的巨大的森林带现在萎缩退化了。如此大量的森林砍伐大概一半发生在 20 世纪。其中的一半又主要在 1960—1999 年间发生在热带地区。"②从今天的技术水平看,锯链或许算不上是一种高技术含量的机械,但正是许多像锯链这种平淡无奇的低端技术长期以来发生作用而最终改写了 20 世纪的环境史,它们的影响并不小。

(二)运输工具与环境污染

20 世纪的诸多技术创新中,交通运输工具的升级无疑是最不可忽略的一项技术突破。作为与人的生活及生产关系最为密切的一项交通运输工具——汽车的出现,丰富了人的出行方式,但对环境构成了新的压力。

汽车在 1896 年还是令人惊奇的新鲜事物,在当时甚至被放到马戏团中与动物一起表演。而到 20 世纪末,全球的汽车数量已超过 5 亿辆。谈及汽车带来

---

① J.R.麦克尼尔:《阳光下的新事物:20 世纪世界环境史》,商务印书馆,2013,第 316 页。

② 同上书,第 236 页。

的污染,我们通常会联想到汽车尾气的排放所产生的烟霾。由汽车尾气而导致城市或地区被污染的烟霾事件在 20 世纪中已有不少案例,最为典型的则为洛杉矶的光化学烟雾污染事件。洛杉矶在 40 年代就拥有 250 万辆汽车,每天大约消耗 1100 吨汽油,排出 1000 多吨碳氢化合物,300 多吨氮氧化合物,700 多吨一氧化碳。另外,还有炼油厂、供油站等其他石油燃烧排放,这些化合物被排放到阳光明媚的洛杉矶上空,不啻制造了一个毒烟雾工厂,这也使得洛杉矶因光化学烟雾污染而在 20 世纪的空气污染史上被记下浓重一笔。

　　汽车对环境的污染并不单纯局限于尾气的排放上,除了尾气排放,其生产过程中产生的污染也相当惊人。在 20 世纪 90 年代的德国,每制造 1 吨的汽车就会产生 29 吨废物。制造一辆汽车产生的空气污染物相当于开 10 年车。汽车产业的兴起激发了对橡胶的需求,世界 1/3—2/3 的橡胶被用于汽车制造。出于对橡胶市场利润增值的看好,不少国家例如斯里兰卡、泰国、柬埔寨、马来西亚和印度尼西亚等将成片森林砍伐掉开辟为橡胶种植园,这种人为的生态改变加剧了当地生态系统的脆弱性。

　　汽车对环境的改变还体现在对土地资源的占有上。为了应对日益增加的汽车数量,各国政府竞相修建更多、更密集的公路交通网来满足汽车出行的需求。如美国从 1900 年开始建设公路交通网,最初公路长度有限,到 1990 年,公路里程已达到 550 万千米。公路延伸所需要的土地(包括公路、停车场、加油站、废旧汽车处理场等)往往来自农田、森林、牧场、草地等,我们可以将其视为另一种人为地改变生态空间在人与自然之间形成的分配。在北美洲、欧洲和日本,1990 年,汽车用地占据了地表土地的 5%—10%。在世界范围内,汽车用地约占 1%—2%,相当于城市占据的面积。① 尽管我们不能把因修路而减少的土地面积视为导致土地退化的主因,但无疑地,汽车用地的激增也在一定程度上让剩余的有限农田对人类的哺养压力变得更重。

　　(三)核能技术对环境的影响

　　作为 20 世纪中具有划时代意义的技术突破,核能技术的利用已被写入史

---

　　① J.R.麦克尼尔:《阳光下的新事物:20 世纪世界环境史》,商务印书馆,2013,第 318 页。

册。自 40 年代核技术首次被人类掌握以来,人类对核能技术的前途与未来便满怀憧憬。美国原子能委员会的领导人、海军上将刘易斯·施特劳斯,在 20 世纪 50 年代预言,到 20 世纪 70 年代,核能会廉价得无法计量。如此乐观的预测也激励着部分资金、技术雄厚的国家投资于民用核能的研发和利用,美国、苏联、日本和法国尤为突出。到 90 年代末,世界上有 29 个国家运营着 437 座核电站。

随着传统化石燃料燃烧给人类带来的负面影响日益凸显,核能的确具有不可比拟的优越性。例如,在清洁方面,与火电厂燃烧化石能源相比,核电站是利用核裂变反应释放能量来发电的。核能发电不会产生二氧化硫等有害气体,不会对空气造成污染。在环保方面,核能不像化石能源发电那样产生二氧化碳,发展核能有助于减轻温室效应,改善气候环境。在能耗方面,核电站所消耗的核燃料比同样功率的火电厂所消耗的化石燃料要少得多。在占地面积上,相对于风能、太阳能等可再生能源来说,核能发电在占地规模及能源供应安全方面也有着显著优势。尽管核能优势明显,但并不意味着核能对人类健康及生态环境都是无害的。相反,自核能诞生伊始,人类与环境就一直与譬如"核辐射""核泄漏""核爆炸"等种种恐怖的情形发生关联。

从 1957 年发生于英国温斯科尔的第一起核事故开始,人类在往后数十年间接连遭遇了十几起严重的核事故,其中以 1986 年发生于苏联境内的切尔诺贝利事故最为严重。作为首例被国际核事故分级表评为第七级事件的特大事故(第二例是 2011 年 3 月发生在日本福岛的核电事故),因为人为失误导致核反应堆全部被炸毁,大量放射性物质泄漏。该事故导致 31 人当场死亡,200 多人受到严重的放射性辐射,之后 15 年内有 6 万—8 万人死亡,约 13.4 万人遭受各种程度的辐射病折磨,方圆 30 千米地区的 11.5 万名多居民被迫疏散。这次灾难所释放出的辐射线剂量是第二次世界大战时期于广岛爆炸的原子弹的 400 倍以上,造成的经济损失大概是 2000 亿美元。灾难不仅使得当地 6 万多平方千米领土直接遭受核污染,欧洲许多地区也都未得幸免。全欧洲遭受污染的地区包括:俄罗斯 30% 的领土、白俄罗斯 23% 的领土、芬兰 8% 的领土、瑞典 6% 的领土、挪威 3% 的领土、奥地利 4% 的领土和德国 8% 的领土。正因为其波及影响的范围太广,甚至有学者认为,北半球的所有人至少都受到了程度不一的核辐射。更严重的是,部分核废料和放射性尘埃的致命性按照一些物理学者的估算会持续 10 万年之久,对自然环境的影响时间跨度超过 800 年。[①]这场灾难,或者说是一场核技术浩劫,将毫无疑问地成为 20 世纪人类最持久的标记,也是人类强加于未来的期限最长的债务。

第四节 能源消费对环境带来的影响与冲击

英国著名国际环境问题学者克莱夫·庞廷在其著作《绿色世界史:环境与伟大文明的衰落》一书中对人类文明的演变进程提出人类的发展在历史上经历过两次重大的转变。第一次重大转变建立在对自然生态系统的巨大改变之上:创造耕地生产谷物、形成牧场放牧牲畜。这种更为稳定的食物生产体系发生于世界的不同地方,涉及不同的农作物和牲畜。由于能够生产更多的食物,就使得人类社会演化为定居的、复杂的、分出等级的各种形式成为可能,使得人类堂而皇之称为"文明"的一切事物成为可能。人类历史上的第二次重大转变涉及对地球上大量化石燃料的开采。这导致了那些依赖高能源消耗的社会及产业的出现。当能源尤其是化石能源进入人类的生活时,它对人类生活改变产生的推动力和影响力丝毫不亚于第一次转变中农业的发展和定居社会的出现所形成的效应。然而,与第一次大转变相比,第二次大转变产生的影响不仅在于人类社会的发展,而且对生态环境的状态也有着巨大的冲击,并且这种冲击是在很短的时间内急剧发生的,而第一次大转变在对环境的改变方面没有那么突出。在第二次大转变之前,人类虽然使用能源,但能源的天然储量和使用能源对环境的改变均不是一个令人担忧的话题;而随着第二次大转变的开启,人类开始意识到能源的短缺及能源消费对环境的破坏正日益成为束缚自身发展的最重要的瓶颈。

---

① 《切尔诺贝利核事故 25 周年 核辐射将 10 万年散不去》,http://news.sohu.com/20110426/n306506709.shtml,访问日期:2020 年 7 月 5 日。

一、能源消费的增长

能源是工业文明的动力。能源消费增长是经济发展的重要指标,一个国家能源消费量不仅反映了一个国家的经济活力和这个国家国民享有的福利,还反映了一个国家对全球环境的影响程度。

工业革命以来,世界的能源消费结构发生了很大的变化。直到 18 世纪末,可再生能源(人力、动物、风和水)曾提供了几乎所有世界的能源需求。到 20 世纪后期, 超过 90% 的能源来自矿物燃料, 其中 40% 来自石油,33% 来自煤炭,18% 来自天然气,余下的部分来自木材、废料、水力发电和核能。而在 19 世纪以前,非商业能源约占能源总消费量的 52%。随着化石燃料成为主导能源,这一比例迅速下降。1930 年下降到 25%,1950 年下降到 21%,1970 年下降到 12%。不过发展中国家大约仍有 20 亿人口依赖非商业能源。1950 年以前,世界商业能源消费以每年 2.2% 的速度增长。1950—1960 年, 年均增长速度达到 4.9%。在此后的 10 年中,年均增长速度达到 5.6%。[①]

20 世纪 20 年代,在世界商业能源消费中,煤炭约占 80%,但在其后的几十年中,由于石油勘探量的增长和技术变革,煤炭所占的比例逐渐下降,到 20 世纪 60 年代初期其比重已低于 50%。石油开始成为一种重要的新能源,并在能源结构中的比重逐渐上升。1950 年,每桶石油价格约为 2 美元,到 1970 年下降到每桶 1.8 美元。石油价格的下跌对世界的经济结构和生活方式产生了深远的影响。在过去的 100 年中,世界石油消费以惊人的速度增长。1890 年,消费了大约 1000 万吨。到 1920 年,这个数字增长了近 10 倍,达到 9500 万吨。到 1940 年又增长 3 倍,达到 2.94 亿吨。然后每 10 年翻一番,到 20 世纪 70 年代达到 23 亿吨。70 年代初,由于世界性石油危机的爆发,世界市场石油价格急剧上升,使人们认识到化石燃料资源的稀缺性,从而使能源消费的增长速度放慢。在 20 世纪 70 年代,商业能源消费的年均增长速度是 3.5%,到 80 年代增长速度下降到年均 2.0%。尽管 20 世纪最后 30 年石油消费的增长速度有所

---

① Mostafa Tolba, *The World Environment 1972—1992* (London: Chapman and Hall, 1992), p. 154.

减缓,但消费数量依旧在增长,2004 年超过了 38 亿吨,这是 100 多年前的 380 倍。1900 年,石油只提供了世界能源供应的 1%,而到 20 世纪结束时,在总量大得多的世界能源使用中,石油占到了 40%。[①]

人均商业能源消费量是衡量环境影响的一个重要尺度。人均能源高消费和中高消费的 42 个国家仅占世界人口的 1/4,而使用的商业能源却占世界的 4/5。人均能源消费低和中低的 128 个国家占世界人口的 3/4,但商业能源的消费仅占 1/5。平均来说,高消费国家的每一个人消费的商业能源是低消费国家的 18 倍,并且引起更多的污染。单是美国,只占世界人口 5%的人消费了世界能源的 27%。一个美国人消费的能源等于 3 个日本人、6 个墨西哥人、14 个中国人、168 个孟加拉人、280 个尼泊尔人、531 个埃塞俄比亚人的能源消费。人均用电量也显示了一个重要的能源消费差异:1999 年, 发达国家人均年耗电 8053 千瓦时,几乎是欠发达国家的 100 倍。如果说煤、石油和天然气是发达国家的主要能源来源, 那么木材则是一些发展中国家的主要能源。世界上约有 1.2 亿人口依靠砍伐树木获取燃料。在非洲,许多国家木材燃料的消费超过了供给的 30%,在苏丹和印度超过了 70%,在埃塞俄比亚超过了 150%,在尼日利亚超过了 200%。[②]

二、能源消费对环境的影响

能源与环境有着十分密切的关系,人类在获得和利用能源的过程中,会改变原有的自然环境或产生大量的废弃物,如果不能做安全处理,就会使人类赖以生存的环境受到破坏和污染。

能源消费的环境影响主要集中在以下几个领域:① 城市空气污染;② 跨界的酸沉降;③ 全球二氧化碳的排放及其对气候的影响;④ 核事故导致核辐射的跨界释放;⑤ 废物的安全处理。在 20 世纪 70 年代以前,有关各种能源的环境影响主要集中在对职业、公众健康和自然环境的直接影响上,尤其是空气

---

① 克莱夫·庞廷:《绿色世界史——环境与伟大文明的衰落》,王毅译,中国政法大学出版社,2015,第 239 页。

② 徐再荣:《全球环境问题国际回应》,中国环境科学出版社,2007,第 35 页。

的污染问题。在 20 世纪 30—60 年代发生的"八大公害事件"中，有 5 件是由于燃烧化石燃料引起大气污染而产生的。比利时"马斯河谷事件"是由于有害气体和粉尘污染了空气，而河谷特殊的地形使有害气体在河谷上空久久无法扩散，最终导致在一周内 60 多人死亡。美国"多诺拉烟雾事件"是空气污染造成的毒雾，致使 5000 多人生病，17 人死亡。"伦敦烟雾事件"是由于煤炭燃烧产生的烟雾毒气引起的，短短 5 天内致 4000 多人死亡，事故后的两个月内又因事故得病而死亡 8000 多人。洛杉矶光化学烟雾主要是汽车排放的废气污染了空气引起的。"四日市哮喘事件"是工业废气污染了城市空气引起的。在这一时期，空气污染还是区域性的和中等规模的问题。但到 80 年代，大气污染由中等规模向大规模扩展，由区域性问题变为全球性问题，特别是二氧化碳排放增加引起的全球变暖问题，硫氧化物和氮氧化物排放引起的酸雨问题，引起了全世界的共同关注。

20 世纪，全球能源在很大程度上依靠化石燃料，在各种化石燃料中，最主要的是煤炭和石油。历史上的"八大公害事件"造成污染的能源主要是煤炭，污染的领域也多集中在空气环境中。关于煤炭大量使用对环境的破坏，前面的章节已做了相应探讨，在这里，我们将仅讨论一种化石燃料——石油的开采、运输过程及其他方面对环境的影响。

（一）石油的开采

世界上最早的商业石油于 1859 年产自美国宾夕法尼亚的德雷克井，但在往后数十年间，世界石油生产的规模一直很小。这主要受限于钻井、采油、提炼、储存和运输等技术难题，也因用途的单一而使得市场需求量不大。19 世纪后期，85% 的原油提炼为煤油以作为照明使用，其他的提炼为工业润滑油。步入 20 世纪，石油的重要性开始凸显，用途开始变得多样化。随着化学工业的兴起，几乎所有的塑料生产、人造纤维和化学品都以石油作为原料。不仅化学工业离不开石油，过去主要依靠煤炭提供动力的各种交通工具例如火车、轮船均开始用石油替代煤炭作为新的燃料，而新诞生的汽车和飞机等则直接将石油作为唯一动力燃料。石油作为一种新的重要能源并显现出其在社会经济发展中的重要商业价值后，一场关于石油的勘探与开采的能源革命在世界范围内轰轰烈烈地兴起。

20 世纪，世界各地出现了一系列油田。1900 年，俄罗斯因里海附近的巴库油田成为世界最大的石油生产地，但很快就被美国得克萨斯及加利福尼亚等地的大型油田的产量超越。20 世纪 20—30 年代，委内瑞拉、墨西哥和罗马尼亚的石油产业相继兴起并逐渐对世界的原油市场产生重要影响。第二次世界大战结束后，近东地区的油田开发成为世界主要能源的供给点，该地区的石油产量在 1938—1970 年间上升了 43 倍。随着新的勘探和钻井技术的发展，较为困难的区域也开始了石油生产——先是阿拉斯加，然后是墨西哥湾、北海以及其他地方的海上油田（到 20 世纪后期，世界石油产量的 1/3 来自海上油田）。石油在世界范围大规模开采的背后动力是石油消费市场对石油这一新能源的强劲需求，这种愈加强烈的需求可以被视作工业化浪潮在全球的扩散，但同样也意味着环境将遭遇新一轮的污染破坏。

石油在开采过程中是会产生严重污染的，其污染物多途径地进入环境后较难降解消失，对水环境、土壤环境、空气、海洋等都有很大影响。在对水环境的污染方面，包括钻井污水（含大量重金属超标的钻井液），采油污水（含大量的驱油剂），洗井污水以及处理人工注水产生的污水等。这些污水若得不到有效处理，无序排放会对水体造成严重污染。比较典型的案例是位于委内瑞拉的马拉开波湖，面积 1.43 万平方千米，是南美洲最大的湖泊。马拉开波湖被誉为世界上最富饶的湖泊。湖区周围的沼泽地为世界著名的石油产区。整个湖区有7000 多口油井，年产 7000 多万吨原油。马拉开波湖的渔业资源极为丰富，湖畔周围的大片牧场，是委内瑞拉最重要的畜牧业基地，出产的牛奶和奶酪占全国的 70%。因为其得天独厚的丰富资源，当地人甚至戏称马拉开波湖是个朝向加勒比海开口的钱袋，湖底和四周深藏的全是石油和"美元"。然而，这个巨大的聚宝盆却陷入了石油污染的困境。为了输送采出的原油，湖底铺设有总长度达 4.2 万千米的各种管道，像蜘蛛网一样密密麻麻，但很难保证这些管道不出现渗漏现象。据统计，近年来湖区每月发生的原油渗漏事故都在 30—50 起，使得原本清澈的湖水时常会泛起黑色的原油。再加上附近城市污水的排放，使得湖内许多地方由于污染已不能游泳，污染的湖水甚至都不能用来灌溉周围的农田。

除了马拉开波湖的石油污染，有很多因石油开采而污染环境的事例在世界各地上演。位于西非尼日利亚南部的尼日尔河三角洲地区就成为石油开采的一个牺牲品。自20世纪50年代发现丰富的石油、天然气后,三角洲地区迅速成为备受西方资本青睐的重要的石油产区,荷兰皇家壳牌石油和英国石油成为这一地区的主角。外国资本的横行以及尼日利亚政府的腐败使该地区环境遭受到毁灭性的破坏。自从1950年以来,大约7万平方千米的人口密集区遭受石油污染,每年至少有24万桶原油泄漏到三角洲地区,受此影响的还包括渔业、沼泽地带的作物生长能力以及人类健康。1992年,联合国宣布尼日尔是世界上生态危机最严重的三角洲。面对国际压力,壳牌石油公司于1995年开始提出了生态及其他方面的投资,但与已经造成的破坏相比,后期的改善投入显得微不足道。根据联合国测算的数据,尼日利亚联邦政府和石油公司需要支付10亿美元才能启动首期5年的清理计划,而2018年该项目仅获得国际石油公司和尼国家石油公司资助的1.77亿美元。即便有着足够的治理资金,根据联合国环境署的一份报告估算,要清除石油污染对当地生态环境造成的破坏,起码需要25—30年的时间。

（二）石油的运输

不仅开采过程中石油的渗漏会对环境造成严重污染,而且另一个关键环节——石油的运输也同样对环境构成致命威胁。20世纪中叶,自从油轮被用于石油运输开始,石油对海洋水体环境的污染就成为一个司空见惯的情形。

20世纪上半叶的两次世界大战,是人类用暴力的方式推动石油对海洋的破坏。例如在纳粹德国发动的代号为"大西洋战役"的最初6个月中（1942年1—6月）,德国U型潜艇就击沉了多艘美国油轮,约有60万吨原油泄漏到海中。第二次世界大战结束之后,西方资本主义国家经济的复兴及步入高速发展阶段,刺激了对石油的需求,同时也催生了对更大的石油运输船的需求。1945—1977年,油轮大小增长了30倍,故而哪怕一次泄漏导致的污染,就相当于德国潜艇一个月造成的环境破坏。1967年3月18日,利比亚籍超级油轮"托利卡尼翁"号在英国康沃尔郡锡利群岛附近海域触礁撞毁,泄漏了12.3万吨石油,由此拉开了航海史上大型油轮原油泄漏的序幕。在接下来的十多年中,大型油轮的沉没事件一直是海洋生态最强有力的破坏因素。1978年3月,"阿莫科－卡迪兹"号在法国布列塔尼半岛海域触礁沉没,所载的22.3万吨原油全部泄漏到海里。1979 年 7 月,满载原油的超级油轮"大西洋女皇"号与"爱琴海船长号"发生碰撞导致爆炸沉没,船上的 28.7 万吨石油流入大海,成为迄今历史上最严重的油轮漏油事故。油轮事故对海洋生态的损害通常会持续数月至数年。在最严重的事故中,残留污染物对生态影响则会持续数十年。

油轮的泄漏事故会污染海洋,但大部分海洋中的石油并非来自事故,而是来自人类的主动倾倒。据统计,每年由航运而排入海洋的石油污染物约为 160 万—200 万吨,其中仅 1/3 是油轮在海上事故导致。①

（三）其他方面的石油污染

在常见的石油事故中,一种对环境有着巨大破坏力的是油井发生井喷。1979 年墨西哥塔巴斯科海岸附近的伊斯托克 1 号油井井喷是 20 世纪最严重的井喷事故,井喷导致 60 万吨石油涌入墨西哥湾,被污染的海洋面积接近 20 万平方千米。在受污染海域的 656 类物种中,已造成大约 28 万只海鸟,数千只海獭、斑海豹、白头海雕等动物死亡,将有 10 种动物面临生存威胁,3 种珍稀动物面临灭顶之灾。最近的一次严重井喷事件于 2010 年 4 月仍旧发生在墨西哥湾。因位于墨西哥湾隶属于英国石油公司的"深水地平线"钻井平台发生爆炸并沉没,钻井平台底部的油井产生大量漏油,最初 4 月每天漏油量为 5000 桶,至 5 月上升为 25000—30000 桶,演变成美国历来最严重的油污大灾难。相关专家指出,污染可能导致墨西哥湾沿岸 1609.34 千米长的湿地和海滩被毁,渔业受损,脆弱的物种灭绝。

除了钻探生产过程和运输过程中产生的污染,石油在使用过程中同样对环境构成危害。在通过对石油提炼而成的化学材料中,尤以塑料最为重要。这些材料在诸多领域取代了木材,但也增加了更多的持久性废物。许多石化制成品本身就是有毒的污染物。作为燃料的石油还为多种机械的发明和应用提供了可能,绝大多数交通工具依赖于石油驱动,金属加工、各类机械毫无例外需要各类润滑材料及其他配套材料,消耗了大量石化产品。这些消耗的石油及石化产品都在一定程度上影响了生态环境。石油作为 20 世纪兴起的一种新能源,它为 10 亿—20 亿人带来了之前无法得到的财富(根据 1992 年联合国开

① 陈启宏:《石油对水体的污染与治理》,《资源与环境》2012 年第 5 期,第 83 页。

发计划署的估算，世界上最富裕的 10 亿人比世界上最贫困的 10 亿人富有
150 倍），同时也对社会、经济和地缘政治产生了巨大影响。在环境方面，石油
促进了交通及工业现代化，这一发展结果或许使得人类对环境的破坏较以前
更具破坏力，而破坏环境所引发的后果都已在人类的生活中一一体现。

第五节　经济变革对环境带来的影响与冲击

20 世纪世界经济的三个重要特征是：工业化、消费社会的兴起和经济全
球化。它们彼此交织，并与石化燃料的扩张和技术变革相融合。它们带来了繁
荣，却导致了社会及族群的分化；它创造了 20 世纪的经济奇迹，却引起了巨大
的环境变化。

一、工业化

工业化涉及一连串的新技术的规模化应用，这些汇聚在一起的技术发生
相互作用并形成整体的联动效应，改变了人们能够得到的商品及服务的范围
和数量，使社会经济结构和发展模式发生根本性的转型，同时，在很多方面对
环境产生影响。

工业化的第一个历史阶段是 18—19 世纪下半叶，经历了大约 150 年，主
要依靠机械化的纺织品生产，以及蒸汽机、钢铁生产和铁路建设。这一波工业
化，使得世界上部分地区的物质生产效率得到空前提高，短期内创造的财富超
过了过去一切世纪的总和。以至于在大部分史学家看来，这几乎成为世界古代
文明与近代文明的分界线。工业化的第二个历史阶段从 19 世纪下半叶开始，
主要由电气工程和化学工业推动。到 20 世纪初期，汽车工业的兴起（以及与之
相关联的技术）又为工业的扩展提供了持续的动力。工业化第三个历史阶段从
20 世纪 50 年代开始，以原子能、电子计算机、空间技术和生物工程的发明和
应用为主要标志，涉及信息技术、新能源技术、新材料技术、生物技术、空间技
术和海洋技术等诸多领域。第三阶段的工业化不仅极大地推动了人类社会政
治、经济、文化领域的变革，而且也影响了人类的生活方式和思维方式，随着科

技的不断进步，人类的衣、食、住、行、用等日常生活的各个方面也在发生重大的变革。

历次工业化对人类发展的影响各不相同，唯有相同的一点就是环境的污染几乎伴随着工业化的全部进程。如果要说这种污染的差异，那便是贯穿于20世纪的工业化比18世纪和19世纪的工业化对环境的危害程度更甚，它将对环境的影响由区域范围扩展至包括极地在内的整个世界，由此导致了世界环境的根本性变化。由于我们无法对所有领域的工业化对环境的影响进行一一详述，在这里我们仅借助于化学工业这一与人类生活广泛关联的行业，从最近半个多世纪以来的发展来观察工业化对人类健康及环境的影响。

1950年起，每年约有75000种新的化学制成品被生产出来，现在每年还会增加数千种。它们当中绝大多数没有进行安全测试，尽管近年来国际社会已制定了诸多安全标准与法律来管控不达标化学品在市场上的流通，但要做到杜绝仍是一项巨大的挑战。世界有机化学产量从1930年的每年100万吨，增长至20世纪末的每年10亿吨。有学者估算，那些生活在工业世界的人们，他们的身上至少可以发现这些化学产品中的大约300种。[①]

现代化学工业生产的工艺技能是在不断改进和提升的，但并不意味着其工业制成品的污染效能得以降低。一些天然的、污染较少的产品如肥皂、天然纤维和有机肥料正逐渐为污染性更强的产品——洗涤剂、合成纤维、化肥和农药所取代。单是从生产肥皂转为生产洗涤剂，就使得磷酸盐的生产增长了20倍（因生产消耗的能源也更多）。化学品公司之所以喜欢生产洗涤剂，理由很简单，尽管两者的洗涤能力没有什么本质的不同，但是洗涤剂的经济利润比肥皂高。洗涤剂使用量的上升——随着排水道进入溪流、湖泊、河流和海洋之中——就极大地增加了磷酸盐对水的污染。以美国河道中的磷酸盐含量变化为例，1910—1940年的30年里河道磷酸盐含量上升了2.5倍，在接下来的30年中又增长了7倍。过量的硝酸盐和磷酸盐导致水域的富营养化，致使藻类植物快速生长，这对水中的其他需要氧气的物种来说简直是一场毁灭。遗

---

① 克莱夫·庞廷：《绿色世界史——环境与伟大文明的衰落》，王毅译，中国政法大学出版社，2015，第304页。

憾的是,这种现象不仅存在于美国,在全世界都很普遍。

化学品对环境的影响还可以从农药和多氯联苯(PCBs)的使用上看到。在20世纪中期以前,农民主要依靠除虫菊这样的天然产品,或者是没有长期损害作用的化学品如"波尔多混合剂"和"勃艮第混合剂"来控制害虫。从20世纪40年代中期起,农药的生产就成为主要的化学工业,其使用量每年平均增长12%以上。早期批次的剧毒农药是有机氯如DDT,50年代初期又出现毒性更大的有机磷酸酯。这些农药通常具有致癌性,受到影响的不仅是喷洒农药的人,还包括喷洒区域附近的动植物和被农药污染的水源及被殃及的当地居民。使用DDT的后果可以从美国加州的克利尔湖地区发生的事情上看到。因大量使用DDT杀虫,导致食物链底层的浮游生物的体内DDT残留超过了湖水的250倍,青蛙体内则是2000倍,鱼体内是12000倍,而吃鱼的水鸟体内DDT浓度更加令人震惊,超过湖水的8万倍。①其灾难性的后果,使得蕾切尔·卡逊于1962年写下了那本引起广泛关注的《寂静的春天》。作为一部生态警示录,尽管该书及卡逊本人受到利益集团的强烈反对,但围绕这本书的争议最终还是推动了政府对DDT的禁用。然而,在美国本土的禁用并不意味着对其使用的彻底放弃,美国将DDT出口到发展中国家,一直持续到20世纪90年代。

PCBs的生产和使用,是合成化学物的结果。作为氯化烃类物质,PCBs与DDT有着密切关联,现在已被确认为科学所知的致癌性最强的化合物之一。从20世纪30年代后期开始,PCBs作为绝缘体和添加剂被大量用于变压器及工业产品(如各种树脂、橡胶、结合剂、涂料、复写纸、陶釉、防火剂、农药延效剂、染料分散剂)当中。因为其含有致癌物质,在环保组织的压力下,美国和日本于1970年、欧盟于1980年禁止其在市场上流通,但在禁令颁布之前它总共被生产了200万吨左右。目前对PCBs处理唯一安全的方法是采用高温焚烧,但必须在专用的能彻底分解多氯联苯的高效率焚烧炉中进行,而不能随便焚烧。随意焚烧多氯联苯则可能产生毒性比多氯联苯更大的多氯二苯并二噁英

---

① 克莱夫·庞廷:《绿色世界史——环境与伟大文明的衰落》,王毅译,中国政法大学出版社,2015,第305页。

（PCDD）、多氯二苯呋喃（PCDF）等物质。即便采取了严格的技术处理，但仍会有残留物质溢入大气之中。20世纪中后期以来，PCBs给人类与环境带来危害的事件随处可见：1968年，日本有超过12000人因食用被PCBs污染的油而患上疾病；1980年，荷兰瓦登海中有一半的海豹因PCBs中毒而绝育。即便是远离人类群居社会的极地，从南极的企鹅到北极的海豹体内都曾检出PCBs，因而PCBs污染已成为全球性的问题。

二、消费社会的兴起

第二次世界大战后，随着西方经济的恢复和繁荣，消费主义生活方式逐渐兴起。消费主义表现为现实生活层面上的大众高消费，而支撑这种高消费的正是资源的消耗和环境的恶化。消费成为人们的生活方式，消费增长同时成为国家经济政策的首要目标。到20世纪50年代，消费社会率先在欧美国家逐步形成。早在70年代初，芭芭拉·沃德对消费社会做出了如下描述：在许多国家，新颖多样的广告刺激了消费者的生活享受欲望，而当局又对经济繁荣和充分就业许下了政治诺言，使人们相信这种欲望将由可靠的收入予以满足。因而，这种生活享受欲望开始像巨浪般地吞没着资源，从而使物质和能量的需求量增加到空前的程度。[①]

美国销售分析家维克特·勒博撰文描述西方人消费观念的变化：我们庞大而多产的经济要求我们使消费成为我们的生产方式，要求我们把购买和使用货物变成宗教仪式，要求我们从中寻求我们的精神满足和自我满足。我们需要消费东西，用前所未有的速度去烧掉、穿掉、换掉和扔掉。[②]1953年，总统艾森豪威尔的经济顾问委员会主席宣告，美国经济的首要目标是生产更多的消费品。显然，在发达国家，消费主义已成为上升的浪潮，消费观念已经渗透到社会价值中。与这种观念相伴随的是美国的一些特殊的机制也在助推生产和消费，

---

① 芭芭拉·沃德、雷内·杜博斯主编《只有一个地球》，石油化学工业出版社，1981，第30页。

② 艾伦·杜宁：《多少算够——消费社会与地球的未来》，毕聿译，吉林人民出版社，1997，第18页。

使它们维持在高水平上。例如,电子公司不愿生产使用寿命长的灯泡,因为这会对使用寿命短的灯泡的销售量与利润形成冲击。在许多领域,生产商有意不让产品非常耐用,有意让它们的修理变得昂贵和困难,以至于让顾客觉得购买新的会更加划算。在服装行业,不断有新的设计出现,也导致产品过时。著名学者艾伦·杜宁对消费社会中人们的心态做了精辟的分析:在消费社会,需要被别人承认和尊重往往通过消费表现出来。购物既是自尊的一种证明,又是一种被社会接受的方式。许多消费者被下列认可的欲望驱动:穿体面的衣服、开体面的车子和住体面的生活区,全都仿佛在说:“我不错,我在那个团体中。”[1] 显然,这种消费理念主导下的消费模式是耗竭型的,自然资源在这个过程中以产品的形式被消费,转化为废弃物。它带来的只能是资源的损耗、生态的失衡和环境的破坏。

轿车数量的增长是消费趋势的一个重要指标。作为汽车王国的美国,早在1927年就首次出现了更换汽车的数量超过第一次购买新车的数量。在1970—1988年的18年里,发达国家的轿车数量在西欧增长了1倍,在北美增长了1.5倍,在日本增长了2.5倍。在同期,汽车燃油增加了61%。在90年代初期,发达国家的人口数量与汽车数量比例为2:1,即每两人拥有1辆轿车。[2] 推动汽车消费上升的原因主要有两个,一个是因技术创新、自动化和生产力的提高降低了汽车的制造成本;另一个是一些增加“价值”的设计变化(比方说高档音响、可视电话、导航设备等)激发了消费者的购买欲。如果说第一个因素拉动的消费增长是真实的市场需求的体现,那么第二个因素则需要很大程度上依赖广告轰炸来刺激需求。当人们按捺不住而寻求购买超过自身收入的高档汽车时,银行信贷又及时地衔接上来,这就使得人们的需求(不一定是真实和必需的)和消费像滚雪球一样膨胀起来。

自消费社会在美国兴起以来,它已经远远超出了美国的国界,扩展到西欧和日本。“国际性广告的出现,电子通信和大众传媒的广泛接触,将全世界不断

① 艾伦·杜宁:《多少算够——消费社会与地球的未来》,毕聿译,吉林人民出版社,1997,第20页。

② 施里达斯·拉夫尔:《我们的家园:地球》,中国环境科学出版社,1993,第89页。

增长的大众胃口调动起来,他们需要更多和更新的产品,需要旅行。"①全球化进一步使西方消费模式的风靡。虽然发展中国家占世界 GDP 的比例不足20%,但许多国民开始加入消费社会的行列。

消费社会的环境代价无疑是巨大的。印度英迪拉·甘地发展研究所的研究人员使用联合国的数据比较了 100 多个国家的消费模式。按照人均总值来排列,他们注意到随着收入的增长,像谷物之类的粮食对生态危害较小的农产品消费增长缓慢。相反,对生态环境危害程度大的如轿车、汽油、铁、钢、煤和电等的购买与生产增长迅猛。特别是为消费社会提供动力的矿物燃料是有破坏性的环境输入品。煤、石油和天然气的开采持久地破坏着无数动植物的栖息地。它们的燃烧造成世界的空气污染和有毒废物的大量排放。②

三、经济全球化

20 世纪世界经济发展的一个重大特征就是允许资源可以自由地跨区域流动的世界市场开始形成,各大洲之间过去的闭塞与隔阂状态被打破。火车、轮船和飞机等远程交通工具的发展使得过去远程空间距离不再是阻隔交流的客观因素,现代通信技术的发明与使用也使得各地之间信息的即时传输成为可能。而国际贸易、金融和频繁的人员跨境流动更像是一条条不断延伸的纽带,把所有地区的人的物质需求、心理需求、精神需求乃至命运需求都连接起来,很难分割出去。这种世界经济一体化的现象我们通常称作经济全球化。

经济全球化作为一个历史过程,它的发展和形成毫无疑问加强了国家间的相互依存,这一特征到了 20 世纪 90 年代以后,变得更加明显和突出。世界各国和地区在生产、分配、流通、消费等领域内的经济联系日益广泛和紧密,在资源的开发、配置以及各类生产要素的流动和应用方面,国际分工和协作也达到新的高度,世界经济相互渗透、相互影响、相互依存,一荣俱荣、一损俱损,各方的相互依存达到前所未有的新高度。

---

① 施里达斯·拉夫尔:《我们的家园:地球》,中国环境科学出版社,1993,第95页。
② 艾伦·杜宁:《多少算够——消费社会与地球的未来》,毕聿译,吉林人民出版社,1997,第28页。

经济全球化推动了世界经济的发展,为国际社会带来了空前的增长繁荣,尤其是国际贸易和国际投资的飞速发展正是得益于一个日益一体化和高度相互依存的世界市场。随着经济全球化的深入发展,世界各国和地区在经济、文化、社会乃至政治、军事等诸多领域相互渗透、相互影响、相互制约,彼此依存度不断提升,由此产生的全球性问题也日渐增多。正如北京大学王缉思教授所言,"全球化的负面影响近年来表现得越来越明显。伴随着经济增长和物质财富增加出现的是:能源和其他自然资源的超高消耗、对地球生态环境的破坏、财富的高度集中及贫富差距的扩大,以及资本与人力资源加速流通所带来的更为复杂的社会矛盾。金融动荡、粮食短缺、能源紧张、环境污染、气候变化、非法移民、跨境犯罪、恐怖活动、传染疾病、产品安全等诸多非传统安全问题,已经成为世界政治的中心议题。"① 这些都是一般通称的全球性问题。

在经济全球化的历史大背景下,这些困扰各国的全球性问题大致可以概括为三方面:①对自然环境的无限索取而造成的生态污染、环境恶化;②无论就国际还是国内而言所产生的发展失衡、贫富两极分化加剧;③由此衍生的超越国界的社会政治问题。它们都严重威胁到人类的和平与发展,必须尽快加以解决。

随着全球化程度的不断加深,生态环境的恶化也在全球蔓延。首先,近代西方国家的发展,都是以无节制利用自然资源、改造自然环境,甚至破坏自然界为代价的,由此造成自然和生态环境不断恶化。发展中国家在取得政治独立后,百废待兴,发展经济成为国家的不二选择。在技术、资金有限的情况下,大规模开采和利用自然资源,成为主要的发展模式,从而也加剧了对自然环境的过度开发利用。最显著的例子是热带雨林的减少。在 20 世纪 70 年代初,发达国家对热带硬木的需求增大,引起了商品价格的急剧上升,刺激了热带雨林国家加大硬木的出口,同时将大片自耕农场和林地改为出口林栽培基地。到了 80 年代,当木材价格下跌,为了稳定价格,出口国不得不减少木材的供应,在砍伐后的林地上不再重新种植,这样的情形,在厄瓜多尔、印度尼西亚、科特迪瓦和菲律宾等

---

① 王缉思:《当代世界政治发展趋势与中国的全球角色》,《北京大学学报(哲学社会科学版)》2009 年第 1 期,第 11—14 页。

雨林资源丰富的国家均发生过。其次,经济全球化拉大了发达国家和大多数发展中国家以及发展中国家内部的贫富差距,这本属于地区发展失衡的社会问题,却也会增加对生态环境的负面影响。由于不合理、不公平的国际经济旧秩序,经济全球化使全球财富在分配上集中于少数西方发达国家,发展中国家的经济长期得不到应有的发展,南北矛盾不减反增,南北国家间的经济差距进一步加大。在20世纪初期,世界上最富国家比最穷国家富裕10倍左右。然而,在经历了一个世纪的全球化发展后,到21世纪初,世界上的最富国家已比最穷国家富裕71倍。像卢森堡这样的国家,人均财富是非洲布隆迪人均财富的113倍,贫富差距巨大。1990年,世界上89个国家的人均收入低于1980年,其中43个国家的人均收入甚至低于1970年。① 当今世界,发达资本主义国家占据了经济发展的绝对优势,他们拥有先进的技术、人才和充足的资金,理应对全球经济的可持续发展以及发展中国家经济的均衡发展承担更多责任。但是,一些西方大国对发展中国家的援助,优先考虑的是投资回报,对于该投资是否能真正有利于当地的经济发展以及投资涉及的生态效应,则很少予以关注。例如,国际商业贷款和援助中,世界银行就占到了1/5强。然而,这些资金大部分投入大型工程项目,它们为西方国家的跨国公司提供了商机。在各类大型工程项目中,诸如道路、发电站和水坝建设,石油和煤炭开采,几乎都对环境有着巨大的破坏作用。但在20世纪80年代后期之前,世界银行在其政策制定中几乎不考虑环境效应,即便是在那以后考虑也通常是流于形式而非真正采取行动。

贫富差距还体现在发达国家与发展中国家的债务关系上,畸形的债务关系成为环境破坏的另一种力量。20世纪70年代以前,国际金融市场的商业贷款利率还维持在较低的水平,这有利于发展中国家以相对较低的融资成本从国际市场获得发展所需的必要资金。从70年代末开始,随着发达国家经济增长速度的放慢并由此采取的紧缩性宏观经济政策,致使国际商业贷款总量减少和贷款利率提高。这一变化的结果是,从1983年以来,发展中国家偿还债务

---

① 克莱夫·庞廷:《绿色世界史——环境与伟大文明的衰落》,王毅译,中国政法大学出版社,2015,第281页。

加上还本付息超过了银行的贷出款额。1970 年,世界最穷的 60 个国家的总债务额是 250 亿美元,到了 2002 年,他们的债务达到了 5230 亿美元。然而,在这 30 年中,他们支付了 5500 亿美元用于偿还利息和本金。到 21 世纪初,这 60 个国家所得到的每 1 美元援助,在偿还债务时都需要支付 13 美元。即便如此,世界银行和国际货币基金组织仍然期待他们拿出出口收入的 20%—25%来偿还债务,而没有一个欧盟国家在偿还自己国家债务时超过当年出口收入的 4%的水平。[①] 这种资金倒流"如同从病人身上抽血,输给健康的人"。[②]

沉重的债务负担再加上国际经济体系中其他对发展中国家的制约因素,例如出口的初级产品价格下降和贸易保护主义等,对环境破坏的压力将陡升。一个国家如果负债累累但又严重依赖初级产品出口,为了弥补价格下降所带来的损失,往往增加初级产品出口,这样就会导致农业用地、森林和其他自然资源的损耗。例如,在 20 世纪 80 年代,即使世界棉花价格下降了 30%,一些撒哈拉以南的非洲国家仍将他们的棉花生产增加了 20%。棉花种植面积的扩大迫使谷物种植者离开土地,更多地使用农药,加剧土壤的退化。[③]

经济全球化的发展给世界范围内的财富分配模式带来了巨大改变,它让一部分地区更加繁荣和一部分人变得更加富裕。他们的富足,使得对自然资源有着极高消耗的消费社会兴起。与这种繁荣与富裕相对应的是,更广大的地区和更多的人在全球化的历史浪潮中陷入一种持续性衰退的贫困中。伴随着这种衰退的还有生态环境。回顾经济全球化的路径历程,会让我们更加审慎地去思考:我们所经历的全球化,是不是我们所需要的全球化;我们需要构建一个什么样的全球化,才能让发展的福祉惠及所有的人,以及这种发展可以让人与自然环境更和谐地共生于同一个地球。

---

① 克莱夫·庞廷:《绿色世界史——环境与伟大文明的衰落》,王毅译,中国政法大学出版社,2015,第 283 页。

② 诺曼·迈尔斯:《最终的安全:政治稳定的环境基础》,上海译文出版社,2001,第 54 页。

③ Lorraine Elliott, *The Global Politics of the Environment* (New York: New York University Press, 1998), p. 40.

第四章　关于引发环境问题的思想与政治决策

　　20 世纪以来,人类对环境的影响是显著而巨大的,这种影响体现在人类对待环境的一切行为上:开垦荒地、砍伐森林、开采矿产资源、排污(包括气体和液体的污染物)、修筑巨型水坝、化石能源和生物资源的利用等。到 20 世纪后期,人类的行为几乎涉及地球上环境的所有方面,甚至一些在过去会被当作天方夜谭的奇闻逸事,也在人类的探索中逐步成为现实。例如,依靠高产的小麦和水稻来培育新品种以实现农业增产的重大突破——绿色革命,单纯地从农作物增加来看,的确让不少采用杂交品种的国家获益。墨西哥农业在引入"绿色革命"后的 20 年内,每年农业产量增长 5%。当印度和巴基斯坦于 1965 年也首次引入后,10 年之内小麦的产量翻了一番。1970 年,第三世界国家种植的小麦和水稻的 10%—15% 是新品种。到 1983 年,这个比例超过了一半,1991 年,达到 3/4。[①] 基因工程是另外一项集聚人类知识与胆识的技术挑战,作为一项最近 20 年内才兴起的产业,它在技术上的突破可能给人类生活和全球环境带来革命性的颠覆效果。人类对环境的影响愈加深入而广泛,这一发展趋势离不开人类数个世纪以来持续不断的技术创新与突破。但是,我们也从这种影响中看到,并非所有的影响都是正面而积极的,并非所有的技术进步都有利于我们保护所生活的地球家园。正如上面所提及的两项显著的科技成就,从其出现伊始,就携带着对人类社会和环境破坏的灾难性种子。绿色革命造就了大宗高产的农作物品种,主要是玉米、小麦和水稻,短期内解决了粮食短缺的困扰。然而这一成就的背后是通过改变物种遗传基因来达成,况且,新品种对化肥和农药的依赖大大高于其他物种。更为尖端的基因工程对人类和环境的影响目前

---

　　① Mostafa Tolba,*The World Environment 1972—1992* (London:Chapman and London,1992),p. 296.

尚不明确,但由于其涉及直接干预基因的筛选和遗传,甚至于已成功对生物物种实行无性繁殖,例如英国克隆了绵羊和日本克隆了牛,已有不少社会学家和科学家对其可能引发的伦理危机和生物变异产生担忧。

面对人类对环境影响愈来愈强调的能力和行为,我们或许会产生这样一系列疑问:在人类不断挑战环境的所有无畏的行为后面,是什么样的力量在推动着人类的种种冒险,是什么样的力量在决定着人类一定要把对环境的征服作为自己的奋斗目标,是什么样的力量使得人类即便是在面对来自大自然的惩罚时依旧对自己的行为执迷不悟。技术带给人类征服自然的胆量和能力,但并不是导致人类对大自然缺乏基本敬畏的本源。要回答这几个问题,我们不能再停留于对技术的关注,而需要聚焦于人类本身,从导致人类一切行为的思想和观念中去寻找答案。这些思想和观念,可能源自古老宗教,也可能来自 20 世纪以来兴起的各种与环境相关的思想,还可能来自追求绝对市场化和私有化的新自由主义主导下的政治决策。

第一节　20 世纪西方社会关于环境问题的思想

20 世纪 60 年代以来,伴随着日益严重的生态危机和生存危机,人类对传统生态思想和观念指引下的行为方式和发展模式开始进行反思。这使得从生态学的角度探讨人类社会与自然界相处关系的思潮开始在全世界范围掀起,并在日后的发展中越来越波澜壮阔。鉴于此,有人甚至预言,21 世纪必将是生态思潮的时代。

生态思潮是在人类和整个地球存在严重危机这个大背景下形成并壮大的,是人类对防止和减轻生态灾难的迫切需求在思想文化领域的表现,是在具有社会和自然使命感的人文社科学者拯救地球的强烈责任心驱使下出现的。

当代西方的生态思潮的历史发展大体上分为两个阶段。20 世纪六七十年代为形成阶段,主要成就是蕾切尔·卡逊的《寂静的春天》(1962)、怀特的《我们生态危机的历史根源》(1967)、罗马俱乐部学者佩切伊的《深渊在前》

（1969）和米都斯等人的《增长的极限》（1972）、莫斯科维奇的《反自然的社会》
（1972）、奈斯的《浅层生态运动与深层、长远的生态运动》（1973）、帕斯莫尔的
《人类对自然的责任》（1974）、莫兰的《自然之自然》（1977）、约纳斯的《责任原
理》（1979）等。八九十年代为发展阶段，几乎所有的人文学科都出现了较大影
响的著作，主要有莫尔特曼的《创造中的上帝：生态的创造论》（1984）、泰勒的
《尊重自然》（1986）、拉夫洛克的《盖娅：地球生活的新视野》（1987）、罗尔斯顿
的《环境伦理学》（1988）、克利考特的《捍卫大地伦理》（1989）、布克钦的《生态
社会学理论》（1990）、庞廷的《绿色世界史》（1991）、伯林特的《环境美学》
（1992）、佩珀的《生态社会主义》（1993）、沃伦的《生态女性主义》（1994）、戴利
的《生态经济学与经济生态学》（1999）等。90 年代以后，一些学者开始对生态
思潮进行回顾与总结，代表性的著作有马歇尔的《自然之网：生态思想研究》
（1992）、诺顿的《走向整体的环境主义者》（1994）、沃斯特的《自然的经济体系：
生态思想史》（1994）、齐默尔曼的《环境哲学》（1998）、本顿等人的《环境话语及
实践》（2000）等。①

　　西方国家生态思潮的兴起，从本质上说明了这样一个事实：西方世界历史
上对于环境在观念、理解、态度方面存在着系统性的问题，正是这种系统性、整
体性的谬误，让人类正陷入自己亲手打造的危机中。而若要修正西方国家对环
境的一切错误认知，仅仅依靠某些环保法律的制定、节能环保措施的实施以及
环保技术的发明创新已不能从根本上应对生态危机带来的一系列挑战。正如
生态思潮中学者们的主要诉求是重审人类文化，进行文化批判，揭示生态危机
的思想文化根源。沃斯特明确地指出："我们今天所面临的全球性生态危机，起
因不在生态系统自身，而在于我们的文化系统。要度过这一危机，必须尽可能
清楚地理解我们的文化对自然的影响。"②"整个文化已经走到了尽头，自然的
经济体系已经被推向崩溃的极限，而'生态学'将形成万众的呐喊，呼唤一场

　　① 王诺：《生态危机的思想文化根源——当代西方生态思潮的核心问题》，《南京大学学
报（哲学·人文科学·社会科学版）》2006 年第 4 期，第 37—46 页。

　　② Donald Worster, *Nature's Economy: A History of Ecological Ideas* （Second Edition）
（Cambridge: Cambridge University Press, 1994）, p. 27.

"文化革命"。①按照生态思潮对环境危机的溯源视角,人类必须对自身文化、思想、生产和生活方式、社会发展模式进行重新审视,探讨这些因素是如何单独地或者协同地在推动人类对环境采取恶劣态度和竭泽而渔的行为方面产生的作用。生态思潮的目的是通过思想文化变革进而推动生活方式、生产方式、科学研究和发展模式的变革,建立新的与自然和谐相处的文明。在涉及人类对环境的各种不友善的思想和态度上,人类中心主义、唯发展主义和科技至上观是造成生态危机的三大主要思想根源,是当代生态思潮要解决的核心问题,也是我们深入理解西方社会生态危机背后的文化渊源。

一、人类中心主义

工业革命发生以后,人类与自然环境的平衡关系逐渐被打破,在市场商业利益的驱使下,人类开始竭尽所能地对地球环境及资源展开"剥削"。而"剥削"的程度,在 19 世纪已然十分严重,至 20 世纪,环境受破坏程度则更加惨烈,以至于人类自己也面临着前所未有的生存危机。尽管 20 世纪几乎全世界的人类都面临着程度不一的生态危机, 但是促成这场危机的思想或者文化根源却来自西方国家。生态思潮的创始人、杰出的生态思想家和生态文学家蕾切尔·卡逊认为,人类竭泽而渔地对待自然,其最主要的根源是支配了人类意识和行为达数千年之久的人类中心主义。作为一种文化观念,人类中心主义出自古希腊普罗塔哥拉的"人是万物的尺度"的思想,最初的本意是个别的人或人类是万物的尺度,即把人类作为观察事物的中心。在后世对这一思想的发展进程中,尤其是各种唯心主义观对其本意的夸大和扭曲使其逐步偏离了原有的意思,这种偏离也同样体现在人与自然的关系上,使两者趋于从属或对立的关系。自近代以来, 人类中心主义总是作为一种价值和价值尺度而被西方社会广泛接纳,把人类的利益作为价值原点和道德评价的依据,认为只有人才是价值判断的主体。他的实质就是"一切以人为中心,人类行为的一切都从人的利益出发,以人的利益为唯一尺度,人们只依照自然的利益行为,并以自身的利益去对待

---

① Donald Worster, *Nature's Economy: A History of Ecological Ideas* (*Second Edition*) (Cambridge: Cambridge University Press, 1994), p. 356.

其他事物,一切为自己的利益服务"。①

　　人类中心主义延伸到生态领域所引起的危害是广泛而深刻的。几乎所有的环境污染事件的背后，我们都能看到一些人为了眼前的商业利益而不惜对生态环境和自然资源进行疯狂破坏和肆意攫取。更可怕的是,他们对自己的行为并不以为意。即便是面对公众舆论的质疑与谴责,他们依旧在为自己的行为进行强辩。这样的行为既出现在发达国家,例如日本地方政府 1973 年为水俣湾居民遭受的健康损害所做的评论上,也发生在发展中国家巴西在 70 年代面对亚马孙丛林被滥伐所持有的满不在乎的态度上。

　　西方资产阶级经济学说及为这种学说进行鼓吹、辩护的经济学家是除宗教之外另一股推动人类中心主义的思想动力。西方资产阶级经济学说中一个被广泛接受的术语是"经济人"概念。在西方经济学说中,人的存在不仅是自然人,同时也是经济人。作为经济人,人的行为选择通常是理性的,即一切选择均遵循自身利益最大化这一最高原则。而当人的自身利益最大化实现与减少人的利益获得以换取自然环境保护在取舍上发生冲突时，西方经济学说通常是支持前者的。在现实中,我们可以看见大量为了发展而不惜牺牲环境的案例,皆是对这一学说理论的实证。对于西方资产阶级经济学家来说,他们流行于世的观点、著述和思想则更是把人类中心说推向了神坛,让人们在盲从和迷信中变得自大与狂妄。

　　作为过去几个世纪以来最负盛名的经济学家之一,亚当·斯密关于人与自然关系的思想,突出体现在他对重农学派的"自然秩序"的发展上。重农学派"自然秩序"被看作是一种由外界某种力量强加于人类的东西,一种神学力量；而斯密则认为"自然秩序"是从个人利己主义自发活动产生出来的,从而摆脱了重农主义带有封建外观的"自然秩序"思想,并把人类历史发展看作人的本性同妨害他的障碍做斗争的历史,把资本主义自由竞争看作符合人的本性的理想的社会。

　　另一位有着重大历史影响的经济学家大卫·李嘉图，在谈论地租时曾提到地租"是为使用土地的原有和不可摧毁的生产力而付给地主的那一部分产

─────────────

① 余谋昌:《创造美好的生活环境》,中国社会科学出版社,1997,第 34 页。

品"。①可以看出,李嘉图眼中的自然是一种具有永恒生产力的自然,自然生产力是"原有和不可摧毁的"。当自然生产力能源源不断地为人类提供物质资料时,人类自然无需考虑这种生产力的耗竭情况,而只需要以自己为中心,尽力满足自己的欲望和需求。

西方经济理论中的诸多经济思想、政策建议,其实质无非是要说明如何实现经济的增长以满足人类的需要。在西方经济学家的视野内,自然是为人类服务的,他们要解决"资源优化配置"的问题,对资源是否实现优化配置的衡量标准是以人的利益的实现为标准的。在这样的经济思想指导下,人类社会经济系统的发展与自然生态系统的发展必然出现脱离。这种以人类为中心,一切以人的利益最大化为目标的经济行为,必然导致自然生态系统失去平衡,出现生态危机。

二、唯发展主义

1972年3月,米都斯《增长的极限》作为罗马俱乐部第一份报告问世,它直接影响到联合国同年6月在瑞典首都斯德哥尔摩召开的"第一次人类环境与发展大会"。《增长的极限》指出:"如果在世界人口、工业化、污染、粮食生产和资源消耗方面以现在的趋势继续下去,这个行星上增长的极限有朝一日将在今后100年发生。最可能的结果将是人口和工业生产力双方有相当突然的和不可控制的衰退。"该报告向全世界发出的警示,明确指出了传统发展方式的弊端,即人类现有的发展方式正过度消耗地球上的一切资源,从长远看是完全不具备可持续发展可能性的。

米都斯的报告对人类正沿着错误的发展方向或路径前行提出了告诫。但是,如果我们不拘囿于对发展方向或路径这些外在形态的观察,从支撑这种不可持续发展形态的内在思想考察,就会注意到人类社会,尤其是西方社会所秉持的"为发展而发展"的发展观才是导致上述不可持续发展方式的根源所在。

---

① 大卫·李嘉图:《政治经济学及赋税原理》,郭大力、王亚南译,商务印书馆,1983,第55页。

　　早在 1925 年,美国科学家和环保主义者奥尔多·利奥波德就对经济第一、物质至上的发展观进行了批判。他把这种发展形象地比作在有限的空地上拼命盖房子,"盖一幢、两幢、三幢、四幢……直至所能占用土地的最后一幢,然后我们却忘记了盖房子是为了什么。……这不仅算不上发展,而且堪称短视的愚蠢。这样的'发展'之结局,必将像莎士比亚所说的那样:'死于过度'。"[①]利奥波德指出,人类要在大地上安全、健康、诗意和长久地生存,就必须抛弃发展决定论。

　　同样批判"为发展而发展"的还有生态作家和思想家艾比,他在 20 世纪 50 年代就使用"唯发展主义"来称发展至上论。他指出,"为发展而发展"已经成为整个民族、整个国家的激情或欲望,却没人看出这种发展主义是"癌细胞的意识形态"。[②]在艾比看来,唯发展主义将推动人类文明从糟糕走向更糟,导致"过度发展的危机",最终导致人类成为过度发展的牺牲品。[③]

　　诚然,与任何一种生物都有生存和进化的权利一样,人类作为地球上的一个物种,自然也有生存与发展的权利。人类要满足自己的需求,期望拥有更好的生活水平,这本无可厚非。但是,20 世纪后半叶以来的生态危机告诉我们,人对物资的无限需求与地球自然资源的有限承载力之间产生了不可调和的矛盾,人类对当前的发展模式若不做出根本性的修正,前方等待人类的将是灭亡。人类不能脱离生态系统而存活,至少从目前来看,人类开发替代资源的速度远远赶不上不可再生资源的耗竭速度,环境污染的速度也大大超过了环境治理的速度,而且,即便是人类在科技上取得怎样令人震惊的成就,我们也无法指望这些技术能为人类再造一个可供数十亿人生存的地球。若如此,人类将不得不面临唯一的选择:通过限制经济发展的规模和速度以实现与生态系统的承载力相匹配。

---

　　① Brown and Carmony, *Aldo Leopold's Southwest*(Albuquerque:University of New Mexico Press,1990),p. 159.

　　② James Bishop, *Epitaph for A Desert Anarchist,the Life and Legacy of Edward Abbey* (New York:Maxwell Macmillan,1994),p. 20.

　　③ James A. Papa, *The Politics of Leisure*:*"Industrial Tourism" in Edward Abbey's Desert Solitaire*(Salt Lake City:University of Utah Press,1998),p. 319.

唯发展主义对现代社会产生的另一大负面影响就是使人们将发展一词所包含的多个目的(例如人性的解放、人格的完善、人与自然的休戚与共、人与人之间的和谐共处等)简化成单一的经济数量的增加。法国著名思想家埃德加·莫兰对于发展这一概念所代表的含义有着深刻且中肯的评述:"'发展'的概念总是含有经济技术的成分,它可以用增长指数或收入指数加以衡量。它暗含这样一种假设,即经济技术的发展自然是带动人类发展的火车头。""'发展'概念一经提出,就忽视了那些不能被计算、量度的存在,例如生命、痛苦、欢乐和爱情。它唯一的满足尺度是增长(产品的增长、生产力的增长、收入的增长),由于仅仅以数量界定,它忽视质量,如存在的质量、协助的质量、社会环境的质量以及生命的质量。""'发展'忽视不可计算、不可变卖的人类精神财富……'欠发展'这一漫不经心的粗野提法将人类文化智慧与人生艺术贬得一文不值。"[1]从根本上说,经济发展的目的是为人服务,而不是人为经济发展服务。经济发展本身不是目的,而只是过程或手段。发展的目的化,即为发展而发展,必然致使发展"异化"。被异化的发展,必然偏离发展为人的初衷,进而异变为对人的压迫。这种压迫可能会以不断寻求"利润最大化""生产效率最高化""市场对资源配置的最优化""技术化"等形态呈现,取代人性之理和自然之理。于是,发展"合理化的无度的粗野性",便在"地球上汹涌扩张"。[2]

三、科技至上观

20世纪后半叶以来,随着人类的第三次工业(科技)革命的兴起,世界的发展历史步入"巨科学"时代。尤其是核科技的产生和应用,使人类第一次拥有能将整个地球及其所有生命彻底毁灭的能力。科学技术的发明创造及其应用,关乎整个人类的命运,关系到所有生命和整个地球的生死存亡。由此,科学技术已经不单是科学家的事,也不仅仅是某些对科技研发和使用进行垄断并享有

---

① 埃德加·莫兰:《超越全球化与发展:社会世界还是帝国世界》,上海文化出版社,2002。

② 埃德加·莫兰:《复杂思想:自觉的科学》,陈一壮译,北京大学出版社,2001,第124—125页。

其收益的利益集团的事;人类的每一分子,都有权对科学技术的发展进行监督和批判,都有权因科技的滥用而对其进行制约和改造。现代科技迅猛发展带来的进步随处可见,但构成的挑战也极为突出。正如莫兰再三强调的,"科学是一件极其重大的事情, 不能唯一地交由科学家来处理。……科学已变得极其危险,不能全凭政治家来处理。……科学已变成一个国民的问题,一个公民的问题。我们应当诉诸公民,不能允许这些问题与外界隔绝,不能允许这些问题成为在小圈子内策划的。"①

文艺复兴以来,特别是启蒙运动以来,科学技术获得了崇高的地位。反宗教和倡理性的革新进程,赋予科学技术认识世界和改造世界不二法则。"人们心甘情愿地称科学为现代的宗教, 认为它远比被其取代的诸宗教要神圣得多。"②"对很多人来说,从正面讲,科学'永远正确',从反面来讲,'科学永远不会犯错',正是这一专断信条使科学容不得半点批评。"③"科学不仅凌驾于公民之上,也远离了公开的辩论",④在导致了大量无法根除的污染和不可挽救的环境灾难后,它竟然还试图让人们相信科学家"能解决所有问题,科技是万能的"。⑤

米都斯《增长的极限》的问世,在引起巨大轰动之际,也遭到众多的批评。不少学者认为《增长的极限》中的观点过于悲观,"就像马尔萨斯一样对人口增长、粮食可得性和方方面面要紧的因素抱有悲观主义态度一样,《增长的极限》有着同样的形貌",⑥因此他们从各个角度对经济发展的未来趋势进行分析,并认为经济增长会对生态产生影响, 却对于经济增长所带来的生态效益持有乐观的态度。对这些批评和反对米都斯的学者来说,该报告有着很多缺陷,是

---

① 埃德加·莫兰:《复杂思想:自觉的科学》,陈一壮译,北京大学出版社,2001,第101页。

② 塞尔日·莫斯科维奇:《还自然之魅:对生态运动的思考》,庄晨燕、邱寅晨译,生活·读书·新知三联书店,2005,第5页。

③ 同上书,第7页。

④ 同上书,第47页。

⑤ 同上书,第27页。

⑥ E. 库拉:《环境经济学思想史》,谢扬举译,上海人民出版社,2007,第164页。

带着计算机的马尔萨斯，以至于不能令人信服。例如，在批评和反对者看来，《增长的极限》中，大多数自然资源被纳入非再生资源范畴，但是它们各自之间没有得到足够的区分。计算机模型也是忽略了这些资源要素差异。而技术标准界定，一切金属矿藏都是可以再循环的。而且，一些科学界人士也认为，"从物质上讲，我们永远不会用尽矿物资源，因为地下物资的储量远远大于可能的利用极限"。佩奇（1973）指出，"历史证明，随着旧矿点的耗竭，新的经济上可以勘探的储藏点总会被发现。已知的事实是，地壳中存有巨大的未开发资源，终极耗竭出现的时间完全超过了罗马俱乐部的设想。随着提取技术的进步和市场条件变得越来越有利，人类将有能力得到更多的资源"。①无疑地，批评和反对者认为米都斯夸大了地球资源即将濒临耗竭的危机。

他们反对《增长的极限》的另一个理由是，认为该报告忽视了能源、制造或农业生产方面技术突破的可能性。工业革命以来，人类社会的确涌现了许多新技术及由新技术开发出来的新能源，交通工具和即时通信设备的出现也是科技创新的直接结果。这些成就，都让反对者们坚定地认为技术创新能解决一切问题，这些问题当然也包括环境破坏和资源耗竭。因此，他们觉得无须过度考虑发展方式是否恰当，即便是发展受挫，需要改进的也仅限于技术层面。"他们提醒，技术进步的假定，不应当使人们相信可以不顾当前能量资源逐渐上升的压力而追求发展，尽管革新和发展有一天会戛然而止的断言是极其错误的。真正的问题不是从物质上看我们赖以获取能源的矿物燃料储量的耗竭，而是面对物质耗竭的危险，我们必须对经济社会和技术等进行适时调整。"②

从上述反对和批判米都斯的观点中，我们可以看到不少学者其实都已成为科技至上观的迷信者。他们所有反驳论据都是基于技术创新和发展能解决当前和未来各种棘手的难题。然而严酷的现实告诉我们，科技绝对不会是永远正确的，它不仅不能解决当前所面临的许多问题，相反，这些当下遭遇的问题，甚至未来可能出现的，都能在科技那里追溯到产生的根源。"科学造福方面的

<hr>

① E. 库拉：《环境经济学思想史》，谢扬举译，上海人民出版社，2007，第166页。
② 同上书，第167页。

进展与它有害的或者致死的方面的进展相关联",[1] 因此"人们不能用导致危机的手段来解决危机"。[2] 人们不能指望在短短数百年间就把地球生态平衡打破、引发生态危机的科学技术,能够在已经是十分有限的未来时间里引导人类摆脱危机——除非科技进行自我变革。

第二节 新自由主义的兴起对生态环境产生的冲击

新自由主义是 20 世纪 70 年代以来占统治地位的资产阶级意识形态,包括了以市场导向为核心的一系列经济、政治、文化、科技观点。新自由主义的渊源是 20 世纪 30 年代世界经济危机发生前流行于西方国家的以亚当·斯密为代表的古典自由主义思想。20 世纪 70 年代,因第四次中东战争的爆发导致的石油危机引发了蛰伏于西方资本主义国家的新一轮经济危机,资本主义国家由此陷入通货膨胀和经济停滞双重并行的"滞胀"阶段。面对严重的经济衰退导致的一系列困境,自 20 世纪 40 年代中后期以来在经济恢复与振兴当中屡试不爽的凯恩斯主义失去了昔日的光彩,在危机面前束手无策。凯恩斯主义的失效为新自由主义的兴起并最终被其取而代之提供了绝佳的历史契机与舞台。20 世纪 80—90 年代,新自由主义一方面借助英美两大资本主义政权及垄断资本财阀的推动,另一方面迎合经济全球化的潮流开始席卷全球,成为当前资本主义的主流意识形态。新自由主义作为国际金融垄断资本的经济范式及美国国家意识形态的主要标志,主张从"自由至上"原则出发,将资本主义所谓的"自由、民主、平等"等观念,以"普世价值"为标识,粉饰为人类社会文明发展的理想价值观系统和目标。[3] 新自由主义作为以美国为代表的资本主义主流

---

① 埃德加·莫兰:《复杂思想:自觉的科学》,陈一壮译,北京大学出版社,2001,第 95 页。

② 塞尔日·莫斯科维奇:《还自然之魅:对生态运动的思考》,庄晨燕、邱寅晨译,生活·读书·新知三联书店,2005,第 170 页。

③ 陈玲:《新自由主义的风行与国际贸易失衡——经济全球化导致发展中国家的突变》,山西经济出版社,2017,第 13 页。

意识形态,在经济上鼓吹个人主义,将个人自由、个人价值和个人利益置于最高地位;在政治上,推行极端私有化,并极力渲染"私有产权神话"的永恒作用;在文化上,为资本主义全球扩张提供理论支撑,充当资本主义文化殖民主义和帝国主义的代言人。在生态环境上,对于已经严重失衡的全球生态体系和愈发严重的资源短缺情形,新自由主义及其推动者依旧无视这一事实,仍然极力宣扬他们认同的无限"自由"和市场"万能"。在新自由主义看来,人的欲望和对经济利益的追求应该是最自由的两个领域,没有绝对充分的理由他们是不能被限制的,限制他们就等于违背西方民主社会的基本原则。事实上,新自由主义推动人类朝着严重的生态危机,以及我们的生存危机逼近。相对于古典自由主义给人类带来的影响,新自由主义的"新"的本质,使得这种危害更深、涉及面更广,当人类力图对其修正或抛弃时所遇到的阻力也更大。

一、新自由主义学说理论中的生态缺憾

新自由主义以"超意识形态论"确立起全球资本主义范式,作为资本主义的代言人,新自由主义的全球化成为资本主义的最高阶段。事实上,新自由主义从 20 世纪 80 年代开始风行于全世界并不是一个偶然事件。从萌芽到崛起,再到成为西方大国维持全球霸权的最重要的"抓手",新自由主义经历了由学术理论最终形成所谓"华盛顿共识",进而成为美英国际金融垄断资本推行全球一体化的理论体系和重要的政策工具。①

作为一种思想学说,新自由主义学派林立,理论思想庞杂。狭义的新自由主义主要是以哈耶克为代表的新自由主义。广义的新自由主义,除了以哈耶克为代表的伦敦学派外,包括以弗里德曼为代表的现代货币学派,以卢卡斯为代表的理性预期学派,以科斯为代表的新制度经济学派,以及以布坎南为代表的公共选择学派和以拉弗、费尔德斯坦为代表的供给学派等。新自由主义源自古典自由主义经济学,与倡导国家干预的凯恩斯主义相对立,属于微观经济学。其基本的调节范畴包括:市场、供给、需求、竞争、价格、成本、收益等。新自由主

---

① 陈玲:《新自由主义的风行与国际贸易失衡——经济全球化导致发展中国家的灾变》,山西经济出版社,2017,第 30 页。

义的学派虽多,但这些学派在构建自己的经济理论框架时,几乎都存在一个同样的致命缺陷:对经济的思考和主张脱离生态系统。他们在为西方国家政府制定经济政策提供建议和建立经济分析模型时,抛弃了生态系统变量,将人的经济活动从生态环境中脱离开来,忽视自然资源的不可再生性,所导出的政策结论和模型是简单的、片面的。例如,伦敦学派的主要代表人物哈耶克,他的观点是其他所有新自由主义者的主要思想。哈耶克一贯主张所谓自由化,强调自由市场、自由经营,认为私有制是自由的根本前提等。在哈耶克看来,生产资料必须掌握在许多个独立行动人的手里,若不如此,社会可能演变成独裁者所有的专制社会。哈耶克激进的"自由"观念和"私有"观念使他甚至主张,即便是货币发行权也应交给私人银行,而不能由政府垄断。作为新自由主义阵营中的另一个重要学派——现代货币学派,代表人物是美国芝加哥大学教授、著名经济学家米尔顿·弗里德曼。与哈耶克一样,弗里德曼依旧强调与人们之间关系有关意义上的自由,除此之外,不需要政府干预私人经济,应当让市场机制充分地发挥作用。如果一定要让政府对经济发挥干预作用,那就是国家应该为市场提供一切必要的先决条件,为国际资本的跨国流动提供保障。以卢卡斯为代表的理性预期学派,以"理性预期"假设作为立论基础,坚持认为人是理性的,总是在追求个人利益的最大化。言下之意就是个人会做出有利于自身利益最大化的理性选择,政府无须过度干预。综合上述新自由主义部分流派及其主要代表人物的经济理论和思想,我们可以发现,他们对经济思考的重心集中于自由化、市场化和私有制方面,没有哪个学派专门考虑生态环境在他们构建的经济体系中发挥什么样的作用。

新自由主义所描述的经济世界是一个以"经济人"行为为主体的"理性的""纯粹的""美好的"世界。"经济人"不仅是解释人类经济行为的钥匙,也是西方经济学庞大的经济学体系得以建立的重心和支点。"经济人"以利己为动机,将一切阻碍其利润最大化的行为——人为或外部自然生态系统本身的局限均看作暂时的障碍予以毫不留情地克服或消除。当"经济人"的行为对环境造成破坏时,他们不应当受到道德上的谴责和批评。在新自由主义看来,这些行为并非不假思考的非理性行为,恰好相反,他们体现了经济理性对行为选择的指导。自我调节的市场机制将一切生产要素,即劳动力(人)、自然资源(外部生态系统)和金钱(资本)归结为商品形式,不接受任何力量对其的限制与调节,包括政府对公共物品的提供、对生态资源的维护。新自由主义认为市场的万能作用能以最经济的方式实现各种自由的优化配置,从而为人类创造最大程度的财富和幸福生活。但他们没有清晰地认识到,自然资源(生态环境)不是普通的商品,它的增加或减少并不完全由市场需求决定。就像高兹在《经济理性批判》一书中指出:"生态学有一种不同的理性。它使我们知道经济活动的效用是有限的,它依赖于经济之外的条件。特别是,它使我们发现,超出一定的限度之后,试图克服相对匮乏的经济上的努力造成了绝对的、不可克服的匮乏"。[①]新自由主义对市场机制虔诚的膜拜和笃信,对任何经济活动不加干涉和控制,会使生产本身的条件——自然生态与人类社会物质能量交换的可持续性遭到破坏,其结果是自然生态陷入困境中。

二、新自由主义比古典自由主义有着更强的生态破坏动能

新自由主义作为古典自由主义的延续和现代翻版,在继承古典自由主义理论思想的同时,又衍生出了不少新的观念和认知。这些新内容的增加,使得新自由主义产生的影响不仅体现在人类社会的各种关系上,还被施加于人与自然的关系上,最显著的结果是新自由主义比早期的自由主义对环境的破坏力大为增强,由此导致的生态危机不再限于一隅,而蔓延成全球性危机。

(一)新自由主义将"经济人"的利己自由推向绝对化

在"经济人"假设中,亚当·斯密的代表作《国富论》强调个人的利己动机,和"看不见的手"的市场调节机制,在促进社会财富增长上发挥了巨大作用。但亚当·斯密并未将这两个构成资本主义经济的核心元素予以绝对化。在斯密的另一本重要著作《道德情操论》中,斯密又对"利己"进行了补充,强调人性"利他"的一面,"强调同情、想象、认同和仁慈在形成社会态度和建立紧密结合的社会所起的作用"。在斯密看来,"经济人"的利己行为是受道德约束的。也就是说,古典自由主义思想的"利己"是有条件的,其提倡的古典自由主义是"有条

---

① 解保军:《高兹的"经济理性批判"理论述评》,《内蒙古师范大学学报(哲学社会科学版)》2009 年第 4 期,第 115—119 页。

件的、限制的、理性的自由"。"古典自由主义的核心宗旨是:让社会上人人都有平等权利进入和参与市场,自由行动,结果通过市场价格体系的调整作用,就能使各个市场的供给与需求正好相等,资源得到充分利用和合理配置,人们各自满意,整个社会经济将会沿着均衡的轨道稳健地、持续地向前发展。"①古典自由主义所要达到的世界是"资源合理配置""经济持续发展",强调了市场的均衡、稳定和连续性。古典自由主义的兴起是为了消灭封建残余和当时流行一时的重商主义对资本主义商品经济发展的束缚,是一种历史进步的体现。与之相比,新自由主义将"经济人"及所含有的理性予以过度美化,提倡最纯粹的"利己"和完全的"理性",将"看不见的手"伸到政治、社会和文化等意识形态之中,当然包括脆弱的生态系统,其影响之深是前所未有的。可见,新自由主义的"利己"具有肆意的掠夺性、盲目性、全面性与毁灭性。

（二）新自由主义将市场调节功能绝对化

在政府职能方面,古典自由主义虽然强调最小的政府就是好政府,但并不完全反对政府对市场采取的管制和干预。古典主义对反对政府干预市场的主张是有条件的,即在市场运行机制并未发生失灵的大前提下,政府的主要责任就是为其扫除障碍,确保市场机制正常运行。市场经济行为通常会导致外部性产生, 分为正外部性和负外部性。当人们的经济活动致使环境受到破坏的时候,政府会介入干预,例如从19世纪中期开始,英国政府就一直展开对泰晤士河的清污治理。最重要的一点是,"古典自由主义坚持必须把市场的原则严格限制在经济领域之内,绝不让这个原则渗透至社会,特别是瓦解包括家庭在内的传统社会价值和社会关系"。②新自由主义反对政府对市场的干预行为,其理论主张认为政府不仅不能促进经济的稳定和增长, 反而会限制市场经济的自我完善和自我调节。除了经济领域的不干预,新自由主义还认为政府在政治和社会领域也应当放松管制,任由资本在这些领域中完全自由流动。其主要观点有五个:

---

① 陈士辉:《新老自由主义比较研究》,《经济经纬》2005年第5期,第7—9页。
② 张英、张哲:《新自由主义与生态危机》,《石家庄经济学院学报》2011年第2期,第56—63页。

一是实现市场统治。经济活动对生态环境的负外部性不承担责任,由市场自由调节,否认市场"失灵",反对政府干预。具体做法是将"自由"企业或私有企业从任何政府和国家的束缚中解放出来,不论这将造成多大的社会损失。"没有管制的市场是刺激经济增长的最好办法,它将会使每个人受益"。二是削减公共开支。主张政府削减教育、医疗等社会服务的公共开支,甚至对自然资源和生态环境保护的开支也被视为不必要。三是放松管制。减少任何可能影响利润的政府管制,包括放松对工作环境安全的规定。四是私有化。将国有企业出售给私人投资者。将自然资源商品化、私有化的趋势也在不断加强。五是摒弃"公共物品"或"共同体"的概念,以"个人责任"代替"社会责任"。医疗保障、教育机会和社会保障都无法解决的最贫困人口群体不可能有财力与精力去关心自然环境的变化。新自由主义已经将触角无情地伸到了脆弱的生态系统。①

三、新自由主义的生态表现

新自由主义的理论缺陷和它更加强调利益最大化并对除市场之外的领域的漠视,决定了它对生态环境的破坏是古典自由主义望尘莫及的。亚当·斯密尚且在利益和道德两点上力图寻找一种平衡,而新自由主义则完全将利益获取作为最高的道德标准。

新自由主义在生态领域的表现可以说是造成了一场全域性的生态灾难。无论是发达国家还是发展中国家,没有谁可以独善其身,仅是灾难影响的程度和范围不同。相对于发达国家,它能凭借充足的资金、先进的技术手段及法律和教育等制度性保障以完成对遭受破坏的环境进行部分修复,许多发展中国家因缺少资金和技术,加上国家治理手段和经验的欠缺(很大程度上也是新自由主义对其内部制度的侵害),生态环境则沦为新自由主义全球蔓延的牺牲品。古巴国务委员会时任主席菲尔德·卡斯特罗曾对这一现象做出强烈的谴责:"资本主义和新自由主义的全球化给我们带来了什么? ……生态环境遭到无情的、几乎不可逆转的破坏;不能恢复的重要资源正在迅速被浪费和消耗;

---

① 王宏伟:《关于新自由主义的三篇短论》,《理论经济学》2003 年第 2 期,第 8—10 页。

大气、地下水、河流、海洋受到污染;气候的变化已经带来了不可预测的、明显的后果。20 世纪,10 万公顷的原始森林消失了,还有同样面积的土地变成了沙漠或无用的土地。"

（一）加剧了自然资源的流失

新自由主义从起源到勃兴的几十年里,不断向资本主义发达国家以外的区域扩张着受其意识形态支配的政治经济版图,以经济全球化的方式将其他国家和地区纳入其中。然而发展中国家,在以新自由主义国际垄断为基础的国际生产、交换体系中处于弱势地位,不得不接受以不平等交换为特征的国际贸易体系强加的商贸规则,承受着以垄断资本为基础的国际金融体系的严重冲击,并付出惨重的资源环境代价。

发展中国家的锶、锡、钶、石墨、锰、稀土、石油等十多种矿产资源 80% 左右的出口份额集中在发达国家。不可再生资源的绝大部分都用于国际贸易。根据 WTO 贸易数据统计,在发达经济体中,美国、德国、日本都是自然资源的净进口国。上述三国对发展中国家拥有的 13 种重要原料的平均依赖程度分别为 60%、90% 和 92%。许多资源型发展中国家为了出口创汇,则竭尽全力地开采资源。数据显示,在全世界范围内,自然资源出口占经济体出口总额比重超过 90% 的经济体有 10 个,包括安哥拉、阿尔及利亚、黎巴嫩、伊拉克、阿塞拜疆、委内瑞拉、尼日利亚等。自然资源出口占该经济体出口比重超过 50% 的经济体有 25 个,自然资源出口占该经济体出口比重超过 40% 的经济体有 28 个,这些经济体全部都是发展中国家或者最不发达国家。[①]

上述出口的自然资源在国际贸易的种类中大多属于初级产品（除石油外）,价格受国际市场需求和国际汇率波动因素影响较大。一旦国际资源价格出现下跌,通常会对这些发展中国家的经济造成严重冲击。为了弥补价格下跌带来的损失,往往会增加对资源的出口,这势必导致国内自然资源的流失,严重影响该国的可持续发展及自然资源的代际生态合理配置。

---

① 陈玲:《新自由主义的风行与国际贸易失衡——经济全球化导致发展中国家的灾变》,山西经济出版社,2017,第 203 页。

（二）废物的跨国转移

新自由主义推崇的贸易自由化和不加任何干涉的市场行为，既为发达国家的商品、资本任意进出发展中国家开启了便捷之门，同时也为发达国家转移污染物创造了绝好的机会。

从20世纪70年代开始，危险废物的越境转移问题逐渐成为全球性问题。在20世纪90年代，全世界每年生产的危险废物约有3亿吨，其中90%产于发达国家。由于发达国家对危险废物的处理成本异常高昂，相当于发展中国家的20—50倍，而发展中国家的环境标准较低，这就为发达国家危险废物的处理提供了天然的廉价场所。更为严重的是，发达国家还将超过80%的电子垃圾出口到以亚洲为主的发展中国家。单是美国西部地区回收的电子垃圾中，就有50%—80%被运往亚洲。欧盟每年向亚非拉68个国家出口有毒垃圾。2006年，仅日本一国向印度尼西亚出口的有毒垃圾就高达3100万吨！① 由于发展中国家环保意识淡薄和处理手段落后等原因，有毒垃圾一般被直接填埋和焚烧。被填埋的垃圾所渗透出的有害物质会对土壤、水源造成极为严重的污染；而经焚烧的垃圾所释放出的大量有害气体则会对空气造成污染。因此，越来越多的发展中国家在意识到这种废物贸易所带来的环境危害后，开始拒绝并谴责发达国家通过这种方式来转嫁环境污染，要求发达国家全面禁止危险废物的国际贸易。

（三）污染产业的跨国转移

从20世纪后期开始，发达国家的产业结构有了重大调整。第一产业和第二产业的比重日益下降，以服务业和高科技为代表的第三产业的比重日益上升。同时，随着发达国家对环保重视度的提高并不断加大对环保的治理力度，许多污染密集型企业将面临难以承受的生产成本。要想继续运行下去，他们必须寻找能够接纳他们的地方。新自由主义所鼓吹的贸易自由化和全球化，为发达国家的污染型企业逃避其本国环保法规的管制和免于支付高昂的环保费用提供了途径——以投资为名将这些企业搬迁至发展中国家。

---

① 陈玲：《新自由主义的风行与国际贸易失衡——经济全球化导致发展中国家的灾变》，山西经济出版社，2017，第208页。

在东南亚及南亚地区,化工部门的外国直接投资(FDI)投资额所占比重居各部门之首。2004 年统计数据表明,仅马来西亚,跨国公司占农药零售额的75%,菲律宾 258 家跨国公司中,60%涉及污染密集型产业。日本 60%以上的高污染产业已转移到东南亚和拉美国家。美国近 40%的高污染产业转移到了发展中国家。中国作为发展中国家最大的外资吸收国,1995 年属于外商投资的污染密集型企业就多达 16998 家,占三资企业总数的 30%以上,其中属于严重污染密集型产业的企业就占到三资企业总数的 13%左右。[①]一些发达国家利用中国与他们在消耗大气臭氧物质（ODS）的最后禁用期上存在时间差,通过ODS 的生产和使用转移,将中国作为他们的污染避风港。1996 年,仅广东省CFC-11、CFC-12 的进口量就达 1800 吨,其中外商投资企业是主要使用者,这无形之中增加了中国淘汰 ODS 工作的难度。[②]

最为惨烈的化工企业事故当属印度博帕尔农药厂的严重毒气泄漏事件。博帕尔农药厂是美国联合碳化物公司于 1969 年在印度博帕尔市投资兴建,用于生产西维因、滴灭威等农药。制造这些农药的原料是一种叫异氰酸甲酯(MIC)的剧毒气体。1984 年 12 月 3 日凌晨,大约 30 吨异氰酸甲酯气体溢出并以每小时 5 千米的速度四处弥漫,很快就笼罩了 25 平方千米的地区。该次泄漏事故最终导致 2 万多人死亡,12 万多人受伤,其他受影响的人数量超过 20万人。博帕尔事件是发达国家将高污染及高危害企业向发展中国家转移的一个典型恶果。支撑这一污染转移行为的正是打着资本自由为名、竭力追逐利润最大化却又不愿为"外部不经济"担责的充满贪婪与自私的新自由主义。

第三节　引发环境问题的不当政治决策

有关引发生态危机的种种可能性因素, 近些年来人们已经做了许多探讨。正如大多数我们所认同的结论,资本、市场、技术、宗教、意识形态(新自由

---

① 洪大用:《社会变迁与环境问题》,首都师范大学出版社,2001。
② 徐再荣:《全球环境问题国际回应》,中国环境科学出版社,2007,第 28 页。

主义）、其他的思想观念（例如人类中心主义和唯发展论等）对于生态危机的
发生有着重要的影响，由此我们也对这些成因展开了大量的批判与反思。但
如果我们的批判与反思仅限于上述成因，那我们可能不会全面地考察危机发
生的背后推动力。这些被考虑的因素多半与个人和企业有关，比方说追求市
场利润最大化，多属于商业企业行为，宗教对思想的侵蚀基本是针对个人的。
然而这并不等于除个人和企业之外的国家或政府对环境问题没有责任。在很
多时候，导致环境破坏的不仅有个人行为和企业行为，还有国家行为。资本、
市场和"经济人"的逐利之心是引发生态危机的一只推手，国家的政治决策和
相关行为是另一只推手。与个人和企业的逐利相比，国家对环境漠视的动因
更加复杂。

一、国际安全困境导致对环境的破坏

考察国家政治对环境的影响，很难单独地以某一个国家的内政作为分析
对象，尽管国家的决策行为属于主权概念上的内政行为，但在很多时候，国家
的对内政治决策受到国际因素的影响。这种情形，不仅存在于一国的产业、贸
易、金融、文化教育等外向度非常高的领域，即便是在环境问题上，也同样如
此。

国际社会中国家之间的互动、往来关系，不论其方式如何（例如经贸互
通、文化交流和战争等），我们都将其统一视为国际关系的展现。国家间的关
系发展不是随机的偶然现象，几乎所有国家间互动的背后都是受到国家利益
的推动。从国际关系层次上看国家所拥有的利益内容和性质，我们通常将其分
为安全利益、政治利益、经济利益和文化利益四大类。对任何一个独立的主权
国家来说，这四大类利益都是必须得到保障的，但并不意味着这四大类利益的
重要性对一个国家来说是无差别的。从性质上讲，安全利益是国家首要的利
益，因为当一个国家失去生存条件时，这个国家就不复存在了。国家灭亡了，国
家利益就失去了载体，也就不存在国家利益了。由于安全利益关乎一个国家的
生死存亡，所有的国家都将安全利益置于最高利益等级，并不惜一切代价来捍
卫这一利益。最常见的策略是一个国家拥有比对方更为强大的军事力量，以保
障自己免受他国威胁，这种策略的逻辑并没有错，然而，当每个国家都想建立

强于他国的安全实力,这样就出现了安全困境的现象。国际关系中的安全困境理论并不意味着这种情形在世界上任意两个或数个国家间一定会产生,然而对于一些在世界上有影响力的大国,却很容易陷入安全困境的泥潭中而不能自拔。

20世纪最大的一场基于安全担忧而引发的、持续数十年的安全竞争是第二次世界大战结束后由美苏主导的"冷战"。有关冷战的起源、过程、结果及对未来国际格局的影响,已有来自历史学、政治学、经济学、心理学及文化领域的诸多学者做的大量的研究与分析,在这里笔者只探讨陷入安全困境下,国家的政治决策对生态环境产生的影响。

当美苏这两个超级大国随着第二次世界大战的结束由战时盟友转变为竞争者而展开对抗,就注定他们难以跳出陷入安全困境的命运。对安全的担忧促使两国竞相扩建军事工业区,这种政治决策除了对世界的和平构成严重威胁外,受影响最严重的领域就是环境。第二次世界大战的结束,预示着世界持久和平的到来,但是与和平一起降临的,还有令人感到可怖的核武器。作为超级大国,为了最大限度在军事上占有压倒性的优势,并通过这种压倒性优势来构建自己的安全体系,美苏都把制造核武器作为安全战略的最佳选择。在冷战期间,美国制造了数以万计当量不等的核弹头,其中用于实验试爆的就超过1000枚(1945—1992年,总计核试验1030次)。汉福德工厂是美国最重要的核工业企业,位于华盛顿州的哥伦比亚河畔,有着美国核工业"皇冠上的明珠"之称。美国在第二次世界大战末期用于摧毁长崎的原子弹便出于此。在之后的近半个世纪里,汉福德工厂亦为美国在核武上保持优势发挥了重要作用。与这种表面上的辉煌相对应的,汉福德为生产核武器而产生的37.85亿升的放射性废料,则悄声无息地被排到哥伦比亚河中。冷战期间,类似于上述的为确保所谓的"安全"而轻易牺牲环境的情形对美国政府的来说是家常便饭。即便是核试验产生的危及人体健康的致命性辐射,美国政府也可以将其冠之以机密而随意隐匿数十年。

最为典型的例子是被称为"绿色竞赛"的核试验。1949年,苏联的第一颗原子弹的成功试爆,给了作为对手的美国极大的刺激。美国检测到苏联核试验的放射性尘埃,并由此推测苏联将很快具有加工钚的能力。作为回应,美国决策者们决定在苏联核试验后的 20 天内使用"绿色"的铀来验证这一推测。这次实验被知情者们称为"绿色竞赛"(the Green Run)。它释放出仅 8000 居里碘-131,下风地区受到的辐射量是当时认为人体所能承受的 80—1000 倍不等。直到1968 年,汉福德成为第一个公开核武器制造与环境效益文件的美国核工业区,当地居民这时才获悉事情的真相。绿色竞赛显示(尽管其性质没有任何的环保意味),冷战期间,出于对国家安全的担忧,美国对于环境的破坏是毫无顾忌的。①

　　同为竞争对手的苏联,在构建核武器安全和环境保护的选项上,依旧压倒性地选择了第一项。数据显示,苏联在 1949—1991 年间制造的核弹头约为 4.5万枚,其中核试验次数为 715 次,实验地点多在塞米巴拉金斯克(现位于哈萨克斯坦境内)和北冰洋的新地岛。位于西西伯利亚鄂毕河上游盆地的马亚克工业区,是苏联唯一废弃核燃料再处理中心,同时也可能是世界上核辐射最强的地区。美国汉福德常年处理核废料而累积的钸的数量约为半吨,对环境的污染已相当惊人,而马亚克工业区累积钸的数量则达到了 26 吨,是前者的 52 倍。1948—1956 年,马亚克工业区一直向一条名为登萨河(鄂毕河的支流)的河流中倾倒核废料。1952 年开始,马亚克地区的核废料被封存于容器中,但在 1957年,一个容器发生爆炸,造成的结果是 2000 万居里的污染物溢出——约为切尔诺贝利核泄漏辐射水平的 40%。1958 年后,液体废料被存放在卡拉切湖底,但 1967 年的干旱使湖床裸露,放射性沉积物再度暴露在外。在风力吹动下,这些放射性尘埃四处飘散,覆盖的面积甚至相当于比利时大小。其放射性危害是广岛原子弹的 3000 倍,50 万居民的健康受到影响。直到 20 世纪 80 年代,在湖畔停留 1 小时受到的辐射量(600 伦琴/小时)仍足以致死。曾经担任苏联最高苏维埃核安全小组委员会主席的亚历山大·潘金形容马亚克的状况相当于遭受了 100 次切尔诺贝利核事故。②

　　直至今日,两个超级大国对抗的局势早已结束,其中苏联的国家形态更

　　① Gerber, Michele S., *On the Home Front: The Cold War Legacy of the Hanford Nuclear Site* (Lincon: University of Nebraska Press, 1992).

　　② J.R.麦克尼尔:《阳光下的新事物:20 世纪世界环境史》,商务印书馆,2013,第 351 页。

是随着政权体制的解体而消失。然而,政治上的变迁并不意味着历史上双方在安全困境下的竞争与对抗所产生的负面后果也一起终结。相反,他们有很多"历史遗产"被保留下来,并依旧对今天及未来人类的发展产生影响。美国仍然保留着世界上最庞大的战略核武库,作为苏联的主要替代者俄罗斯在继承大部分领土外,也继承了核武库,双方虽然从 20 世纪 90 年代之后没有再进行新的核试验,但如何长期确保核武器的质量安全依旧是个让全世界关注的话题。而对于过去被污染的环境,无论是大气中、陆地上(包括地下)、海洋中因核试验及核泄漏导致的生态问题,两国都极少提及,或许与核有关的环境问题对于两国国家战略的分量,从来都无法与国家安全这样的政治考量相提并论。

二、为战争而牺牲掉的环境

20 世纪既是一个经济与科技突飞猛进的世纪,也是一个充满战争悲剧的世纪。经济上的成就让世界财富比以往任何一个时期都要多,科技上取得的众多突破让世界变得更现代化,这是 20 世纪世界展现给人类的美好一面。与美好相对的是它的残酷与阴暗面。给人类生命与财产带来空前损失的两次世界大战均发生在 20 世纪,之后数不清的区域性战争和冲突也发生在 20 世纪,不绝于耳的种族暴力与宗教屠杀更让 20 世纪的和平进程看上去曲折漫长。战争与冲突,给人类带来死亡与伤痛的灾难,社会经济发展的进程也就此中断,这是人们反战的主因。战争所带来的破坏影响并不限于人类的生存与生活,它波及面甚广,看似与人类之间争斗并无直接关联的自然环境,也被纳入破坏的范畴。而且,几乎每一次战争发生地及其周围地区(甚至更广大地区)环境都难逃厄运。战争带给人类的伤害,偶尔会有政治人物为之表达出愧疚与歉意,但是对于战争给环境带来的损害,却鲜有人站出来为此承担责任。或许在那些政治人物的决策中,环境从来都不是一个被考虑的因素。

(一)战争对水体的影响

人类战争对水体造成的污染最早可以追溯至古希腊时期,公元前 600 年,亚述人用黑麦角菌来污染敌人的水源,古雅典政治家和战略家梭伦,在围城时用臭菘给敌人的水源下毒。以投毒的方式来破坏水源,这是一条于敌于己都不利的策略,但在后世的战争中屡试不爽。古代的水源破坏,虽然能对人造成危害,但由于人力作用的有限性,还不足以让水源区域的周围环境遭到整体性破坏。现代战争则将其破坏程度提升了千万倍,不论破坏是出于有意还是无意,水体的污染往往会成为整个地区的生态灾难。1991 年海湾战争的石油泄漏,覆盖的海域超过 1000 平方千米,污染的海岸线超过 500 千米。伊拉克军为阻止以美国为首的多国部队的挺进,将 6000 万桶石油倾倒在科威特的沙漠中,形成面积达 49 万平方千米的黑色油湖。石油浸入土壤深处,使科威特境内超过 40% 的自来水受到污染。波斯湾是一个近乎封闭的生态环境,海水流动十分缓慢,若要将全部海水更换一遍,则需要 200 年左右的时间。[①]

(二)战争对生物的影响

在战争中死去的不只是人,还有很多生物在人们的忽视中也被一并消灭。化学毒剂在第一次世界大战中登上杀人舞台并被大量使用。据统计,第一次世界大战期间有约 45 种、总量超过 10 万吨的化学毒剂被投入战场,大约造成 10 万人死亡,100 万人严重致残。化学毒剂让大量的农田和森林遭受破坏,尤其是法国和比利时,这种破坏更为严重。

20 世纪 60 年代发生于亚洲的美国对越南的战争,为了消灭潜伏在热带丛林深处的越南士兵,美国不惜大量使用化学脱叶剂。整个战争期间,美国一共使用了约 9 万吨脱叶剂。这是一种对神经有影响的氯化碳氢化合物,会对人和农田造成严重影响。脱叶剂使 25000 平方千米的森林受到破坏,约 13000 平方千米的农作物被污染,150 万人中毒,超过 3000 人死亡。脱叶剂消灭了 50% 的红树林,也对野生动植物造成了严重的影响。[②]

90 年代的海湾战争中,由于原油污染海面,约 100 万只水鸟丧失了沿岸滩途上的栖息地,约 3 万只海鸟死亡,52 种鸟类灭绝。受到伤害的还有其他迁徙于波斯湾的各类海龟、鱼类。波斯湾水生物种的灭绝难以计算,海水中的鱼

---

① 车玉泉、刘井军、李冰:《现代战争对生态环境的影响》,《中国环境管理干部学院学报》2008 年第 2 期,第 35—37 页。

② 凌虹、吴仁海、施小华:《现代战争对生态环境的影响》,《生态科学》1999 年第 3 期,第 33—39 页。

类也因缺氧和中毒而大量死亡。波斯湾的 600 头世界稀有海象因草污染而面临丧生的危险。另外,海洋中 50% 的珊瑚受到污染,伊拉克 20% 的红树林因原油燃烧而遭污染。①

(三) 战争对土地的影响

战争还使大量土地遭到破坏。据估计,第二次世界大战中各种爆炸物掀起的良田表层土壤达 3.5 亿立方米,造成许多良田贫瘠,有些地方成为荒漠和砾沙戈壁。1991 年海湾战争期间,参战部队重型机械的移动队改变了科威特沙漠多达 90% 的外貌,25% 的沙漠为油污和烟灰所覆盖。没有燃烧的石油在农田中沉积下来,形成大块黑色胶泥,使田地再也无法耕种。在科威特南部就有一个长达 800 米、最深处约 5 米的油泥湖。20 世纪 60 年代,美国对越南实施的地毯式轰炸,给越南的土地上留下了约 2000 万个弹坑,许多地区直至今日都还未恢复原来的地貌。战争对土地的破坏还体现在大量的埋雷致使土地的实际可利用价值完全丧失。据报道,截至 21 世纪初,在我们生存的地球上,埋藏的地雷至少超过 1 亿颗,和平居民触雷伤亡的事件时有发生。仅在越南、老挝和柬埔寨就有美国当时留下的 40 多万枚炮弹和约 200 万枚炸弹未爆炸。根据国际红十字会的报道,每月全世界大约有 1000—2000 人被地雷炸死或致残。全球大约有 100 万平方千米的地雷区,几乎完全无法用于生产和生活。②

现代战争的强大破坏力使得每一个交战区往往成为生态灾难区。这样高昂的成本也让越来越多的人意识到战争带来的摧残不只是交战方彼此的人员伤亡和财产损失,还使得许多与战争无直接关联地区的人及生物被一同卷入。可以说,战争毁掉的是当下,同时毁掉的还有未来。然而令人遗憾的是,对制定及发动战争的政治人物来说,他们或许对战争之于环境的破坏并不像其他对和平和环保充满期待的人们那样感同身受。也许在他们眼中,战争就像克劳塞维茨在其著作《战争论》中所评述的那样:"战争无非是政治通过另一种手段的

---

① 车玉泉、刘井军、李冰:《现代战争对生态环境的影响》,《中国环境管理干部学院学报》2008 年第 2 期,第 35—37 页。

② 同上。

继续。"战争的使用是为了政治目的的实现,当政治目的成了最重要的追求,生态上的牺牲自然也就成了实现其政治目的的成本付出, 更何况这样的成本付出并非由战争发动方予以承担。多数情况下,环境成本被转嫁给了更广大的地区和民众,然而他们却不是战争的决策者和发动者。

第五章　人类对全球环境危机的应对策略 和行动选择

　　自 1972 年联合国第一次人类环境大会在瑞典斯德哥尔摩召开以来,时间已过去了 50 多年。在这半个多世纪里,世界的变化是空前巨大的,不仅体现在政治格局、经济体系、人类之间的往来融合等方面,也体现在人与自然环境的关系正经历着深刻的变化。这种变化最显著的一个特征就是,人类在对自然的改造、征服与控制方面比之前任何时候都更强有力:只要人们愿意,就可以按照自身的意志和需求去重新塑造自然。同样的,作为一种对等的反作用,自然对人类的影响也超出了历史上的任何时期。这种影响突出地表现为全球性的生态危机。被日益关注的全球变暖、臭氧层破坏、大气污染、森林面积锐减、土地荒漠化、水资源匮乏、矿物资源耗竭、生物多样性丧失等问题,都是全球性生态危机的具体呈现,这些问题的产生使得人类将不得不面临来自地表、地下水源、能源,天空甚至外太空等多层面的系列挑战。生态危机的出现及蔓延至全球范围,说明人类过去的发展模式是存在严重弊病的,即人类过于注重自身利益的最大化,却无视自然环境。环境要素的缺失,使得人类所追求的利益最大化既不完整也不能持久,作为一种被欲望扭曲的利益追求,最后甚至演变成一种对人类更加宝贵的财富,如人类社会与环境的和谐、人类社会的公平正义、人类社会的共同富裕等的戕害。全球性生态危机向人们清晰而明确地传递出了这样一个信号:人类若想让生活与发展变得更具有可持续性,就必须即刻做出改变。

　　所幸,从 20 世纪 60 年代开始,人们对环境的保护意识开始觉醒,标志是蕾切尔·卡逊的《寂静的春天》一书的出版,预示着现代环保主义的兴起。至 70 年代,环境的污染与破坏已不单是困扰某一国家的内部技术性问题,而已成为牵连国际社会共同关注的国际政治议题。正是在这一大背景下,联合国首次人类环境大会的召开，为世界各国在环保问题上进行国际合作开了先河。到1992 年召开联合国环境和发展会议之际，以经济发展与环境保护相协调为核心的发展战略已成为国际社会的共同目标和使命。2002 年在约翰内斯堡召开的可持续发展世界首脑会议更使环境保护和发展成为全球关注的焦点。如何通过国际合作，建立有效而完善的全球环境保护机制，以确保全球的环境安全，促进人类的可持续发展，已逐渐成为 70 年代以来国际环境治理政策的重要内容。

第一节　联合国在应对环境危机方面的政策与行动

环境危机作为国际性的政治议题，因其涉及领域的广泛性和复杂性，单个国家或地区已难以凭借自身力量予以独立解决，这就要求国际社会为有效解决环境危机而展开合作。由于当今世界上的环境破坏大多不再是小范围的区域性污染，破坏在空间上的蔓延跨界更使得国际社会协同应对环境危机的紧迫性和必要性大幅增加。但是，由于世界各国的社会历史和经济发展存在程度不一的差异，这种差异又导致各国在面对同样的环境危机时会产生不一样的利益考量，在利益面前，各国的政策选择和采取的行动难以保持一致。这无疑加大了应对全球环境危机挑战的难度。在这种情形下，联合国作为世界上最具普遍性、代表性和权威性的政府间国际组织，在全球环境保护和治理方面发挥着举足轻重的作用，"联合国为解决全球性环境问题做了大量的开创性的工作。"[1]

一、联合国推动国际环境保护机制的发展

（一）生物圈会议与斯德哥尔摩会议

自工业革命以来，人类的物质生产和生活取得了极大的进步，而生态环境却一直在持续恶化。到 20 世纪，生态环境恶化已变得相当严重而且扩展到所

---

[1] 李铁成主编《世纪之交的联合国》，人民出版社，2002，第 167 页。

有人居地区。自 20 世纪 50 年代开始,许多国家开始遭受因环境污染而带来的损害,伦敦的毒雾、匹兹堡多诺拉的毒雾、洛杉矶的光化学烟雾和日本水俣病等一系列公害,促使西方社会保护环境的呼声日益高涨。1968 年 9 月,联合国教科文组织在巴黎召开了生物圈会议。此次会议旨在探讨人类活动对生物圈的影响,包括空气和水污染的影响、过度放牧、森林减少和湿地干涸等问题。尽管这次会议只是针对了环境保护的部分内容, 但一个重要的成果是让与会者认识到环境的相互联系性。"由于人类所造成的许多变化会影响整个生物圈,它并不局限于区域和国家界限内,因此,这些问题不能在区域、国家或地方基础上得到解决,要把注意力放到全球范围。"①与数年后召开的联合国人类环境会议相比,生物圈会议产生的国际影响并不太大,但它为联合国人类环境会议提供了直接的思想和知识基础。②

经过筹备,1972 年 6 月,第一次联合国人类环境会议在瑞典斯德哥尔摩召开, 会议通过的著名的《斯德哥尔摩人类环境宣言》(以下简称《人类环境宣言》),明确指出:保护和改善人类环境是关系到世界各国人民的幸福和经济发展的重要问题,也是世界各国人民的迫切希望和各国政府的责任。斯德哥尔摩会议促进了国际社会在环境保护领域的合作, 对国际环境保护机制的发展具有重要的意义。《人类环境宣言》确立的一系列原则代表了国际社会对人与自然关系的新认识,为国际环境保护机制的发展奠定了思想基础。该宣言提出的一系列保护全球环境的基本原则,极大地丰富了国际环境合作的内容,扩大了合作范围。随大会成立了联合国环境规划署作为联合国关于环境问题的中心。它的成立为国际环境合作提供了一个强有力的组织机制。③

（二）可持续发展观的提出与里约环发大会

1980 年, 联合国环境规划署委托国际资源和自然保护联合会编纂出版了《世界自然资源保护大纲》一书,提出了资源保护与开发利用不是对立的这一

① Lynton Caldwell,*International Environmental Policy:Emergency and Dimensions* (Cambridge:Cambridge University Press,1990),p. 49.

② 徐再荣:《全球环境问题国际回应》,中国环境科学出版社,2007,第 56 页。

③ 王杰:《国际机制论》,新华出版社,2002,第 340 页。

新的观念。资源保护既包括对自然资源的保护，又包括对自然资源的合理利用。"如果人类想过一种体面的生活，如果当前和今后子孙们的幸福要得到保障，进行自然资源保护是必不可少的。"《世界自然资源保护大纲》首次对"可持续发展"这一概念进行了阐述，重点强调了自然资源的保护和发展之间的相互依存性，认为可持续发展取决于对地球自然资源的保护。该书的出版在全世界引起积极的反响，唤醒了人们对日益遭受破坏的地球生态环境的重视和对合理利用自然资源的关注，并增强了人们保护自然环境的决心。

1983 年，联合国大会通过 38/161 号决议，成立世界环境与发展委员会，即布伦特兰委员会。根据大会决议，该委员会的主要使命有三：① 重新审查关键的环境和发展问题，提出处理这些问题的现实建议；② 提出在这些问题上形成可以影响政策和事态向着需要的方向发展的国际合作的新形式；③ 提高个人、志愿组织、实业界、研究机构和各国政府的认识水平及为采取行动承担义务的程度。①

1987 年，世界环境与委员会发表了研究报告《我们共同的未来》，系统阐述了"可持续发展"的概念。报告将这一概念定义为"既满足当代人的需要，又不对后代人满足其需要的能力构成危害的发展"，②把环境问题同发展问题联系起来，为世界各国提供了一条既能解决环境问题同时又能兼顾发展的新路径。

1992 年 6 月，联合国环境与发展大会在里约热内卢召开。会议通过了《关于环境与发展的里约热内卢宣言》（以下简称《里约宣言》）、《21 世纪议程》和《关于森林问题的原则声明》等 3 份重要的国际文件。其中，《里约宣言》重申了《斯德哥尔摩人类环境宣言》的精神和原则，在此基础上，《里约宣言》明确提出了可持续发展的思想，将环境问题与其他更广泛的问题联系在一起，指出改变传统的生产和消费方式并推行正确的人口政策是实现可持续发展的基本途径。宣言确定了在全球环境问题上各国"负有共同但有区别的责任原则"，既要求各国为保护全球环境共同做出努力，又避免不加区别地让发达国家和发展

---

① 世界环境与发展委员会：《我们共同的未来》，王之佳、柯金良等译，吉林人民出版社，1997，第 3 页。

② 同上书，第 52 页。

中国家平均分担环境保护责任，因为工业化进程的差异，发达国家对环境污染的能力更强。《21世纪议程》是在全球、区域和各国范围内实现可持续发展的行动纲领，对于指导各国采取相应的环境行动具有原则性和方向性的意义。这次会议的成果为解决国际环境问题揭开新的一页，促使环境保护成为国际政治中的重要议题。

里约环发大会之后，可持续发展观念逐步深入人心，国际社会对大会中确立的可持续发展战略也予以积极回应。各种全球性、区域性、双边的环境保护协定、条约、章程被制定出来，同时，各类协调和解决环境问题的国际组织和机构纷纷成立并在环境保护领域发挥了重要的作用。例如，1993年，美国成立了"总统可持续发展委员会"；欧洲许多国家设立了排污税、碳税、污染产品税等。据联合国统计，到1996年上半年，全世界已有约100个国家设立了专门的可持续发展委员会，1600个地方政府制定了当地的《21世纪议程》。[①]

(三)《京都议定书》与可持续发展世界首脑会议

1997年12月，在日本京都召开的《联合国气候变化框架公约》第三次缔约方大会上，通过了《京都议定书》，首次确定了发达国家温室气体排放的具体指标，区分了发达国家和发展中国家的不同义务。这是里约环发大会后的一次重大突破，是国际环境机制开始具备强制约束力的体现。尽管美国于2001年3月宣布退出《京都议定书》，但在欧盟和广大发展中国家的支持下，《京都议定书》于2005年2月正式生效，表明国际社会对于推进全球环境治理的强烈愿望和政治决心。

里约环发大会的召开，对世界各国走可持续发展道路起了重要的推动作用，但从后期的全球环境变化的趋势看，全球环境恶化的情形并未得到根本扭转，可持续发展的目标难以实现。鉴于这一困境，2000年12月第五十五届联合国大会通过55/199号决议，决定于2002年8月在南非约翰内斯堡召开可持续发展世界首脑会议。会议全面审议了1992年联合国环境与发展会议通过的《里约宣言》《21世纪议程》和其他一些国际条约的执行情况，并在此基础上拟定了今后的行动战略和措施。作为本次会议的成果，《约翰内斯堡可持续发展

---

① 联合国环境规划署编《全球环境展望2000》，中国环境科学出版社，2003，第9页。

宣言》和《可持续发展问题世界首脑会议执行计划》两份重要文件被通过。前者是一份与会代表签署的政治宣言，承诺要创造一个尊重和推行可持续发展愿景的世界；后者是一份包括目标和时间表的全球可持续发展行动计划，重点集中在水、生物多样性、健康、农业、能源等具体领域。①

2012 年 6 月，在 1992 年里程碑式的里约环发大会召开 20 年后，联合国环境与发展大会再度在里约热内卢召开。会议围绕"可持续发展和消除贫困背景下的绿色经济"和"促进可持续发展的机制框架"两大主题展开讨论，通过了《我们憧憬的未来》的成果文件作为新的可持续发展指导性文件。这次大会再次强化了国际社会追求可持续发展的政治意愿，坚持了"共同但有区别的责任"这一基本原则，维护了发展中国家参与国家环境问题保护的基础，明确了绿色经济作为可持续发展重要手段的地位。②

二、联合国在环境保护领域的机构设置

国际社会对环境合作的认识，经历了一个不断深化的过程。在国际关系中，主权国家作为最重要的政治实体，拥有治理环境的各种资源和权威，能够通过立法、行政、贸易、税收等方式对环境进行保护和治理。从政治学的角度看，国家是国际社会的最高权力单元，国际体系则具有无政府属性，即没有凌驾于各国之上的强制性权威机构来管理国家之间的交往。然而，全球性的环境危机带来的挑战，使得任何一个国家都不具备可以独自应对的能力。这就决定了还需一个具有足够权威和公信力的国际组织来统一领导世界各国应对挑战，而联合国无疑是最适合担当这一历史责任的国际权威组织。

整个联合国系统都以不同的方式参与环境保护工作，在主要机关中，联合国大会和经济社会理事会参与环境保护的活动最多。联合国大会作为最具权威的全球环境保护论坛，一方面为会员国提供相互交流、寻找共识的机会，另一方面为全面环境保护设置议程，引导全球环境保护的发展方向。自 1972 年的斯德哥尔摩会议开始，每隔 10 年，联合国都要召开关乎环境和发展的特别

---

① 《国际组织》编写组《国际组织（第二版）》，高等教育出版社，2018，第 194 页。
② 同上。

大会,这些召开的大会及取得的系列成果,都成为国际环境保护进程中具有里程碑式意义的重大事件。尽管联合国大会通过的决议、宣言和行动计划等并不像一国内部的行政法令那样有着很强的约束力,但能在环境保护上提供强大的道义支撑和舆论压力,敦促成员国履行其应承担的环境责任,为全球环境保护提供持久的动力。经济社会理事会是负责环境保护的主管机构,协助联合国大会的活动,协调联合国系统内各个机构围绕环境保护的活动,同时也向联合国大会、其他环境保护的专门机构及会员国提出有关环保的建议和意见。

联合国环境规划署是联合国内从事环境保护职能的执行机构。1972 年 12 月,联合国大会通过了 2997 号决议,决定设立联合国环境规划署。联合国环境规划署的总部设在肯尼亚首都内罗毕,并在曼谷、日内瓦、墨西哥城、巴林设立地区办事处。环境规划署的主要任务是"作为全球环境的权威代言人行事,帮助各国政府设定全球环境议程,以及促进在联合国系统内协调一致地实施环境层面的可持续发展"。就具体工作来说,环境规划署负责对全球环境信息和环境状况的收集、解释和评估,通过建成全球资源信息数据库网络,提供综合的环境情报服务和政策咨询,并就可能发生的环境威胁提供早期预警;负责推动和促进全球环境合作的开展,参与大量国际环境条约、宣言、行动计划的谈判和制定,监督国际环境公约的执行和实施;负责国际环境保护的宣传、培训和教育,提高国家参与全球环境治理的能力,唤起人们的环境保护意识,协调各国政府、国际组织、企业等参与主体共同促进有效合作。①

除环境规划署外,联合国系统内与国际环境保护关系密切的机构有七个。① 联合国粮农组织。长期关注自然资源的保护和推广先进的农业生产方法,与世界卫生组织一起发起了粮食计划,建立全球植物基因资源系统,发起与环境资源保护有关的国际会议并制定重要的国际公约。② 联合国教科文组织。负责保存、保护世界的历史、科学遗产并倡议制定有关条约,设立了人与生物圈计划、国际地质对比计划、国际水文计划、政府间海洋学委员会、世界遗产委员会、国际生物伦理委员会等合作计划和机构,参与生态保护和自然资源管理。③ 国际海事组织。1975 年设立了海洋环境保护委员会,在保护海洋环境和

---

① 《国际组织》编写组编《国际组织(第二版)》,高等教育出版社,2018,第 195—196 页。

发展海洋环境条约方面做了很大贡献。④ 世界气象组织。20 世纪 60 年代就建立起世界天气监视网计划,确保及时获得全球气象资料和情报,率先提出全球温室气体迅速增加所造成的全球气候变暖问题,为《联合国气候变化框架公约》的谈判和履行提供了权威性的科学评价意见。⑤ 世界卫生组织。为促进世界各国人民都获得最高水平的健康,防治流行性疾病,并长期关注环境变化对人类健康的影响,推动制定有关饮用水、空气质量等标准供各国政府参考使用。⑥ 世界银行。20 世纪 70 年代后逐渐将环境保护与融资信贷密切结合,在内部设立了一套从事环境保护工作的机构,制定了环境影响评价的政策和程序作为世界银行贷款项目的先决条件,强调环境保护的国际合作和公众参与,推行以促进发展、消除贫困为目的的环境保护。⑦ 全球环境基金。作为环境保护的资金机制,1990 年成立,由联合国环境规划署、联合国开发计划署和世界银行三方共同管理,目的是为生物多样性、臭氧层、气候变化和全球水资源等四个领域的环境保护提供资金,主要活动方式是通过为发展中国家提供赠款,促其履行国际协议,或者为解决特定的环境问题而对发展中国家进行补贴。①

上述机构尽管从成立开始都有着自己专门的目的和使命,但正因为这种目标的多元,使得它们在涉及环境保护问题时能从不同的角度和利用不同的方式参与到对环境的保护进程中。而这些机构在环境保护上所取得的理论与实践成果,也为联合国更全面有效地推动全球环境保护提供了宝贵的治理经验。

三、联合国对环境保护的推动作用

(一)联合国对环境的保护与参与,直接推动了国际环境法的产生

国际环境法,指世界各国及其他国际法主体在利用、保护和改善环境的国际交往中形成的,调整彼此间权利义务关系的原则、规则和制度的总和。1972年,联合国在斯德哥尔摩召开人类环境会议,会议通过的《人类环境宣言》中提出了有关生态平衡、污染防治、城市化、人口、资源、环境责任及赔偿、发展中国

---

① 《国际组织》编写组《国际组织(第二版)》,高等教育出版社,2018,第 196 页。

家的需求等 26 条环境保护原则。虽然该宣言本身并不是具有约束力的法律文件，但此后国际环境保护机制的迅速发展，各种全球性的环境条约、区域性的环境条约、双边环境条约被制定出来，均以该宣言所提出的原则为基础。该宣言事实上已成为国际环境法的基础，被视为国际环境法产生的里程碑。斯德哥尔摩会议之后的内罗毕会议、里约环发大会、约翰内斯堡会议、"里约 +20"峰会等历次重要全球环境会议的组织者，对于国际环境法的确立起到了关键性的作用。当前，国际环境法已形成了较为完整的体系，涵盖了大气环境保护、生物多样性保护、国际淡水资源保护、国际土地资源保护、国际海洋保护、外层空间保护、世界文化遗产保护等领域，为国际环境保护奠定了法律基础。

（二）联合国在国际环境谈判进程中发挥着组织者的作用

环境问题作为国际关系的新兴领域，绝大多数国际环境保护条约只对原则目标做出规定，而对于具体的权利义务条款和实施细则缺少规定，各国的责任、权利、义务尚未明确界定。围绕环境议题的国际谈判是一个争夺主动权和国家利益的竞争舞台，以联合国为首的国际组织承担了组织、召开全球性国际会议进行谈判的重任，一方面促进了国际社会在保护环境领域的交流与合作，另一方面为主权国家和国家集团之间的利益博弈提供了场所。[1]

气候变化被认为是对人类最具现实威胁的全球环境问题，以温室气体减排为核心的国际气候谈判自 20 世纪 90 年代初启动以来，在联合国的主导之下，经历了复杂漫长的过程。1992 年《联合国气候变化框架公约》获得通过，但缔约各方并未就气候变化问题制定具体的可行措施。1995 年，围绕缔约方温室气体减排的谈判正式开始。1997 年，第三次缔约方大会通过了《京都议定书》，为 38 个国家制定了具体的具有法律约束力的削减目标。直至 2005 年，《京都议定书》才正式生效，国际气候谈判迈出了艰难而又重要的一步。此后，一年一度的国际气候谈判更是举步维艰，缔约方的诉求愈亦多元化，既有发达国家与发展中国家的矛盾，又有发达国家的内部分歧，发展中国家的内部也出现了分化趋势。2015 年 12 月的第 21 次缔约方大会通过了《巴黎协定》，在应对气候变化的总体目标、责任区分、资金技术等核心问题上取得进展，被认为

---

[1] 《国际组织》编写组《国际组织（第二版）》，高等教育出版社，2018，第 198 页。

是气候谈判中的历史性转折点。该协定已于 2016 年 11 月 4 日正式实施。根据协定，缔约各方将以"自主贡献"的方式参与全球应对气候变化的行动，并从 2023 年开始，每五年将对全球行动总体进展进行一次盘点，以帮助各国加强国际合作，实现全球应对气候变化的长期目标。国际气候谈判的艰难，并非单纯在于各缔约方对于自身分担的减排份额的分歧，而是背后隐藏的政治经济利益。能接受多大程度的减排任务，与确保自身利益最大化的追求密切关联，这也是各缔约方博弈的焦点所在。在各方利益不一致甚至相互冲突的情况下，正是因为有联合国以及大量非政府间国际组织的不懈努力，国际气候谈判才能在曲折中延续至今。

（三）联合国是国际环境保护意识和理念的传播者

环境理念来自人们对环境的认识与实践，是环境保护行动的指针，增强世界各国公众的环保意识是推进国际环境保护的关键。只有当公众对于人与自然关系的认识发生转变，环保意识深入人心，国际环境保护的进程才能取得真正的进展。20 世纪 60 年代欧美公众对环保的关注是推动国际环保运动的最初动力，1972 年斯德哥尔摩人类环境会议的召开标志着人类环境意识的觉醒，其后联合国及其他国际组织成为全球环境意识的启蒙者。通过倡导频繁的国际环境会议，以联合国为主的国际组织唤起了公众对环境保护问题的空前重视；通过开展环境议题的科学研究活动，联合国向公众宣传环保知识并提供咨询服务；通过加强各国政府之间、公众之间的交流，联合国在推广先进的环保技术与管理经验的同时，还向社会公众传播了前沿的环保理念。1987 年，联合国世界环境与发展委员会创造性地提出了"可持续发展"这一重要概念，很快被世界各国政府和公众普遍接受，成为解决环境与发展矛盾的主流理念。就探索新的环境保护模式而言，联合国无疑起到了主导作用。"在联合国和国际社会的共同努力下，一种兼顾主权国家利益和全球环境利益，兼顾当代人和后代人利益，兼顾环境保护利益与发展利益的可持续性环境理念已经越来越为人们所接受。"①这种理念有效激发了全球范围内的公众环境保护意识，并促使人们去重新反思过去发展模式的问题所在，通过对问题的反思，进而树立起更

---

① 李东燕编《联合国》，社会科学文献出版社，2005，第 282 页。

为全面的发展观与环境观。

第二节　环境非政府组织在环境保护中的作用

环境非政府组织的兴起与主权国家在解决环境危机上的缺陷有直接的联系。由于环境危机具有全球性和跨国性，需要在国际层面上寻求解决办法，而各国政府在应对过程中制定的政策与采取的措施首先考虑的是本国利益，其次才是国际公共利益，这使得各主权国家若要采取一致性的环境保护行动将面临许多障碍：例如，对于环境问题的原因和影响难以达成共识，致使各国政府在制定环保政策时过于谨慎；出于经济发展受环保影响的担忧，一些国家在指责他国环保不力的同时，自己却不愿意为环保做出过多的牺牲。一些达成的国际环保协议对各国的经济活动缺乏严格的约束力，使得一些国家政府和企业面临很少的法律责任，由于缺乏应有的责任心，他们容易将环境成本转嫁给其他国家。在此背景下，环境非政府组织逐步兴起并不断蓬勃发展，作为国家政府力量之外的另一股新兴力量，环境非政府组织在国际环境保护进程中扮演着重要角色并发挥着重要作用。

一、环境非政府组织的兴起

环境非政府组织最早出现在 19 世纪末 20 世纪初，两个代表性的组织分别是 1889 年在英国成立的皇家鸟类保护协会和 1882 年成立于美国的山地俱乐部，他们都是独立于政府的民间环境组织。第二次世界大战结束后，环境非政府组织进入了快速发展阶段，体现在组织数量和活动都呈快速增长态势。1948 年，国际保护自然委员会重组为保护自然国际同盟，成为第一个国际环境非政府组织。1961 年，世界野生动物基金会成立。从 20 世纪 60 年代起，随着环境问题在西方发达国家成为公众关注的焦点，环境非政府组织的数量及参与者呈现爆发式的增长。至 20 世纪 70 年代，非政府环境组织所产生的影响不仅在于公众，还逐步将这种影响延伸到政府机构的政策决策中。1972年联合国人类环境发展会议的召开，更是环境非政府组织在扩大这种影响力方面取得的一个里程碑式的成就。成就主要表现为以下两点：其一，许多环境非政府组织参与此次会议，借助于大会的国际平台，使关于环境保护的声音为世界更多的人所听到，引起了公众和政界对环境保护的关注，在一定程度上对公共政策产生直接或间接的影响；其二，大会推动了联合国环境规划署和国际环境联络中心的建立，从而为环境非政府组织提供了影响公共政策的新论坛。在会议后的10年里，非政府组织的数量和质量均得到了快速的增长和提高，并在联合国论坛上获得了相当强的影响力。根据联合国环境联络中心估计，到1982年，发展中国家共有2230个环境非政府组织，其中60%是在此次会议后成立的。发达国家共有13000个环境非政府组织，其中30%是在此次会议后形成的。到80年代中后期，环境非政府组织的增长数量更是惊人，比如拉丁美洲地区有6000多个环境非政府组织，亚洲地区的印度和菲律宾则双双成为本国环境非政府组织过万的国家，印度有12000多个，菲律宾超过18000个。① 1992年的里约环发大会上，有超过9000个非政府组织的约22000名代表参加了会议。在2002年8月举行的可持续发展世界首脑会议上，超过3000个非政府组织派代表出席了会议。

环境非政府组织不仅在数量上增长迅速，不少组织自身的规模（包括成员数量、资金收入、社会影响力等）也在不断发展壮大，20世纪80年代初以来尤为明显。例如，1983—1991年，世界野生基金会美国分部的收入从每年900万美元增加到每年5300万美元。其成员也从不到10万人增加到100多万人。在整个20世纪80年代，世界野生基金会美国分部向世界上2000多个项目捐助了6250万美元。② 作为世界上最大的国际环保组织——绿色和平组织，在1985—1990年，成员从140万人猛增至675万人，其年收入从2400万美元增加到约1亿美元。绿色和平组织1979年在世界上仅有5个分支机构，到20世纪末，在40多个国家设立了办事机构。成立于1969年的地球之友在初期只是美国本土的非政府组织，但不久便在巴黎（1970年）和伦敦（1971

① 张贝斌：《全球环境治理中非政府组织的作用》，《甘肃农业》2006年第1期，第161页。

② Lorraine Elliot, *The Global Politics of the Environment* (New York: New York University Press, 1998), p. 225.

年)设立了办事机构。从 20 世纪 70 年代初开始,地球之友逐渐演变成一个国际环境非政府组织,称为国际地球之友。国际地球之友是一个由多个草根环保非政府组织组成的联邦制的联盟组织, 其成员组织在 1981 年为 25 个,到 1992 年增加到 51 个,2004 年底,已有 71 个国家的组织参加。山地俱乐部的成员从 1983 年的 346000 人增加到 1990 年的 560000 人, 其年度预算达到 3500 万美元。自然资源保护理事会在 1972 年成立时只有 6000 名成员,到 1993 年,其成员达 170000 人,年度预算达 1600 万美元。[①]

环境非政府组织在壮大自身的同时,组织之间建立联盟的行动也同时兴起。在亚洲,亚洲农业改革和农村发展非政府联盟促进了南亚与东南亚非政府组织之间的对话, 以及这些非政府组织与发达国家非政府组织之间的对话。每年定期于中国海南召开的博鳌亚洲论坛,是一个非官方、非营利性的国际组织。作为一个为政府、企业及专家学者等提供共商经济、社会、环境及其他相关问题的高层对话平台, 其与会成员既有来自亚洲国家的非政府组织, 又有来自欧美等发达国家的非政府组织。在日本,日本热带森林行动网络在 1987 年由 10 个非政府组织联合成立,现在其网络遍布亚洲、北美洲、拉丁美洲和欧洲。在非洲,“第三世界环境和发展”于 1972 年在联合国环境规划署帮助下设立,其工作人员约有 400 人,主要从事人权、环境和民主等工作。该组织主要在西非活动,但其网络遍布整个非洲大陆,并在拉美、加勒比海、印度等地设立分支机构。

二、环境非政府组织在全球环境保护中的作用

在国际环境问题事务中,环境非政府组织对环境保护的作用渐趋突出,在国际环保领域主要扮演起参与者、监督者和促进者的角色。具体来说,环境非政府组织主要通过 6 种方式影响国际环境保护机制的发展。

(一)提供专业咨询和政策建议,影响国际环境议程

联合国吸收环境非政府组织参与其活动并建立制度性的联系机制时,一

---

① Julie Fisher, *The Road from Rio : Sustainable Development and the Nongovernmental Movement in the Third World* (New York : Praeger Press, 1993), p. 129.

个重要因素就是考虑到他们在环境领域具有的专业优势以及借助这种优势向其他有关职能机构提供信息咨询和政策建议的可能。事实上，许多环境非政府组织正是通过向政府性的组织机构提供大量其难以掌握的信息，以便这些政府性组织能更全面、准确地了解、追踪、掌控全球生态环境的变化。例如，国际自然保护同盟于 1983 年 1 月建立了"自然保护监测中心"，目的是为全球的自然保护提供信息，并确保信息的准确性。该中心是一个由世界自然保护工作组组成的信息库，通过各种联系从世界各地获取信息数据，对动植物物种、野生生物贸易、保护区等活动进行监测，分析评价各种数据及其内在联系，以出版物和咨询的方式向各方面提供信息和数据。世界自然基金会、国际地球之友、绿色和平组织等也利用自身的专业优势在全球性环境问题方面提供了许多高水准的信息咨询服务。1988—1989 年，世界野生动物基金会和国际保护组织出版了关于非洲象牙贸易的报告，并发送给《濒临野生动植物种国际贸易公约》的各缔约方，促使国际社会关注这一问题。《全球环境展望》（1—6 辑）是由联合国环境规划署策划的系列环境报告，而环境非政府组织也成为报告的重要参与者，为报告所需的各种环境及经济发展数据提供了大量帮助。在国际环境保护的政策建议方面，环境非政府组织也发挥了重要的作用，例如，1987 年，南极和南部海洋联盟提出了建立南极世界公园的建议，两年以后，世界公园的建议被有关国际机构采纳。①

（二）通过发动公众抵制运动和法律诉讼等方式表达意见，促进有关政府和机构改变其环境政策

在环境保护的实践过程中，政府在表达"环境"利益时，往往着眼于短期经济利益，当面临为保护环境而增加经济成本时，有些政府经常表现得不负责任。因此环境非政府组织不得不施展有效的策略以给政府更大的压力。这种压力可能来自环保组织本身，也可能来自公众抵制活动和舆论谴责。

在臭氧层保护的案例中，环境非政府组织——自然资源保护协会，于1978年成功游说美国在杀虫剂、清洁剂等喷雾剂产品中禁止氯氟烃成分，并在1984 年状诉美国环境保护机构，迫使该机构同意达成国内氯氟烃法令。根据

---

① 马骧聪主编《国际环境法导论》，社会科学文献出版社，1994，第 97 页。

法令,美国环境保护机构要求美国在 10 年内减少 95% 的氯氟烃排放,从而使美国成为这一领域的先驱国。

20 世纪 80 年代,澳大利亚的环境非政府组织曾发起拯救富兰克林河等多次大规模的环境保护运动。富兰克林河是澳大利亚塔斯尼亚州最后一条被认为没有受到破坏的天然河流,政府水利委员会计划在河流上修建一座大坝,可能导致的结果是河流生态系统会受到严重破坏。对此,澳大利亚非政府组织发起一场持续三年多的"拯救富兰克林河"运动。在运动的高潮时期,抗议游行的公众人数超过 2 万人,其中 1300 多人被捕,600 人坐牢。调查显示,参加这场环保运动的公众对工党在大选中获胜做出了重要贡献。受益于此次环保运动而上台的工党立即通过立法,停止了大坝工程。①

1995 年,绿色和平组织成功组织了一场消费者抵制活动,这一抵制活动主要针对壳牌石油公司的天然气站。在消费者的压力下,该公司被迫放弃在北大西洋处理废弃采油设备的计划。不仅石油公司的环境污染行为受到抵制,加拿大最大的木材制品公司之一的麦克米伦·布洛德尔也在几年后同意停止在不列颠哥伦比亚省进行毁灭性的森林采伐。之所以做出这样的决定,是因为绿色和平组织和其他非政府组织在欧洲发动了一场抗议活动,号召人们抵制该公司的木材制品。非政府组织通过这场抗议活动,促使该公司意识到"毁灭性砍伐会损害公司在环境保护方面的声誉,从而会影响其在欧洲的市场份额。"②

(三)通过为有关国际环境会议草拟协议文本来影响国际环境机制

环境非政府组织在国际环境会议召开前为其预先起草协议或参与起草协议是影响国际环境机制的有效方法。1972 年签署的《保护世界文化和自然遗产公约》是以国际自然保护同盟提交的文本为基础的。1973 年《濒危野生动植物种国际贸易公约》也是该组织用近 10 年三易其稿的结果。此后不久,

---

① 蔡守秋:《论环境社会保护团体和公众参与环境保护》,《中国环境管理》1997 年第 3 期,第 25 页。

② 希拉里·弗伦奇:《消失的边界:全球化时代如何保护我们的地球》,李丹译,上海人民出版社,2002,第 151 页。

国际自然资源保护同盟起草了《北极熊保护协定》，并促成 15 个北极圈国家于 1973 年签署该协定。20 世纪 80 年代初，该组织还起草了联合国大会于 1982 年通过的《世界大自然宪章》，不久又参加了《生物多样性公约》的起草工作。①

（四）通过游说或直接加入政府代表团，对国际环境保护机制的谈判进程产生影响

国际谈判会议上，经常可以看见环境非政府组织活跃其中，他们主要通过提供新的科技信息和新的观念对国际会议产生影响。在大多数国际环境会议中，环境非政府组织因为拥有专业方面的优势和较强的社会公益身份，即便是在没有取得正式会员资格的情况下也被允许以观察员的身份参会，这使得环境非政府组织有机会介入整个会议进程。一些环境非政府组织，如保护自然国际同盟、世界野生动物基金会、国际地球之友、绿色和平组织等有机会专门参加某一类公约的缔约方会议，因而积累了许多技术和法律方面的专业知识。这些专业知识让非政府组织在对有关机构的决策进行建议和游说的时候显得更有成效。从 1973 年开始，美国保护动物协会一直在国际捕鲸委员会会议上展开游说。1987 年，由美国地球之友和绿色和平组织领导的南极和南部海洋联盟，在南极条约协商会议上就南极的环境问题进行游说。在 1989 年的《蒙特利尔议定书》第一次缔约方会议上，来自世界各地的 93 个环境非政府组织要求分阶段全面取消氟利昂的生产。在 1992 年的联合国人类环境与发展大会及先前的预备会议上，更有数以千计的非政府组织积极活动，努力让自己的观点和看法被与会缔约方采纳，进而对会议结果产生影响。

环境非政府组织对国际谈判产生影响的第二种方式是，在他们各自的国家代表团中有自己组织的代表。从第一次联合国环境与发展大会的肯尼亚预备会议开始到正式会议本身，越来越多的国家任命来自环境非政府组织的成员加入本国代表团。在内罗毕的首次预备会议上，加拿大首开先河。到第二次预备会议，已有 8 个国家的代表团中有来自非政府组织成员，但大多来自发达

① 徐再荣：《全球环境问题国际回应》，中国环境科学出版社，2007，第 152—153 页。

国家。待正式会议开始时，拥有环境非政府组织代表的国家为 14 个。[①]

（五）影响参与环境保护的有关国际机构的决策

环境非政府组织与许多在全球发挥重要作用的国际组织机构，如世界银行、世界环境基金组织、世界贸易组织等有着密切的联系。环境非政府组织在对这些重要的政府组织机构的关系往来中，一个非常重要的目的就是尽量对他们的决策产生影响，以免他们的决策过度偏重经济收益而忽视产生的环境成本。

以世界银行为例，作为世界上最具权威的金融机构之一，世界银行长期以来肩负着向世界上缺少资金的国家和地区提供发展所需的中长期贷款，为推动世界经济的发展做出了重要贡献。虽然世界银行以提供贷款为主要业务，而且贷款也主要针对急需资金的发展中国家，但这并不意味着世界银行的贷款不考虑利息收益。世界银行的借贷政策重点倾向大型、资本密集的工程项目，并习惯于根据回报率评估工程，忽视环境的长期收益和成本，同时也缺乏对受项目影响的人、接受贷款国家和纳税者的责任心。长期以来，世界银行认为出口导向型经济是贫穷落后国家最应该遵循的一种发展模式，对于财富衡量的唯一标准则是国家平均生产总值。依据这种理论观点，为发展经济而破坏环境不但是可以接受的，且实际上是受到鼓励的。开采资源用于出口取得的收入可以被计入国家财富中，但是资源在开采过程中因减少和毁损导致的现实及未来环境后果则通常不纳入资源成本计量。世界银行支持的不少重要发展项目都存在严重的社会和环境后果。影响最为恶劣的有巴西和印尼的热带雨林开发项目、中南美洲的牛牧场工程等，这些项目加速了森林的退化；博茨瓦纳的牛畜发展项目加剧了撒哈拉的沙漠化程度。在 1987 年之前，世界银行只有 3 名环境专家每年监控 300 多个新的环境计划。[②]

美国作为世界银行最大的股东，拥有执行委员会 17% 的投票权，使得美国

---

① Robert V. Bartlett, Priya A. Kurian and Madhu Malik, *International Organization and Environmental Policy* (London: Greenwood Press, 1995), p. 186.

② Andrew Hurrel, Benedict Rirgsbury, *The International Politics of the Environment: Actors, Interests, and Institutions* (New York: Oxford University Press, 1992), p. 313.

对世界银行做出的各类政策有着重大影响力。由于世界银行必须从资助国那里获得资金补充，而美国国会在批准美国政府向世界银行提供资金方面具有决定作用。1983—1987年，美国环境非政府组织联合美国国会中的财政保守派，敦促国会拨款委员会倡议有关立法，要求美国对世界银行进行环境改革。1985年3月，美国开始投票反对世界银行的部分贷款项目。1987年5月，世界银行主席巴伯·科纳布尔承认，世界银行在过去是造成环境问题的一部分，同时宣布对环境政策进行彻底的改革，聘用60名环境专家进入世界银行，并且资助具有良好环境效应的项目。①这一公开表态意味着，环境非政府组织对世界银行的政策影响取得了非凡的成果，可谓非政府组织在推动政府性组织关注环境问题上的一大进步。

除世界银行以外，联合国粮农组织的活动受到了环境非政府组织的较大影响。20世纪80年代，美国的世界资源研究所作为一个有影响的环境政策研究机构，采取了一系列活动，促使粮农组织制定了热带森林行动计划。该计划围绕热带森林的保护和利用，确定了一个关于发展的指导框架，其内容包括热带地区的土地利用、森林开采和热带生态系统的保护等。根据粮农组织1994年的统计，共有90个亚非拉国家参与了这一行动计划。②

上述示例说明，环境非政府组织对各国政府、政府间组织和国际环境保护机制的发展产生了巨大的影响。与政府组织和政府间的国际组织相比，环境非政府组织有着自身独特的优势。由于环境非政府组织的成员多来自社会各领域和各阶层，他们与政府组织相比更能反映普通民众的环保诉求。同时，环境非政府组织在组织架构和机构设置上一般较政府组织更为精简，这使得他们在开启并实施环境保护工作方面比政府组织更加灵活主动。他们往往在市场失灵和政府失灵的领域发挥其独特作用。总之，环境非政府组织在国际环境保护中扮演着宣传者、合作者、监督者、政策顾问和资金资助等多种不同角色，从而促进了国际环境保护机制的发展。

---

① 赵黎青:《非政府组织与可持续发展》,经济科学出版社,1998,第258页。

② Joshua Karliner, *The Corporate Planet: Ecology and Politics in the Age of Globalization* (Sierra Club Books Press, 1997), p. 218.

第三节　中国政府在应对环境危机方面的政策与行动

中国作为世界上最大的发展中国家，长期以来也面临着环境情况恶化的严峻挑战。水土流失严重、土壤沙化、草原退化、森林被过度砍伐、生物物种加速灭绝、水资源日益匮乏、大气污染严重、城市环境脏乱差等问题一直是过去数十年困扰中国经济社会发展的主要环境挑战。这些环境挑战若不能从根本上对其蔓延予以抑制并实施有效治理，不仅将严重阻碍中国经济社会的进一步发展，而且已经取得的发展成果也将被其吞噬。所幸，对于环境破坏情势蔓延的严重后果，中国共产党及中国政府有着相当清晰的认识并给予高度的重视。2017年10月，党的十九大召开，大会报告将美丽与富强、民主、文明、和谐一起作为建成社会主义现代化强国的五大目标写入党章，将生态文明提升为国家的发展战略目标。这充分表明，中国不仅重视环境的保护和治理，而且将其视为国家发展战略的重要组成部分。环境保护和治理的成功与否，在中国政府看来，既是关系到人民健康生活的福祉，更是构建一个文明形态社会的必备基础。因此，中国政府制定了一系列具有全局性、系统性、针对性且行之有效的环境保护和治理政策，并积极地应用到环境保护和治理中。

一、中国的环境政策

中国正在实施的环境政策覆盖了污染防治和控制、生态保护的大量领域，涵盖了命令控制政策、经济刺激政策、劝说鼓励政策等多种不同类型的环境政策。[①]

命令控制政策：事前控制的环境规划、环境影响评价等；事中控制的排放标准、污染总量控制和减排、排污许可证等；事后控制的关停并转、污染期限治理等。

经济刺激政策：排污收费、排污权交易、生态补偿、绿色贷款、绿色贸易、污

---

① 宋国君等：《环境政策分析》，化学工业出版社，2008，第33—34页。

染责任保险、矿产资源税、废物回收押金等。

劝说鼓励政策:环境信息公开(各类公报、季报、月报等)、公众参与(听证会等)、环境宣传教育(全国环境宣传教育行动纲要、绿色学校、绿色社区等)、考核表彰(污染总量减排责任、城市环境综合整治定量考核、全国卫生城市评比考核制度、全国生态示范区评比考核制度、国家生态工业示范园区考核等)。

中国积极开展环境经济政策的研究、试点和改革工作,希望通过充分利用市场机制,发挥价格杠杆的作用来形成污染控制和环境保护的长效机制。在这里,我们可以通过对以下几项环境政策的制定过程与实践成效,来看中国为建立综合性的环境保护长效机制而做出的努力和取得的成果。

(一)排污权交易政策

排污权交易是基于经济学中科斯的产权理论建立起来的一种基于市场机制的环境容量资源配置的经济手段。具体讲就是政府代表公众占有环境容量资源,并通过公平合理的方法,以污染物排放权的形式分配给企业,允许企业将拥有的排污权在一定市场规则下进行有偿转让或变更。

排污权交易的市场实践早在 20 世纪 80 年代就已在上海开始,研究者和实践者已共同完成多个不同类型的项目,积累了大量的实践经验。排污权交易政策的实施分为两个阶段,1991—1996 年为总量控制前的排污权交易,1996年至今为总量控制下的排污权交易。1996 年以前,中国环境保护局仅在 6 个城市开展大气排污权交易的试点,由于该阶段中国还没有确定总量控制的污染控制战略,排污权交易更类似于排污补偿,并没有形成真正的交易。1996年,随着"九五"期间全国主要污染物排放总量控制计划《国家环境保护"九五"计划和 2010 年远景目标》的正式发布,总量控制政策被作为一项具有战略地位的污染控制政策开始正式实施。1997 年,以辽宁本溪和江苏南通为代表的两座城市开展城市一级的排污权交易实践研究。本溪的实践主要以环境立法为突破口,而南通的实践重点在于考察如何利用交易解决发展和环境质量之间的矛盾。

2007 年之后,"十一五"时期污染物排放控制总量政策更为严格,促使地方政府试点排污权交易的主动性大为增强。在此期间,国家先后批准了 11 个排污权交易的国家试点省、市,相关的实践出现井喷式发展。2013 年 11 月党的第十八届中央委员会第三次全体会议通过的《中共中央关于全面深化改革若干重大问题的决定》，明确提出"实行资源有偿使用制度和生态补偿制度""加快自然资源及其产品价格改革""坚持使用资源付费""推行节能量、碳排放权、排污权、水权交易制度"。到 2014 年，地方政府为推进试点已总计出台了超过 100 项排污权交易的地方政策法规。结合各地的试点经验总结，也为了规范各地的试点工作，2014 年 8 月国务院办公厅发布的《关于进一步推进排污权有偿使用和交易试点工作的指导意见》（国发办〔2014〕38 号）对排污有偿使用和交易的各关键技术环节提出原则和指导意见，明确规定排污权以排污许可证形式予以确认。2015 年 7 月，由国务院下属多个部委联合发布的《排污权出让收入管理暂行办法》，明确了排污权出让收入的管理要求。往后还有 2016 年 11 月由国务院办公厅发布的《控制污染物排放许可制实施方案》和 2016 年 12 月由环境保护部发布的《排污许可证管理暂行规定》。这些管理规定和政策的出台，进一步为排污权载体、核定提供了更为严格的法律基础。[①]

　　总体来说，中国的排污权交易政策实践已走过了 30 多年的历程，尽管当今中国政府对于适合国情的、由市场机制引导的资源有偿使用和生态补偿制度仍在探索中，但多年的努力反映出中国政府在保护生态环境上的明确目标和坚定决心。

　　（二）环境税收政策

　　环境税是指所有能够保护环境和生态系统的各种税收的总称，既包括为实现环境目的而专门征收的税收，也包括其他并非以环境保护为主要目的但却对环境起到保护作用的税收。

　　中国目前具有环境意义的税种主要包括：资源税、消费税（部分商品）、城市维护建设税、车船税和车辆购置税、城镇土地使用税和耕地占用税。此外，从 1982 年起中国还实施了针对污染物排放的排污收费制度。随着中国现代国家制度建设的逐步推进以及政府和公众的环保意识不断增强，设立环境税逐渐被提上议事日程。2004 年开启的新一轮税制改革中，六项目标中涉及环境税

[①] 人口资源与环境经济学编写组编《人口、资源与环境经济学》，高等教育出版社，2019，第 211—212 页。

收的主要有两点,即"促进税收与经济、社会和自然的协调发展""强化税收优化资源配置,促进经济与社会之间的统筹协调"。2013 年党的第十八届中央委员会第三次全体会议提出"落实税收法定原则"和"坚持使用资源付费和谁污染环境、破坏生态谁付费原则,逐步将资源税扩展到占用各种自然生态空间",环境保护税成为第一个被响应的新税种。2015 年 6 月,国务院法制办公布了由财政部、国家税务总局、环境保护部起草的环境保护税法草案并广泛征求社会各界意见。该税法草案于 2016 年 12 月经全国人大常委会审议后自 2018 年 1 月 1 日起正式实施。这一成果毫无疑问是中国环境税费制度改革的重大进展。

（三）生态补偿政策

生态补偿政策是一种以实现生态环境的保护和可持续利用为目的的环境经济手段。具体而言,生态补偿政策是以保护生态系统、促进人与自然和谐可持续发展为目的,根据生态系统服务价值、生态保护成本、发展机会成本等,运用政府和市场手段,调节生态保护利益相关者之间关系的环境政策。①

据不完全统计,中国有超过 100 部（件）法律法规及部门规章涉及生态补偿。其含义和内容不仅在环境保护相关的法律法规中有所体现,且在其他领域的法律法规中也有涉及,例如在包括西部大开发、中部崛起、新农村建设、统筹城乡改革和发展等经济发展方面均提到相关内容,在能源、灾害防治和自然资源保护等多方面也有所体现。

中国的生态补偿政策的发展历程已有 20 余年。1996 年 8 月颁布的《国务院关于环境保护若干问题的决定》提出"建立并完善有偿利用自然资源和恢复生态环境的经济补偿机制",初次涉及了生态补偿领域。为落实上述任务与要求,1997 年 11 月,国家环保总局发布了《关于加强生态保护工作的意见》,要求涉及湿地开发的项目必须落实对破坏湿地的经济补偿。这是我国首次明确提出生态补偿的概念,但重点主要针对矿产资源开发所造成的生态破坏。1998年,修正后的《中华人民共和国森林法》提出设立森林生态效益补偿基金,这是生态补偿在我国林业领域的首次应用。2005 年以后,国务院每年都将生态补

---

① 中国生态补偿机制与政策研究课题组编《中国生态补偿机制与政策研究》,科学出版社,2007,第 2 页。

偿机制的建设列为年度工作重点。2006—2010 年,中国政府将工业基地、矿区及重点流域、森林、欠发达地区以及湿地作为建立生态补偿的关注焦点,围绕这些目标区域展开政策研究和试点工作。2008 年,新修订的《中华人民共和国水污染防治法》成为中国第一部提及生态补偿的法律。2011 年,草原生态补助机制得到落实,水土流失预防及治理领域也引入了生态补偿政策。

　　2014 年,中国《生态补偿条例》草案完成,预示着中国向实现生态补偿的制度化和法制化又迈进了一步。2015 年,随着新环保法的正式实施,生态补偿政策的地位进一步提高。2016 年 5 月,国务院办公厅发布《关于健全生态保护补偿机制的意见》,明确提出到 2020 年实现重要区域的生态保护补偿全覆盖,补偿水平与经济社会发展状况相适应,跨地区、跨流域补偿试点示范取得明显进展,多元化的补偿机制初步建立,基本建立符合中国国情的生态保护补偿制度体系。该意见明确了健全生态补偿机制的重点工作,包括森林、草原、湿地、荒漠、海洋、水流、耕地七大重点领域,以及禁止开发区域、重点生态功能区等重要区域的生态补偿全覆盖,以及跨区域、跨流域横向生态补偿试点。[①] 从中国政府为建立生态补偿机制不同时期的政策文件中可以看出,中国长期以来在生态保护制度的建设方面一直在不断努力。相继出台的各种生态保护政策,不仅涉及面广,而且政策间关联度高,一项政策往往由多个部门共同参与制定,以便尽可能全面地将环境保护和治理过程中遇到的问题纳入政策法规的管理和解决范畴。上述举措说明,中国政府对于环境的保护和治理不拘囿于对现实问题的当下解决,而是从顶层设计入手,为生态环境保护构筑起一套系统关联、整体协调、有助于可持续发展的综合防治体系。

二、中国在环境保护和治理上的行动

　　长期以来,中国政府对环境保护和治理一直十分重视,尤其是党的十九大之后,环境保护更是上升为国家发展的战略目标之一。为此,中国在环境保护和治理上采取了积极行动。

---

　　① 人口资源与环境经济学编写组编《人口、资源与环境经济学》,高等教育出版社,2019,第 217 页。

（一）从对具体污染控制到全面生态保护观念的形成

20世纪70年代初,中国环境保护从治理"三废"(废水、废气、废渣)起步,直至20世纪90年代中前期,重心在于对具体污染事物和行为进行控制。

在经历了1998年夏季长江特大洪灾之后,全国上下深刻认识到开展全面生态建设的紧迫性,有关部门提出了"污染控制同生态建设并举"的方针,实施了一系列政策措施,例如,全面停止长江、黄河中上游的天然林的采伐,把生态恢复与建设列为西部大开发的首要措施。这标志着中国环境保护事业发生了历史性的转折。党的十六大提出"全面建设小康社会"的构想;党的十七大报告在全面建设小康社会奋斗目标的新要求中, 首次明确提出了建设生态文明的目标;党的十八大将生态文明建设纳入"五位一体"的中国特色社会主义事业总体布局, 更是进一步明确了生态保护在中国环境保护政策和管理中的重要地位。党的十九大报告中也明确提出:"建设生态文明是中华民族永续发展的千年大计。必须树立和践行绿水青山就是金山银山的理念,坚持节约资源和保护环境的基本国策,像对待生命一样对待生态环境","形成绿色发展方式和生活方式,坚定走生产发展、生活富裕、生态良好的文明发展道路,建设美丽中国,为人民创造良好生产生活环境,为全球生态安全做出贡献。"党的二十大不仅再次强调:"大自然是人类赖以生存发展的基本条件。尊重自然、顺应自然、保护自然,是全面建设社会主义现代化国家的内在要求。必须牢固树立和践行绿水青山就是金山银山的理念,站在人与自然和谐共生的高度谋划发展。"同时, 报告亦将生态保护与绿色发展与中国式现代化紧密联系起来:"中国式现代化是人与自然和谐共生的现代化。人与自然是生命共同体,无止境地向自然索取甚至破坏自然必然会遭到大自然的报复。我们坚持可持续发展,坚持节约优先、保护优先、自然恢复为主的方针,像保护眼睛一样保护自然和生态环境,坚定不移走生产发展、生活富裕、生态良好的文明发展道路,实现中华民族永续发展。"中国对环境保护重要性的认知水平的不断提高也反映在对环境保护所采用方法上愈加多元和完善:从优化生态安全屏障体系、构建生态走廊、划定生态保护红线,到推进重大领域和重要区域的生态补偿全覆盖、国家公园体制试点,再到研究实施领导干部自然资源资产离任审计制度,这些措施充分体现出中国对生态环境的保护在观念认知上已得到足够重视, 在制度上得到越来越多的保障,在行动上得到了坚决执行。

（二）加强用法律和经济手段展开对环境的保护治理

20 世纪 90 年代以来,中国加强了环境法制建设,初步建立了比较完善的法律法规体系,使环境保护和治理具备更坚实的法律基础。截至 2018 年底,我国制定和修订了包括《中华人民共和国环境保护法》在内的 16 部环境法律和《中华人民共和国森林法》等 13 部环境资源法律。其中,新修订的《中华人民共和国环境保护法》加大了对严重环境违法行为的惩罚力度;修订后的《中华人民共和国刑法》增加了"破坏环境资源保护罪"的规定;《中华人民共和国城乡规划法》要求"制定和实施城乡规划,应当……改善生态环境,促进资源、能源节约和综合利用,保护耕地等自然资源……防止污染和其他公害"。除了正式法律,中国政府还发布了《中华人民共和国自然保护区条例》《城市市容和环境卫生管理条例》等 39 项行政法规、121 部部门规章和其他大量部门规范性文件,制定了 1300 多项环境保护标准规范。加上各省、区、市等地方政府制定颁布的环境法规,中国的环境法体系已基本形成。

为了加强经济手段在环境保护和资源利用方面的调节和激励效果,中国政府本着"污染者付费、利用者补偿、开发者保护、破坏者恢复"的原则,加快制定与完善有利于环境保护的经济政策与措施。目前已经形成了绿色税收政策、绿色金融政策、绿色价格政策、绿色信贷政策、绿色贸易政策、绿色证券政策、绿色采购政策、环境财政政策、生态补偿政策、排污权交易政策、绿消费与生态环境损害赔偿政策等环境经济政策体系。[①] 2017 年,中国国家发展改革委出台了《关于全面深化价格机制改革的意见》,要求从资源利用、生产消耗、绿色能源、生活消费等多个角度对生态环保价格机制进行创新和完善,具体涉及自然资源的生态补偿机制、可再生资源的价格机制、水电价格机制的供给侧改革以及绿色低碳生活方式的绿色价格政策。这些重要领域的改革,充分体现了中国以更加灵活、高效的方式来促进生态环境保护。

---

① 人口资源与环境经济学编写组《人口、资源与环境经济学》,高等教育出版社,2019,第 225 页。

（三）中国在环境保护和治理方面参与的国际合作

环境危机在全球的蔓延说明环境问题已突破政治意义上的主权国家管辖范畴，在肆虐的环境危机面前，没有哪一个国家能够独善其身，也没有哪一个国家可以凭借自身力量单独应对，毫无疑问，这一危机已成为人类面临的共同挑战。中国在对本国的环境保护和治理的进程中，早已意识到全球环境问题的解决离不开世界各国的紧密合作，这既是应对空前严峻挑战所需，也是人类命运共同体形成后的必然反应。由此，中国本着既对本国人民也对世界人民负责的态度，毅然承担起应尽的国际义务，与国际社会展开通力合作，为全球环境保护和治理做出自己的贡献，并在以下三方面取得积极成效。

第一，双边和区域环境保护合作取得积极进展。跨界环境污染已成为国家安全问题，水域的跨界污染往往更易让有关国家间的关系更趋紧张。我国有多条跨界河流，16 条重要跨界河流中有 13 条发源于我国，其流域涉及 19 个国家，水资源和污染问题潜在跨界纠纷的风险较大。较为典型的案例是 2005年 11 月因中国石油石化公司双苯厂爆炸导致的松花江严重污染事件，受影响的不仅是流经沿岸的中国当地居民，而且污染波及俄罗斯。事件发生后，中国政府高度重视，向俄方致歉的同时，积极采取必要措施和利用双边环境合作机制，有效建立了双边有关部门的互信，最终妥善解决了该次水域跨界污染事件。松花江水域跨界污染的成功解决，可被视为中俄在环境合作上的国际典范。中国不仅与相邻单个国家进行双边环境合作，例如俄罗斯，与跨区域的多个国家，例如东盟，也积极开展多边环境合作。

2007 年，在召开的第 11 届中国—东盟领导人会议上，中国温家宝总理首次倡议中国与东盟国家之间制定环保合作战略，这一倡议获得东盟国家领导人的积极响应。2009 年，中国和东盟通过了《中国—东盟环境保护合作战略 2009—2015》。2010 年，中国政府正式组建中国—东盟环境保护合作中心，负责实施中国—东盟环保合作及具体实施合作战略。2011 年和 2013 年，中国与东盟分别制定并通过了《中国—东盟环境合作行动计划（2011—2013）》和《中国—东盟合作行动计划（2014—2015）》。在合作战略和两份行动计划框架下，中国和东盟展开一系列合作活动：

（1）举办中国—东盟环境合作论坛。论坛自 2011—2015 年间每年举办一次。

（2）启动和实施中国—东盟绿色使者计划。该计划于 2011 年启动。在该项目框架下，举办以绿色发展、环境管理等为主题的研讨会和研修班等。

（3）生物多样性与生态保护合作。中国—东盟环境保护合作中心和东盟生物多样性中心共同制定了"中国—东盟生物多样性与生态保护合作计划"。

（4）环境产业和技术合作。中国—东盟环保技术和产业合作示范基地于 2014 年揭牌成立。

（5）联合研究活动。中国—东盟环境保护合作中心编写了《中国—东盟环境展望报告》。

2016 年中国与东盟成员国通过了《中国—东盟环境合作战略（2016—2020）》，为中国和东盟 5 年的合作行动提供了指导。

第二，恪守国际义务，严格履行国际公约。中国先后批准了保护湿地的《拉姆萨公约》《濒危野生动植物物种国际贸易公约》《保护臭氧层的维也纳公约》和《蒙特利尔议定书》《联合国防治荒漠化公约》《京都议定书》《联合国气候变化框架公约》《生物多样性公约》等多边环境协议。中国对已经签署、批准和加入的国际环境公约和协议，以及在政府间会议上赞成通过的行动计划和指南，一贯严肃认真地履行自己所承担的责任。在履行的国际环境公约中，防治消耗臭氧层物质的《蒙特利尔议定书》《生物多样性公约》等多边环境公约都取得了积极与显著的进展。其中根据联合国环境规划署 2012 年发布的《全球环境展望 5》的报告，1992—2009 年世界各国通力合作削减了 93% 的消耗臭氧层物质，目前臭氧层空洞已停止扩张。时任联合国秘书长的科菲·安南对此称赞，《蒙特利尔议定书》可能是最成功的国际公约。中国自加入该议定书以来，已淘汰 10 多万吨消耗臭氧层物质，约占发展中国家淘汰总量的一半。①

第三，中国不仅严格认真地履行国际公约，通过国际公约的履约，极大地推动了国内相关领域政策、法规和标准的建设，使其能更好地对中国国际履约形成国内制度配合。例如，1992 年里约环发大会召开之后，通过了为在全球实现可持续发展的《21 世纪议程》等重要文件。会后，中国于 1994 年制定并通过

---

① 徐庆华：《中国环境保护国际合作历程与展望》，《环境保护》2013 年第 14 期，第 39—42 页。

了《中国 21 世纪议程》。此后,在此框架指导下,先后编制了《中国环境保护 21 世纪议程》《中国生物多样性保护战略与行动计划》《中国 21 世纪议程林业行动计划》《中国海洋 21 世纪议程》等重要文件及国家方案或行动计划。2005 年,中国批准成立了由国务院 11 个部门参加的"国家履行《斯德哥尔摩公约》工作协调组";2010 年,中国颁布实施了《消耗臭氧层物质管理条例》,这是第一个国际环境公约在中国对国内法律法规的直接转化。同时,在政策法规和管理体系方面,形成了以消耗臭氧层物质生产、消费、进出口配额许可证制度为核心的政策管理体系。[①]

三、中国绿色发展理念与实现经济社会向低碳转型的坚定目标

2015 年 10 月,党的十八届五中全会召开,为实现"十三五"时期的发展目标,破解发展难题,厚植发展优势,中国共产党从中国社会经济发展现状和中国所面临的环境现实出发,在全会中提出创新、协调、绿色、开放、共享的新发展理念。作为新发展理念之一的绿色发展,就其实质而言是坚持绿色的价值取向,牢固树立保护生态环境就是保护生产力、改善生态环境就是发展生产力的理念,理顺发展与保护的关系,实现发展与保护共赢,把马克思主义生态理论与当今时代发展特征相结合,将生态文明建设融入经济、政治、文化、社会建设各方面和全过程的全新发展理念。

过去数百年的资本主义经济发展史早已证明这样一个事实:任何一个国家,为追求单一经济效益最大化而对生态环境遭受的破坏采取漠视态度,最终都将承受不可估量的惨重损失。事后为弥补这些损失而付出的代价,则远大于先前的收益。况且,许多生态领域的破坏是永久性的,例如动植物种类和数量的大量灭绝、不可再生资源的耗竭、由污染导致危及人类健康的致命性疾病等,这样的损失对当前及未来的潜在影响是无法用单一的经济利益计量的。中国自 20 世纪 70 年代末实行以发展经济为主轴的改革开放以来,虽然社会经济的各项指标均得到迅速增长,但是经济的整体发展却在较长时间里未能摆

---

① 徐庆华:《中国环境保护国际合作历程与展望》,《环境保护》2013 年第 14 期,第 39—42 页。

脱粗放低效模式，而该模式的主要特征就是对资源要素投入高度依赖并以牺牲环境为代价来追求短期经济增长。随着中国经济社会规模越来越大，尤其是中国经济发展的目标已逐步从过去对"量"的追求转变为对"质"的追求，粗放低效的发展模式已愈来愈难以适应这种根本性的转变，外加资源日趋枯竭和严重破坏的生态环境，更使得上述经济发展模式难以为继。

西方发达工业国家和我国自身发展经验向我们昭示着一个恒久不变的真理：人类在发展过程中对自然资源应取之有度，经济发展必须遵循顺应自然、尊重自然和保护自然的永恒法则，才能实现人与自然和谐、统一发展。[①]对此，习近平同志于2016年1月在中央党校召开的党的十八届五中全会精神专题研讨班上也强调："要着力推进人与自然和谐共生。生态环境没有替代品，用之不觉，失之难存。"[②]

绿色发展针对的是我国长久以来以粗放型发展模式与资源、环境之间的突出矛盾，致力于实现经济社会发展与生态环境保护双赢。绿色发展理念对于中国的经济发展而言，不仅是发展观念与发展认知的变革，而且体现在具体的经济发展路径的选择和实践上。

（一）国际社会绿色经济的缘起

就一个国家而言，绿色发展体现在经济、政治、社会、文化和环境等多个领域，尽管各个领域的绿色发展水平都对该国整体绿色发展产生重要影响，但最重要的部分则属于经济领域的绿色发展。"绿色经济发展"是其他"绿色发展"的物质基础，任何经济行为都必须以保护环境和生态健康为基本前提。

绿色经济的提出源于人们对经济与环境协调发展的思考。1989年，英国环境经济学家大卫·皮尔斯（1941—2005）等在《绿色经济的蓝图》中首次提到"绿色经济"一词，认为经济发展必须是自然环境和人类自身可以承受的，不会因盲目追求生产增长而造成社会分裂和生态危机，不会因为自然资源耗竭而

① 谷亚光、谷牧青：《论"五大发展理念"的思想创新、理论内涵与贯彻重点》，《经济问题》2016年第3期，第1—6页。

② 《总书记新年第一课：必须下功夫领会透"五大理念"》，http://cpc.people.com.cn/xuexi/n1/2016/0119/c385475-28067574.html，访问日期：2020年8月3日。

使经济无法持续发展,主张从社会及其生态条件出发,建立一种"可承受的经济"。①

2011 年,在联合国环境规划署发布的《绿色经济报告》中,绿色经济被定义为可促成提高人类福祉和社会公平,同时显著降低环境风险与生态稀缺的经济。换言之,绿色经济可以看作是一种低碳、资源高效型和社会包容型经济。

(二)绿色经济理念下的中国发展低碳经济的路径选择

近年来,为应对日益严峻的全球气候变化带来的挑战以及为实现《联合国气候变化框架公约》确立的"将大气中温室气体的浓度稳定在防治气候系统受到危险的人为干扰水平上"这一最终目标,各国都在积极转变发展方式、调整结构以保护生态环境,绿色低碳发展逐渐成为世界发展的潮流和趋势。

中国曾经作为一个落后的发展中国家,经历了经济高速增长后一跃成为世界第二大经济体。与此同时,能源消费量也逐年攀升,现已超过美国成为世界最大的能源消耗国。中国发展低碳经济,符合全球"低碳化"的发展趋势。尽管中国在碳排放总量上仍居世界首位,但碳排放的增长速度和能源消费占碳排放的比重较 21 世纪初期已显著降低。数据显示,2003—2018 年,碳排放增长速度从 16.8%降至 2.9%,同期能源消费占碳排放的比重从 67%降至 54%,②中国已跨越碳排放强度高峰。对中国而言,上述成就是多年来大力实施绿色经济的一个阶段性成果,还将面对的是跨越人均碳排放量、碳排放总量两个高峰。

中国发展低碳经济有着自身的优势,这种优势体现在中国发展低碳经济已有一定的基础和巨大的市场潜力。从 21 世纪初开始,随着经济快速发展中能源消耗量大幅增加,中国就开始注重节能减排,降低能源强度、提高能源效率,转变高污染、高能耗、高排放的经济增长模式。按照"十三五"规划目标,到 2020 年,中国环境质量总体改善,生产和生活方式绿色,低碳水平提高,能源

---

① 大卫·皮尔斯等:《绿色经济蓝图(2):绿化世界经济》,初兆丰、张绪年译,北京师范大学出版社,1997,第 10 页。

② 《2018 年中国碳排放行业排放量、排放结构及碳汇测算分析》,https://www.chyxx.com/industry/202003/846456.html,访问日期:2020 年 9 月 3 日。

资源开发利用效率大幅提高,主要污染物排放总量大幅减少。中国庞大的市场需求,是驱动技术发展的强大动力。这一动力在推动规模性的新经济体系和新产业体系的构建与形成方面,发挥着巨大作用,正如恩格斯所言:"社会一旦有技术上的需要,这种需要就会比十所大学更能把科学推向前进。"①

　　基于中国的发展现状和特点,调整产业结构和能源结构将是一项长期而艰巨的任务,要在确保经济增长的情况下稳步有序地完成对产业结构和能源结构的调整。当下中国的人均碳排放量和碳排放总量仍然偏高,这意味着未来节能减排任务依旧很重。中国要降低上述两项指标,关键是要提高单位能源效率,而这也是低碳发展的重点。总的来说,中国的低碳发展道路是在不损害发展的前提下实现低碳化,从近期看以提高能源效率为重点,长远则需要通过对产业结构和能源结构调整,以适应转变发展方式、优化经济结构、转换增长动力,最终建立起现代化的经济体系,实现我国发展的战略目标。

　　(三)中国建设低碳社会的目标与承诺

　　进入21世纪以来,中国制定了一系列应对气候变化的环境政策,采取了一系列例如扩大绿色产业投资规模、节能减排、发展循环经济等行动举措,尽最大努力向绿色经济转型。数据显示,2005—2015年,中国以平均5.1%的能源消费增速支撑了国民经济平均9.5%的增长,累计节能15.7亿吨标准煤,相当于少排放36亿吨二氧化碳。最近20年,按照世界银行公布的数据,中国累计节能量占全球节能量的52%。在"十三五"规划对生态环境保护设定的目标中,强化了绿色低碳发展的目标——2020年相比2015年碳强度要下降18%,单位GDP能耗要降低15%,非化石能源占一次能源消费的比重达到15%,森林覆盖率达到23.04%,森林蓄积量要达到115亿立方米,主要资源产出率要提高15%,主要污染物的排放总量要大幅度减少,生态环境的质量总体改善。②面对业已取得的低碳社会建设成绩,中国没有变得志得意满和裹足不前。相反,在21世纪第三个十年开启之际,中国提出了自己新的低碳发展战

---

①《马克思恩格斯文集(第10卷)》,人民出版社,2009,第668页。
②《中国绿色低碳发展目标实现的步骤及策略》,http://www.tanpaifang.com/tanguihua/2017/0407/58973.html,访问日期:2020年10月12日。

略目标。

2020 年 11 月 22 日,中国国家主席习近平在二十国集团(G20)领导人利雅得峰会"守护地球"主题边会上发表致辞。致辞中,习近平强调:力争二氧化碳排放 2030 年前达到峰值,2060 年前实现碳中和。对于这两个目标,中国将坚定不移加以落实。[1]时隔 20 天后,2020 年 12 月 12 日,习近平主席在出席以节能减排为目标的气候雄心峰会上发表《继往开来,开启全球应对气候变化新征程》的重要演讲,讲话中习近平再次提到了中国将为应对气候变化做出的一系列举措:到 2030 年,中国单位国内生产总值二氧化碳排放将比 2005 年下降 65%以上,非化石能源占一次能源消费比重将达到 25%左右,森林蓄积量将比 2005 年增加 60 亿立方米,风电、太阳能发电总装机容量将达到 12 亿千瓦以上。[2]上述表态,充分反映了中国建设低碳绿色经济的战略决心,这既是中国在推动高质量发展中促进经济社会发展全面绿色转型的自我鞭策,也是中国对全球生态环境保护做出的重大贡献与郑重承诺。

中国作为世界上最大的发展中国家,用短短 40 年便取得举世瞩目的经济成就的同时,也通过自身不懈的努力,积极应对环境污染等生态问题,深度参与全球环境治理。中国的环境保护政策和保护治理行动的实践说明,面对全球性的环境危机,环境保护国际合作要进一步统筹国际国内两个大局,构建有利于生态文明建设的国际环境保护合作战略。中国在环境保护和对生态文明的建设上已取得历史性的成就,这既是中国政府带领中国人民长期不懈奋斗的结果,也是中国对世界环境保护和治理上做出的巨大贡献。中国展现给世人的不只是多部环境政策法规,也不只是一般性的环境保护活动,更是中国对国际生态文明建设的理念、智慧和方案。

第四节　全球生态文明建设的实践探索

工业文明以人类征服自然为主要特征。世界工业化的发展和技术革命的

---

[1] 郭庆娜:《习近平呼吁守护好蓝色地球》,《参考消息》2020 年 11 月 23 日,第 1 版。

[2] 帅荣:《世界聚焦中国减排新承诺》,《参考消息》,2020 年 12 月 14 日,第 1 版。

螺旋式升级创新使人类对自然的征服文化达到极致。一系列全球性的生态危机正频频警告人类以牺牲生态环境为代价的工业文明已难以再延续下去。再加上人类生产和社会发展所需,地球所能承受的生态压力已接近极限,资源枯竭、环境污染、生态恶化以及频发的自然灾害,例如东非蝗灾、澳大利亚大火,又进一步加剧了人类与自然关系的紧张态势。

作为21世纪第三个十年的新开端,对于人类来说原本充满了新的希望和机遇,2020年本是新的历史进程起航的时刻。然而,一场突如其来的新型冠状病毒肺炎的全球性大流行把人们对未来种种美好事物的期许瞬间冲击得粉碎。毫无疑问,新冠肺炎已成为不只是2020年,甚至是过去上百年来全球人类所遭遇的最大、最严重的一场公共危机。关于新冠肺炎的准确传播起源,目前世界科学界尚无肯定答案。但根据已有的研究成果我们可以获知,新冠肺炎与已知相关动物病毒基因序列相似,科学研究结果和世界卫生组织据此确定该病毒源于大自然。在过去已有的生态文明探讨中,关于人类遭受大规模流行疾病侵袭的推测早已有之。新型冠状病毒肺炎引发的全球性肺炎,显示了自然与人的关系,或者与人类社会关系的新的具体面向,也给共生性生态文明建设提出了新的挑战。由于病毒暴发的突然性和传染的迅猛性,它让人类有了手足无措的窘迫感。人类生命在新冠肺炎面前显得空前脆弱和无助。但无论如何,新冠肺炎的出现使得全世界人类命运被紧密联系在一起。人类若要彻底战胜病毒,需放下成见团结一致,携手抗"疫",这既是唯一的获胜之道,也是唯一的生存之道。

肆虐至今的新冠肺炎是人类现阶段遭遇的一场最严重的环境卫生危机,它吸引了人们大部分的注意力。但我们不应忽视的是,人类还面临着许多来自大自然的惩罚。其他危机虽然不如新冠肺炎那样紧急地威胁着人类的生命,但依旧对人类的生存与发展构成直接或潜在的挑战。我们现在探讨解决全球性的环境危机,不能局限于某个环境领域和地域来孤立地看待环境问题,必须立足于人类命运共同体这一视野上,在"人类命运共同体"的理念指导下完成对全球生态文明的重构与建设。

一、全球生态文明建设的必要性

(一)人类危机本质上是人类文明发展观危机

人类发展对环境破坏所引发的危机已随处可见,这些危机以气候变暖、森林减少、土地荒漠化、生物多样性丧失、水资源匮乏、自然资源耗竭、公共健康危机、大城市病等方式向人类的行为进行回馈。伴随着环境危机的日益深重,蕴藏于人类社会内部的经济危机、政治危机、社会危机和文化危机也相继爆发。可以说,我们当今的世界是一个多危机叠加的世界,在这些危机的共同作用下,世界几乎每一天都充斥着纷争、冲突、暴力和动荡,而我们长期以来所期待的那个和平与繁荣的世界看上去依然遥不可及。面对这样的情形,我们不禁反思:问题出在哪里?

人类面临的危机,表面上看或许是一种发展危机,是人类的发展路径、发展模式、发展政策出现了严重偏差。这种偏差整体表现为,自工业革命兴起以来,人类社会的历史发展不再遵循自然演进速度和进程,而开启了快速“跃进”状态。具体体现为将技术手段奉为万能钥匙,身份关系上视自己为地球唯一的主人,以实现探索世界的理想和抱负为名,对自然界展开肆意破坏和对自然资源无所顾忌的掠夺。抛开因行为偏差而导致的发展危机这层表象,从深处看,人类的危机实质上是发展理念出现了偏差。这是人类习惯上对自然界、对经济增长和社会发展的目的和意义的错误认识与理解所致,是人类在文明发展观上出现了问题。正因为如此,人类会遭遇来自不同领域的多层次、多方位的系统性危机。人类若要有效应对和解决这场全球性危机,首要一点是对我们的文明发展观进行深刻而全面的反思。由于人类的一切物质活动均围绕着自然界而展开,人类不仅从自然界获取所需之物,也通过自己的活动对自然界进行返还,实现人与自然之间完整的物质变化过程。人类社会内部之间的种种纷争、矛盾与冲突,其焦点也多与自然界的资源获取有关。因此,人类与自然的这种特殊的依存关系使得我们在反思人类文明发展中的诸种弊病时,必须首先考虑全球生态文明建设的作用和意义。

(二)全球生态文明建设为人类的发展提供新途径

生态兴则文明兴,生态衰则文明衰。古今中外,这方面的事例不胜枚举。对于生态环境保护的极端重要性,习近平同志指出:"环境就是民生,青山就是美丽,蓝天也是幸福。要着力推动生态环境保护,像保护眼睛一样保护生态环境,像对待生命一样对待生态环境。"①生态文明是人类社会进步的重大成果,是实现人与自然和谐发展的必然要求。人类对生态文明的认识和理解不是一蹴而就的,是"一个由表及里、由浅入深、由自然自发到自觉自为的过程。"②它经历了几个不同的阶段。

第一阶段,人类在生产发展中对生态环境持全然忽视的态度,不惜采取"高投入、高消耗、高污染"的粗犷发展模式。之所以将自然环境与人的依存关系从发展中切割开来,主要在于彼时的人类从未将自然环境视作社会财富的重要构成,而且这种财富相较于一般性的物质生产财富显得更弥足珍贵和价值难以估量,例如清新的空气、清洁的水资源等。

第二阶段,经济发展和资源匮乏、环境恶化之间的矛盾凸显出来,人们开始意识到环境是发展的根本,要留得青山在,方能有柴烧。虽然人们对特别恶化的环境部分做了一些治理,但尚未将生态保护问题与整个人类的生存和经济社会的发展统一起来。

第三阶段,认识到绿水青山就是金山银山,生态优势就是经济优势,两者形成浑然一体、和谐统一的关系。这一阶段体现了科学发展、循环发展的要求和建设资源节约型、环境友好型社会的发展理念。③该阶段人们对生态环境的新认识为人们提供了一条全新的发展路径和思维。我们赖以生存的生态环境本身就是财富的化身与象征,保持好生态环境,就是保护好我们最珍贵、最能长久拥有的财富。全球生态文明的建设就是要从根本上克服工业文明对生态环境破坏的弊端,调整人类文明的发展方向,减少文明扩张和生态掠夺的负面因素,实现人与人及人与自然和谐发展。

---

① 中共中央宣传部编《习近平总书记系列重要讲话读本(2016年版)》,学习出版社,2016,第233页。

② 习近平:《之江新语》,浙江人民出版社,2008。

③ 同上。

（三）全球生态文明建设关乎各国人民的利益

保护地球就是保护人类共同的家园，"地球是人类的共同家园，也是人类到目前为止唯一的家园"。[①]全球生态环境的发展状况，将直接、长久地影响人类的生存与延续。生态环境良好，各国人民均获福益；生态环境恶化，没有人可以幸免于难。生态文明建设，是全人类共同的利益，关系着所有人的命运。中国共产党在党的十九大报告中指出："没有哪个国家能够独自应对人类面临的各种挑战，也没有哪个国家可以退回到自我封闭的孤岛。"[②]生态文明建设也是各国人民的迫切需求，是对更加美好生活的向往的具体体现。正如过去"盼温饱"，现在"盼环保"；过去"求生存"，现在"求生态"。[③]正因为生态文明建设关乎各个国家人民的切身利益，所以人类在面对生态问题时，更应协商应对之策、开展集体行动，这样人类命运共同体理念会进一步凸显和深化。

二、世界上部分国家进行生态文明建设的实践情况

生态文明是人类文明发展的最新阶段，在中国，生态文明建设已上升为国家发展的重大战略之一，是实现"中国梦"的必由之路。在国际上，也有不少国家对生态文明建设高度重视，在对环境的保护和治理以及人与自然间关系的平衡和协调上，他们也摸索出了适合自己国情的建设途径并积累了较丰富的经验。以下将简单以两个国家为蓝本，试阐释一下他们各自建设生态文明的实践情况。

（一）英国

从工业革命的先驱到生态文明建设的领跑者，英国在过去100多年时间里经历了从田园牧歌到烟囱林立再到回归生态的发展历程，为其他国家的生

---

① 习近平：《携手建设更加美好的世界——在中国共产党与世界政党高层对话会上的主旨讲话》，《光明日报》2017年12月1日。

② 习近平：《决胜全面建成小康社会　夺取新时代中国特色社会主义伟大胜利——在中国共产党第十九次全国代表大会上的报告》，《人民日报》2017年10月28日。

③ 中共中央宣传部编《习近平总书记系列重要讲话读本（2016年版）》，学习出版社，2016，第233页。

态文明建设提供了很好的样本。

从 19 世纪中期到 20 世纪 50 年代,资本主义的机器大工业生产几乎将英国的生态环境变成了被废弃的"负资产"。19 世纪的泰晤士河臭气熏天,伦敦上空常年浓烟密布, 这一现象在随后 100 年里没有得到根本性改变, 直到 1952 年,作为国际大都市的伦敦因一场"毒雾"而夺走数千人的生命。正因为该次环境事件付出的代价太过高昂,英国政府痛下决心整治环境,开始建设以维护生态环境为主旨、以可持续发展为着眼点的生态文明。当前,英国伦敦及其他许多大中城市的生态环境状况已不可与大半个世纪前同日而语。尤其是过去有着"雾都"之称的伦敦也早已完成向"生态之城"的转变,这一华丽转身更可以被视为英国生态文明建设的缩影。总体来看,英国生态文明建设的精髓是:① 战略引领;② 法制保障;③ 政策扶持;④ 多措施并举推动。

战略引领。英国把生态文明建设上升为国家层面的全局性重大战略,规定凡空气质量不达国家标准的城市限期达标。为减少工业废气中的碳排放,英国政府近年来制定低碳战略,重点支持碳捕获与封存、提高能效技术、海上风力发电、智能化电网、电动汽车等领域的关键技术创新。例如,2009 年 7 月,英国发布《英国低碳转型计划》《发展低碳经济的国家战略蓝图》等国家战略计划方案。根据计划,到 2020 年,英国二氧化碳的排放量在 1990 年的基础上再减少 34%,以此来实现 2050 年前减少 80% 的目标。[1] 2020 年 11 月,英国政府公布包含十大行动计划的"绿色工业革命"方案,对未来低碳发展目标做了新的设定。根据该方案,英国计划在 2050 年前实现碳中和,为此英国将加大对涉及工业、电力、交通和家庭的清洁能源的投资与开发,以使英国在低碳技术领域成为"世界领导者",同时让伦敦也成为"全球绿色金融中心"。[2]

法制保障。基于伦敦"毒雾"事件的惨痛教训,英国的生态文明立法工作走到了世界的前列。1956 年,《清洁空气法案》颁布,这是英国第一部空气污染

---

① 张庆阳:《生态文明建设的国际经验极其借鉴(一):英国》,《中国减灾》2019 年第 11 期,第 59—62 页。

② 法新社:《英雄心勃勃启动"绿色工业革命"确保 2050 年前实现碳综合》,《参考消息》2020 年 11 月 19 日,第 8 版。

防治法案。1974年,《控制公害法》出台,该法案囊括了从空气到土地和水域的保护条款,添加了控制噪声的条款,相继颁布的法令被严格执行,成为"雾都"重获新生的保障。1981年,《野生动植物和乡村法》颁布;1990年,制定《环境保护法案》;1992年制定《废弃物管理法》;1993年颁布《国家公园保护法》;2007年颁布《气候变化法案》。英国的《气候变化法案》是世界上第一部气候变化法案,具有里程碑式的意义。上述法案的颁布与实施,对于节能减排、提高能源的利用效率、社会经济的可持续发展有着巨大的促进作用,对推动生态文明建设十分关键。

政策扶持。政策上的扶持是英国生态文明建设的一大特色,主要体现在与"碳预算"有关的财政补助和奖励等。英国的《气候变化法案》创建了具有法律约束力的"碳预算"制度,在世界范围率先开启了在政府预算框架内实行碳排放管理。根据"碳预算"规定的指标,到2020年,可再生能源在能源供应中要占15%,其中30%的电力来自可再生能源,相应温室气体排放要降低20%,石油需求降低7%。除"碳预算"外,政府加大对低碳项目的财政补贴,如近年来对绿色方案、低碳技术创新等的补助奖励。这些政策都对促进生态文明建设发挥了重要作用。

多措施并举推动。为促进生态文明建设,英国推动并落实了一系列相关措施。措施一,确定大城市作为生态文明建设的主体;措施二,加强清洁能源的开发利用;措施三,划定"烟尘控制区";措施四,征收气候变化税;措施五,大力发展服务业和高科技产业;措施六,提倡节能减排;措施七,建立规划许可体系;措施八,建设生态城;措施九,加强绿化;措施十,向低碳生活方式转变;措施十一,治理汽车废气;措施十二,向塑料宣战;措施十三,向世界推广新模式。[1]

（二）德国

德国作为欧洲地区首屈一指的工业强国,在环境保护和生态文明建设方面所取得的成就也走在欧洲乃至世界的前列。同英国的环境变化历程相似,德

---

[1] 张庆阳:《生态文明建设的国际经验极其借鉴（一）:英国》,《中国减灾》2019年第11期,第59—62页。

国人的生态文明也是通过惨痛的教训而逐步形成的。德国最重要的河流莱茵河不同时期的水质变化可谓是德国生态文明发展的缩影。直至 20 世纪 50—60 年代,莱茵河水质受工业污染的情况依旧非常严重,有人形象地比喻:把照片底板扔进河里都能显影。越来越糟糕的生活环境让德国政府和民众正视以牺牲环境为代价发展经济的后果,政府和民众都认识到,保护环境成为最紧迫的问题,基于此,德国人开始"重整山河"。为了推动生态文明建设,德国政府实施了一系列保证生态文明建设的措施。

建立健全环保组织。德国生态文明建设取得的成就,环保组织发挥的作用功不可没。德国 16 个州政府和各县政府都设立了官方环保机构,另外还有上千个环保组织,人员超过 200 万人。例如,"自然保护联盟"有 105 年的历史,成员人数达 40 万人。这些环保组织的成员大都是义务兼职人员,长期以来为生态文明建设无偿地做出贡献。[①]

为生态文明建设提供法律保障。为了建设生态文明,德国在法律、技术、资金、教育等方面付出了巨大努力。德国现在拥有世界上最完备、最详细的环保法。从 1972 年通过的第一部环保法至今,德国颁布的涉及环境的法律、法规数量已超过 8000 部,囊括生态环境的方方面面。[②]

重视科学技术在生态文明建设中的作用。近代德国的崛起离不开科技的进步与推动,同样,德国生态文明的建设也离不开科技的支撑。长期以来,德国重视各项科技的原创性研究与开发,这是德国一直在世界科技强国中牢牢占据一席之地的重要原因。在环保方面,德国不断开发新能源,大力发展环保技术,努力开创新产业技术,加快旧产业的升级改造,促进经济结构的优化转型。

实施资源效率计划。2012 年 12 月,德国开始实施资源效率计划,以降低经济对能源和原材料消耗的依赖程度,减轻能源和原材料耗用造成的环境负担。这项计划的具体措施包括为中小企业提供提高资源效率的咨询、实施资源效率技术规范、加强政府公共采购支持、发展循环经济等,涉及可持续能源供

---

① 张庆阳:《生态文明建设的国际经验极其借鉴(二):德国》,《中国减灾》2019 年第 17 期,第 60—63 页。

② 同上。

应和资源生产、应用、消费等多个方面。

其他的生态文明建设措施。德国政府还采取了许多其他建设生态文明的举措。①生态税。德国 1999 年开始实现生态税费改革,征税对象包括能源、电力、汽车和垃圾处理等,目的在于促进企业和民众节约使用能源。②生态工业。德国建设生态文明的另一重要手段是发展生态工业,2009 年 6 月,德国公布了一份旨在推动德国经济现代化的战略文件,强调生态工业政策应成为德国经济的指导方针。③生态生活。生态环保意识在德国已经被广大民众接纳,并成为生活行为自觉性的一部分。比如,早在 2003 年,德国再生纸的使用普及率就已达到 60%,从学生的练习本到各种报纸杂志,从餐厅的餐巾纸到洗手间的卫生纸,随处可见。④从儿童开始环保教育。德国从幼儿园开始就把环境保护作为一项重要教学内容,到了小学,对学生的环保教育不仅在教室课堂上进行,还延伸到户外实践中。比如,老师会定期带学生去森林、草地,熟悉自然环境,将环保教育蕴含其中。

除了上述举措,德国在建设生态文明上还实施了生态交通、生态农业、生态村等环保措施,正是这些多类型的措施将德国的经济和社会生活纳入生态建设的制度轨道,极大促进了德国生态文明建设。

三、当代中国生态文明建设的实践探索

中国一直重视生态文明建设,尤其是建设"美丽中国"愿景更是激起国人对美好未来的无限憧憬。从党的十七大开始,尤其是党的十九大以来,中国大力推进生态文明建设,把生态文明建设融入经济建设、政治建设、社会建设、文化建设的各方面和全过程。

(一)城市生态文明建设

改革开放以来,与中国经济的快速增长相伴的是城市化率的大幅提高。随着城市人口的不断增加及产业的聚集,城市规模也在不断扩展,在促进经济发展和就业增长的同时,"城市病"也变得越来越严重。针对"城市病"引发的许多经济、社会和环境问题,目前各地方政府都开始重视城市的生态规划,包括对自然山水整体格局的维护、生态环境系统多样性保护、建设具有蓄水防洪调节功能的湿地系统等。在产业发展上,严格把控环境准入,严禁高污染、高耗能、

高耗水的项目引进,大力推进循环经济。在城市发展中,推广绿色建筑,提倡绿色消费与出行,将绿色健康理念融入生活中。

(二)农村生态文明建设

结合社会主义新农村建设,许多地区开始调整农村经济结构,走生态农业、效益农业、休闲养老产业的现代发展之路。通过对传统第一产业生产潜能的挖掘,并与第二、第三产业结合,借助人工设计生态工程,协调发展与环境之间、资源利用与保护之间的矛盾,形成生态与经济两个良性循环,实现经济、生态、社会三大效益的统一。同时,农村地区的一系列的生态配套工程也在加快建设中,例如生态污水处理地、生态公厕、太阳能路灯和文化休闲广场等设施工程的建设,改善了农村人居环境,提升了农村的品位,这些举措都成为农村生态文明建设的重要内容。

(三)重点区域生态文明建设

在中国的生态文明建设实践中,重点区域的生态文明建设不仅关系到区域本身的可持续发展,也对国家全局的生态文明建设产生了重要影响。

1.“三江源”地区

该地区位于世界屋脊——青藏高原的腹地、青海省南部,总面积约为30.25万平方千米,平均海拔3500—4800米,是长江、黄河和澜沧江—湄公河的源头汇聚地,被称为“中国水塔”。作为世界上高海拔生物多样性最集中的地区之一,“三江源”地区对中国的生态环境保护状况及国民经济发展起着重要作用,长江、黄河中下游地区的生态环境严重退化,均与上游及水源源头地区的生态退化有密切关系。为有效保护“三江源”地区的生态环境,中国政府于2005年起设立“青海三江源国家级自然保护区”,全面加强对该地区的生态系统的治理与保护。

2.可可西里地区

青海可可西里国家级自然保护区位于青海省玉树藏族自治州西部,总面积450万公顷。是21世纪初世界上原始生态环境保存较好的自然保护区,也是中国建成的面积最大、海拔最高、野生动物资源最为丰富的自然保护区之一。为保护该地区藏羚羊、藏野驴、藏原羚等濒危珍稀野生动物及其栖息地,中国政府于1997年12月将该地区设立为国家级自然保护区,加强对该地区生态的保护,并对盗猎、捕捉、倒卖藏羚羊等野生动物的违法行为实施严厉打击。为进一步提高可可西里地区的保护水平,2014 年 11 月,可可西里国家级自然保护区申报世界遗产工作正式启动。2017 年 7 月,可可西里申遗成功,获准列入《世界遗产名录》,成为中国第 51 处世界遗产。

(四)"河长制"探索

中国生态文明建设的一个重要探索就是"河长制",由中国各级党政主要负责人担任"河长",负责组织领导相应河湖的管理和保护工作。

2003 年,浙江省湖州市长兴县在全国率先实行了"河长制"。2016 年 12 月,中国《关于全面推行河长制的意见》出台,要求各地建立省、市、县、乡四级河长体系。"河长制"的全面推行,是以保护水资源、防止水污染、改善水环境、修复水生态为主要任务,构建责任明确、协调有序、监管严格、保护有力的河湖管理保护机制,为维护河湖生命健康、实现河湖功能永续利用提供制度保障。①"河长制"的实施,表明中国治水方式由过去的突击式治水向制度化治水的转变,是在水资源保护治理上的由治"标"向治"本"的深入发展。

(五)生态文明制度建设

生态文明制度建设是一个庞大而复杂的系统工程,若要使其成为生态文明持续健康发展的重要保障,必须构建系统完备、科学规范、运行高效的制度体系。这意味着,生态文明的发展更依赖于完善的机制来规范、激励和约束人的行为。生态文明制度建设的内容包括:包含生态效益在内的社会经济评价体系,体现生态文明要求的考核、奖惩机制,完善的土地保护制度、水资源管理制度、资源利用的生态补偿机制和环境保护责任制度等。

目前,中国在生态文明制度建设的诸多领域已取得了长足进展和不少成就,经济层面已确立排污权交易制度、排污收费制度、水权交易制度、带有激励和惩罚导向的环境税政策、全面生态补偿机制等,而且这些制度随着中国生态文明建设的不断深入也在持续完善和改进中。在社会层面,中国提出低碳社会的构建,涉及低碳城市、低碳消费、低碳社区、低碳建筑、低碳交通等全面向社

①《人口、资源与环境经济学》编写组:《人口资源与环境经济学》,高等教育出版社,2019,第 138—139 页。

会生活各个领域的转变。

　　工业文明使人类在享受物质财富带来的眼前甜头之后又不得不长期面对自己种下的很可能对人类文明造成毁灭的"苦果"。生态文明建设正是对这一"苦果"的重新修复。生态文明建设,不仅让人类生存变得更有安全感,而且让人类的发展真正具备长久的可持续性。全球生态文明建设可谓是人类有史以来所面临的一项最为艰巨复杂的系统工程,需要全人类凝聚共识,共同努力才能取得最后成功。所幸,世界上许多国家已意识到生态文明建设的重要性和必要性,并已付诸具体的方案行动。中国作为国际社会生态文明建设的大力倡导者和推动者,多年来结合本国国情,对生态文明理论进行了深入探索,并在诸多领域进行了卓有成效的实践。通过实践而获取的种种经验,既是中国人民生态文明建设的智慧结晶,也是中国对全球生态文明建设的智慧贡献。

第五节　全球生态环境保护的未来政策选择

　　自世界环境与发展委员会(布伦特兰委员会)于 1987 年发布《我们共同的未来》这份有关人类与自然关系前景预测的报告以来,国际社会对环境和发展问题的关注被不断提升且延伸到许多领域。时至今日,加强对生态环境保护的必要性和重要性的看法已经为世界各国所普遍接纳,并在社会经济生活的许多方面得到实践,其中不少国家的整体生态环境水平因此得到明显提升,与几十年前的环境污染状况相比,可以说是成绩斐然。然而,国际社会在环境保护上已取得的成绩并不足以掩饰和补偿那些遭受不可逆的、永久性破坏的生态领域,例如耗竭的资源和被灭绝消失的生物物种等。对于人类本身来说,因环境破坏而招致的疾病乃至失去生命,也成为这些受害个体及其家庭无法挽救的伤痛。除了生态环境中已经被毁坏污染的部分,令人不安的是,因环境破坏而导致的危机迄今为止的蔓延速度和范围并未得到根本性的遏制。尽管人类在一些领域和地区对既有的环境问题做出了治理并取得了成效,但新的环境问题却接连不断地在更广泛的地域涌现出来,而且新产生的问题比旧问题更加复杂和难以把控,解决起来也更为棘手。面对新产生的环境问题,我们不断地制定出更多的政策来予以应对，但这种情形使得我们日渐陷于这样一种被动的境地——环境问题的严重性加剧总是先于政策的反应。正是这种对环境问题或危机回应的滞后性，使我们在不断地解决一个个环境问题后，却很快又面临新的问题。为了打破这种循环怪圈，实现全球生态环境情形的根本性改善，我们需要对既有环境政策及其结构做出变革，以此改变引起环境变化的背后驱动力的方向和大小。

一、当前国际社会环境政策存在的问题

（一）各国环境政策差异致使在环境保护方面目标不一

自 1972 年联合国人类环境大会在瑞典斯德哥尔摩召开以来，对环境的保护与治理开始受到国际社会的普遍关注和重视。作为在一个区域范围肩负着最高行政管理职责的一国政府，更是在环境领域发挥着主导作用。会议召开后的数十年里，各国强化了环境保护方面的管理措施，绝大多数国家都设立了环境部门，并由该部门牵头，协同其他部门制定了包括工业与汽车废气排放标准、有毒物质的存放和处理标准、饮用水安全卫生标准、禁止对林地的肆意采伐和规范耕地使用等在内的多项标准及政策。正如本书前面的章节所述，环境保护早已跨越主权界限，成为各国之间一项共同的使命与责任。可以说，"几乎所有的国家，即使没有专门的环境政策，也有一系列的政策工具为改善环境管理提供平台。同时，大多数发展中国家也为增强个体能力、改善环境管理的项目和创新试验提供了支持"。①

各国在运用新手段制定环境政策方面付出了很多努力，这使得不少国家的环境状况与 20 世纪六七十年代相比得到明显的改善。但是，这些改善与进步多集中在发达国家，占世界人口绝大多数的发展中国家的环境状况并未得到彻底好转。尤其是布伦特兰委员会提及的那些"影响人类生存的紧迫且复杂的问题"（例如生物多样性丧失、气候变化、土地荒漠化、海洋污染、有毒废弃物处置、水安全等），不论在发达国家还是发展中国家，都没有得到彻底解决。造

---

① 联合国环境规划署编《全球环境展望 4：旨在发展的环境》，中国环境科学出版社，2008，第 464 页。

成各国在应对全球性的环境问题上不力的原因有多种，其中之一是环境保护的目标并非都是一致的。

在环境问题上应该更多强调人类对环境的负面影响，而发展中国家则偏于强调经济和社会发展。与发达国家相比，发展中国家迫于经济增长及财政压力，往往将宏观经济目标的实现放在比提高环境质量更优先的位置。正如前面的章节所论及的，发展中国家尤其是非洲和拉丁美洲的经济增长乏力，加重了对环境的压力。① 经济停滞导致人均收入的减少和失业率的攀升，这促使更多的人不得不重回农业以谋求生存。当把农业作为一国民众物质资料的主要获取来源，势必加重环境的压力。② 许多发展中国家迫于财政压力而不得不削减投入环境领域的开支，从而使经济发展规划中原本考虑的生态保护努力也遭受挫折。③ 在经济停滞或衰退的时期，自然资源的保护总是处于次要地位。当发展中国家的经济形势恶化，债务压力加大时，计划制定者们在制定工业和乡村发展规划时往往忽视环境计划和自然资源保护。① 在国际环境议题上，发达国家倾向于所有国家遵循同样的环保标准，但发展中国家则担心更严格的环境标准会提高发展中国家发展所需的资本与技术门槛，从而进一步恶化本已存在的不利发展条件。因此，发展中国家希望集中所有资源解决眼前的诸如贫困、疾病、饥荒和就业等现实问题，由此产生的环境问题留待以后再解决。

(二)已有环境政策不能得到有效执行

环境政策被制定出来通常表明该国政府在环境保护问题上所持有的积极态度，与过去那种对环境污染所表现出的公然漠视相比，这的确是环保观念和认知上的一大进步。但是，制定出环境政策并不意味着环境问题的解决，比起制定环境政策过程中所需考虑的在社会经济发展与生态保护之间兼顾平衡所面临的困难，政策制定完成后的执行则更加困难。就发达国家来说，对一些环境政策或已签署的环境协议执行不力，主因在于他们对此认识基于一种错误的假设：认为旨在削减其工业污染物排放能力的环保条款导致其在全球范围

----

① 世界环境与发展委员会：《我们共同的未来》，王之佳、柯金良 等译，吉林人民出版社，1997，第 86 页。

内所享有的经济权益分配权受到削弱，进而动摇整个西方国家在全球经济中的主导地位。为了不使自己的利益受损，对于其自身本应该承担履行的环境义务，他们往往提出种种额外的政治条件，使得已颁布的政策或达成的协议实施起来困难重重。

往往对国际性的环境政策或协议持有最多异议的代表性西方国家是美国。长期以来，美国对国际性的环境议程及其政策条款所持有的热情不高，甚至在某些时刻，将其视为对美国利益的潜在威胁。例如，在1992年的巴西里约环发大会上，美国曾宣称，美国准备否决任何被认为是在全球范围内重新分配经济权益的倡议，同时反对任何要求追加财政资源、技术转让或要求改变美国国内政策的倡议。①2001年，出于对石油、汽车等工业集团利益的保护，同时也不愿受国际协议的约束，美国借口《京都议定书》对发展中国家规定的减排义务要求过低，悍然退出了该协议。2002年于南非召开的世界可持续发展首脑峰会，身为美国总统的布什并没有亲自参加，仅派出国务卿鲍威尔作为代表出席。表面上美方给出的理由是布什因忙于筹划访问非洲事务而无暇他顾，实质上是认为该次峰会讨论议题涉及"反西方""反全球化"和"反自由"，而这有损美国利益。②

对发展中国家来说，环境政策的执行或实施受到社会经济发展、生活观念和政府治理水平与能力的影响。正如上文所述，在经济贫困的地区践行环保政策的难度会比富裕地区大得多。生存压力会驱使人们将主要精力放在谋生方面，对他们而言，"贫困是最大的污染者"。这句话作为英迪拉·甘地在1972年斯德哥尔摩大会上令人震惊的名言，看似将环保置于发展的对立面，却也真实反映了发展中国家面临的双重困境，并且得到了不少发展中国家的认同。同出席会议的科特迪瓦的代表就表示，他的国家喜欢更多的污染问题，因为这是工业化的证据。③

---

① 徐再荣：《全球环境问题与国际回应》，中国环境科学出版社，2007，第84页。

② 同上书，第106页。

③ Heldon Kamieniecki, *Environmental Politics in the International Arena: Movements, Parties, Organizations, and Policy* (New York: State University of New York Press, 1993), p. 30.

生活观念同样制约着环境政策的执行效果。20世纪下半叶以来，能源消耗和工业生产的增长，致使财富得到稳步增长，人的整体生活水平较以前有了较大幅度的提升。这一变化也直接促使大众消费的兴起。消费社会最早形成于美国，继而扩展到西欧和日本。全球化兴起之后，这一发端于西方的消费模式和理念又被推广到世界范围，并引起世界各国竞相效仿。虽然发展中国家占世界GDP的比例不足30%，但许多国民开始加入消费社会的行列。所有消费类型中，除了一部分消费反映社会的必要需求，另有相当部分则成为炫耀型消费。在各类炫耀型消费中对资源消耗最大的往往是名牌意义与身份象征远大于实用价值的奢侈品购买。按照贝恩公司和意大利奢侈品行业协会联合发布的《2019年全球奢侈品行业研究报告（秋季版）》显示，2019年中国人消费了300亿欧元的奢侈品，对全球奢侈品市场贡献率达90%。①中国作为世界上最大的发展中国家，其人均收入在世界排名并不算太高，部分富裕群体的消费却支撑起世界奢侈品市场的绝大部分，这说明在部分国人的生活观念里，对奢靡的偏好仍然超过节俭、环保这样更为健康、绿色的价值选择。当这部分经济上更加富裕的群体还不能主动践行将环保理念融入社会生活中，环境政策的实施执行成效也难以达到其最佳效果。

环境政策作为一国政府宏观政策体系的组成部分，其实施成效除了受当地社会经济发展状况和社会文化观念的影响，作为执行主体的政府在环境领域展现的治理能力也对其最终成效有着重要的制约性。就政府来说，对遭受污染破坏的环境开展治理，最大的困难不是已经受损的自然环境本身，而是致使环境破坏的利益动机和利益集团。一般来说，比较容易执行的政策通常不存在财富或权利的再分配问题，例如增加公众环保意识、建立环保组织、制定象征性的国家法律以及签署约束力不强的国际协议。这些行动通常给人留下了已经采取行动的印象，却没有真正触及环境问题的根源核心。

政府在环境治理中，遭受的阻力主要来自社会政治成本，而不是技术和资金的短缺。例如，对不少农业占国民经济比重较高的国家来说，农业补贴一直

---

① 朱育漩：《适度消费，奢侈品消费大国之名不可当》，《环境经济》2020年第5期，第68—69页。

是促进一些特定粮食作物生产的重要手段。但大量的补贴对生态环境的负面作用也显而易见。受补贴的农作物得到推广,其他作物的生存空间则被挤压。由于补贴产生的经济激励,农民会为了在将来得到更多的政府补贴而去开垦不适合种植的土地。长此以往,这种人为的补贴政策,可能会对生物多样性构成致命性破坏,从而影响我们的生存环境。①即便如此,要让政府部门做出终止农业补贴的决定并不容易。对一些政府来说,取消农业补贴虽有利于生态系统的平衡发展,但由此引发的民众和农业组织抗议,则更有可能对政府的稳定和声誉产生影响。

　　2018年12月发生于印度新德里地区的农民抗议没有获取农业补贴的活动正好验证了印度政府在该问题上的治理决心与能力。当数以万计的农民高喊口号冲破警方设置的路障涌向国会,印度政府最终选择了妥协。作为印度时任总理的莫迪,计划将向印度农民提供总额高达3万亿卢比的补贴救助,以平息农民的愤怒。印度政府在农业补贴上的让步,充分说明这样一个问题,政府若要在环境领域有所作为,需要突破利益的羁绊而应对各种阻力所展现出的意志、策略及效率,恰好是政府治理能力的反映。印度政府对农业补贴的回应并非个别现象。不少发展中国家,国家制度建设并不完善,专业型人才的匮乏和公职人员的渎职,使得这些国家的整体治理能力偏弱。这一弊病在环境领域并不例外。若不能在未来提高发展中国家的政府治理能力,环境政策所预期的结果将难以实现。

二、国际环境政策未来变革的策略选择

　　国际社会现有的环境政策在解决一系列单一来源、单媒介的线性问题或"传统"环境问题方面取得了很大的成功,尤其是通过技术创新并借助市场化力量,使得很多过去困扰人们多年的环境问题得以消除,例如伦敦煤烟污染和德国莱茵河的治理等。然而,对于持久性环境问题,例如生物多样性的丧失、土地和地下水污染、温室气体的浓度日益增长、人体内有毒化学物质的累积效应

---

　　① 王利荣:《农业补贴政策对环境的影响分析》,《中共山西省委党校学报》2010年第1期,第51—56页。

和严重的疾病传播等,国际社会长期以来并未在治理方面取得突破性进展。如果无法有效地解决这些持久性环境问题,或将破坏或抵消解决传统环境问题时取得的所有重大成果。此外,各国在经济发展、政治制度和社会文化方面存在的差异和冲突,又进一步加大了国际社会在解决这些持久性环境问题上的合作难度。个别发达国家出于本国利益优先的目的,凭借自身占优势的科技和资本实力,更是站到了全球环境保护协作的对立面,这无疑使得国际社会在环境保护和治理上面临更大的挑战。对于国际社会来说,未来的环境政策制定,既需要适应和扩大已被实践证明有效的政策可及范围,又需要不断做出变革,这种变革不仅发生在政策直接针对的环境问题对象上,还需要发生在那些导致环境问题产生的不合理的社会结构、消费和生产模式、经济与权力关系以及收入和财富的分配领域。

(一)扩大实践证明有效的政策的应用范围

尽管当前世界面临诸多环境挑战,但亦有相当数量的环境政策经过长期实践被证明在应对和解决某些领域的环境问题上是行之有效的。这些被一些国家实践证明成功的环境政策,其积累的经验和方法不仅可以被那些正遭受严重环境危机的国家(尤其是贫穷落后的国家)参考借鉴,同时也是对落后国家解决自身存在的环境问题的一种鼓舞——通过人们的智慧和努力可以克服环境挑战。

过去数十年间业已取得成功的环境政策有很多,但从这些政策的整体演化趋势看,大部分环境政策从"命令—控制型"向"创造市场"迈进,并产生了积极成效。[①]过去不少国家环境政策的主要模式是"命令—控制性"管制,其具体的政策内容包括标准、禁令、许可和配额、职责、规章、法律惩罚等。"命令—控制型"环境政策体现了政府在环境保护和治理中所扮演的主导角色。该类型环境政策强调政府的管理责任和行政作用,但因为涉及环境保护的权力过度集中于政府,而使得企业、公众等社会力量被排斥在环境保护的参与权限之外。如果面临的环境危机范围有限和程度不太严重,这样类型的环境政策或许能

① 联合国环境规划署编《全球环境展望4:旨在发展的环境》,中国环境科学出版社,2008,第468页。

予以应对，然而当环境危机衍生成一种全人类共同的命运危机，"命令—控制型"环境政策的局限性与劣势则彰显无遗。

"创造市场"反映出的是借助于市场机制的奖惩激励效用，将政府、企业、公众以及各类环保组织等多元社会力量纳入环境保护和治理中来，利用各自的优势，实现相关信息的共享，共同为战胜环境危机献策出力。凭借市场机制力量制定的具体环境政策包括：生态补偿、绿色补贴、绿色贸易、排污权交易、环境友好型税收、环境投资基金等。

尽管"命令—控制型"和"创造市场"的政策主导力量有着很大的不同，但并不意味着二者是对立而不可兼容的。那些在环境问题治理上取得成功的国家，往往是将两者的应用结合起来，这样既克服了单一行政管理过程中易产生的官僚化、腐败和效率低下的弊病，同时又避免了过度依赖市场而可能面临的市场经济常见的市场失灵问题。因此，有效的环境保护与治理，需要包括广泛而多样的政策选择，并在符合有关国家或地区的制度、社会和文化条件下使用。立足于本国国情并充分发挥政府与市场力量的双重作用，是不少在环境治理方面取得突破的国家的重要经验，对于那些仍然依赖于政府管制或迷信于市场万能的国家来说，这些较有成效的政策对于环境保护和治理理念而言都有着显著的启示作用，而其成功的经验也更应得到推广。

（二）加大对制约环境政策的制定及实施阻力的变革

国际社会环境政策的制定及实施的不畅，并非完全受制于技术瓶颈和资金不足，政治、社会、文化背景的差异，不同利益团体间的对立与矛盾，才是导致环境政策难以被执行的根本原因。正因为如此，国际社会加大对这些阻碍因素的变革就显得尤为重要。

1. 增加环境议程

过去数十年来，可持续发展观不仅在理念认知层面被国际社会普遍接纳，而且在现实中被大量践行且得到广泛支持，但对环境问题的探讨在政策议程，尤其是日常政治中的地位依然不够高（尽管中国已将环境保护提升到国家战略层面）。对许多国家来说，最具政治优先性的议题无疑是经济增长、减少失业、削减财政赤字、安全、教育和健康。增加国家层面对相关环境问题的议程，一则推动国家的最高层治理者们从更全面的视角去考虑国家的治理模式与发展路径,即从"人—社会"的二元观转变为"人—社会—生态"的三元观;二则为破解经济停滞、失业攀升、社会矛盾丛生的传统问题提供新的突破口——良好的环境可以加强和明显促进前述各类非环境问题的解决。而就环境保护和治理而言,政府层面环境议程的增加,提高了环境的政治能见度,从而得到更多的政治支持。

2. 将环境政策融入国家的整体发展战略

对一些国家来说，制定的环境政策并未与其国家的其他发展政策形成紧密的关联,这使得这些国家的环境政策显得孤立而难以获得民众的支持,乃至被某些经济组织通过其存在的法律漏洞而有意规避。譬如禁止对树木的砍伐,这或是为保护森林资源和对过度的商业性伐木造成自然资源破坏的一种应对。然而禁伐令的效果因政策的形式、所影响的产品、市场环境的差异而不同。如果不考虑到某一地区居民的主要收入来源和可提供的其他工作机会等因素，单一的禁伐令的颁布甚至会进一步加重所针对区域的环境破坏程度。20世纪90年代起的最后十年，印度尼西亚的森林被大肆采伐情况十分严重,除了当地政府未对森林采取得力的保护措施外，里约环发大会的召开则无意成了刺激采伐的外部因素。1992年联合国环境与发展会议通过的涉及森林保护的决议,建议到2000年禁止砍伐热带森林,这使得那些获得采伐森林许可的企业及私人更加倍努力砍伐,以确保自己能及时从市场获得财富。[1]

3. 加强利益相关方的参与

环境保护和治理并不只是政府的专属责任，对其他利益相关方，譬如企业、从事自然资源类行业的个体和组织，都有义务承担起保护生态环境的职责。若要激发起除政府以外群体的环保积极性,则需要赋予这些群体在环境保护和治理进程中的自主管理权,使他们产生主人翁感,主动且有意识地参与到环境保护和治理的行动中来,从而使环境保护和治理成为一种社会行为,而非单一的政府行为。其他利益相关方的共同参与,可以使环保过程中需要获得的信息更加充分，不仅减少了单一环境保护和治理主体为获取这些信息所付出的经济和时间成本，而且有助于减少了单一主体因信息不对称而导致的决策

① J.R.麦克尼尔:《阳光下的新事物:20世纪世界环境史》,商务印书馆,2013,第241页。

误判。再者,获得充分信息的社会性力量能在政策失灵时扮演更有效的角色,增强透明度和保证政府机构负责任。虽然利益相关方的参与常需要在时间和资源上投入额外的成本,但社会层面的公共参与已被证实是一条成功的途径,并最终会降低成本。然而,在许多国家和国际层面,社会性力量正式参与政策制定的权利和机会仍然受到较大限制。

4. 避免过于复杂的立法

加强环境立法对于提高环境保护和治理水平的重要性不言而喻,然而,过于复杂的立法则有可能因难以被实施而致使法律条例流于纸面。目前,发达国家已基本构建起满足自身需求的环境法律体系,例如欧盟成员国中大约80%的环境规章植根于欧洲法律之中。这使得成员国的任何有损于环境的行动,都将受到法律的约束。对发展中国家来说,由于缺乏足够的能力来制定创新型的本国法律,他们往往引进发达国家的相关法律政策,但这些法律政策又太过复杂,使得他们很难执行。而政策与执行缺位所产生的空间,则成为部分人肆意破坏环境的法外之地。就环境立法而言,发展中国家更需要结合本国社会经济发展的现实情况,在考虑当地文化、历史、传统习俗等多维因素上,制定出适宜本国社会的环境法律。

5. 赋予跨国界环境组织和机构更多的决策和行动权利

当今人类遭遇的环境问题,如大气污染、酸雨、荒漠化、气候变化、臭氧层耗竭、生物物种的急剧减少和自然资源管理上的无序,对环境保护和治理提出了一系列的挑战。由于这些环境问题对人类生存与生活造成影响的广度和深度已远远超越了地理及政治意义上的疆域范畴,因此环境政策的制定跨越地域的限制则显得越来越必要。这意味着,在国际和区域层面建立起应对这些问题的机构和机制将成为实现环境保护和治理目标的一种必然的措施。随着国家更多地将部分功能委托给国际和区域组织来处理跨界环境问题,这一过程增添了国际组织的新功能。

自里约环发大会召开以来的近30年,通过区域立法、行动项目和环保标准的制定,一些区域性的国家集团例如欧盟,已经建立起一套综合的环境保护体系。这套环保体系内容包括从噪声到废弃物,从自然栖息地到机动车尾气排放,从化学品生产到突发性的工业事故等所有可能涉及的环境危害问题。欧洲环境署,作为隶属于欧盟的最重要的欧洲环境机构,则开展起对该地区环境监测和分析的具体工作,并向环境政策制定者和公众及时提供信息,以帮助改善欧洲的环境。在世界的其他地区,一些区域组织也设立了跨区域性机构并开展了类似的行动,如北美环境合作委员会、亚太环境与发展部长会议以及非洲环境部长会议。但相比之下,其他区域的环境组织和机构在自身区域范围内所开展的环境行动的协调性与欧洲环境署还有差距。对其他地区的跨国性环境组织和机构,要在环境保护上取得更大的成效,还需被成员方各自的政府赋予更多的决策和自主行动权利,以便在更大范围和更深层次领域开展合作。

结　语

　　纵览人类首次全球性环境和发展大会召开以来的半个世纪，人类社会的发展有着最显著的两大特征：其一是全球经济联系已基本一体化，全人类的经济利益高度关联；其二是环境问题也逐渐从地方性和区域性问题演变成全球性问题，这也促使人类的命运联成一个全新的共同体。各种全球环境问题的形成，是人类20世纪下半叶以来面临的新挑战。不同于过去任何时期的国际问题，全球性环境问题的出现超越了传统的外交和国际关系范畴，要求有另一种完全不同的国际回应。正如迈尔斯所指出的："传统上，当个别国家的战略利益受到威胁时，想使自己免受重大威胁的标准反应是动用军队。但我们无法派战斗机去抵抗全球变暖，我们也不能用坦克来对付日益扩大的沙漠，我们也不能发射最先进的导弹来抵御海平面的不断上升。"[①] 国际社会要回应这种挑战，唯一可行的办法是加大合作的力度而非相互对抗，因为没有哪一个国家能够依靠自身的力量来应对全球环境问题的挑战。迄今为止，各国在应对环境危机所展开的合作涉及的领域及程度已相当广泛和深入，而作为这些合作中一个极为重要的组成部分——环境政策的制定、实施及变革将各国之间的合作连接起来，并推动合作向更具挑战的领域深入发展。对不少国家来说，未来环境政策的制定和选择并非易事，从根本上说，采用不同的环境政策，是面对不同利益上的价值抉择，这一过程势必会受到层层阻力。因此，各国冲破传统和现实利益的阻挠与羁绊，将对国际环境政策所能发挥的环保实效产生决定性的作用。

　　[①] 诺曼·迈尔斯：《最终的安全：政治稳定的环境基础》，上海译文出版社，2001，第23页。